"十二五"职业教育国家规划教材
经全国职业教育教材审定委员会审定

C语言程序设计教程

新世纪高职高专教材编审委员会 组编
主　编　邱建华
副主编　陈艳秋　曹　麟
　　　　张志丽　郭　玲

第二版

大连理工大学出版社

图书在版编目(CIP)数据

C语言程序设计教程 / 邱建华主编. -- 2版. -- 大连：大连理工大学出版社，2021.3(2024.7重印)
新世纪高职高专计算机应用技术专业系列规划教材
ISBN 978-7-5685-2847-4

Ⅰ. ①C… Ⅱ. ①邱… Ⅲ. ①C语言－程序设计－高等职业教育－教材 Ⅳ. ①TP312.8

中国版本图书馆CIP数据核字(2020)第255997号

大连理工大学出版社出版

地址：大连市软件园路80号 邮政编码：116023
发行：0411-84708842 邮购：0411-84708943 传真：0411-84701466
E-mail:dutp@dutp.cn URL:https://www.dutp.cn
大连雪莲彩印有限公司印刷　　　　大连理工大学出版社发行

幅面尺寸：185mm×260mm	印张：17.25	字数：438千字
2014年12月第1版		2021年3月第2版
2024年7月第4次印刷		

责任编辑：高智银　　　　　　　　　　　责任校对：李　红
　　　　　　　　封面设计：张　莹

ISBN 978-7-5685-2847-4　　　　　　　　定　价：45.80元

本书如有印装质量问题，请与我社发行部联系更换。

前 言

《C 语言程序设计教程》(第二版)是"十二五"职业教育国家规划教材,也是新世纪高职高专教材编审委员会组编的计算机应用技术专业系列规划教材之一。

本教材主要是以 C 语言程序设计零基础的读者为对象编写的。全书贯穿使用函数,内容编排独特,组织形式新颖,运用"项目引导"理念,使读者更容易理解 C 语言的知识结构,掌握 C 语言的综合应用。本教材既可作为高等学校 C 语言程序设计课程的教材,又可作为读者自学的辅助用书。

本教材组织特色:用函数贯穿全书,每个实例都是用函数来实现的。每个项目都是一个完整的项目,设定了明确的项目目标,对项目进行分析和设计,再引出项目所需要的准备知识,层层分解,符合读者的认知规律。本教材从无参数无返回值函数入手,帮助学生了解函数的概念;再到带参数有返回值的函数的运用,逐渐提升读者对函数的应用能力。

本教材内容由 10 个项目构成:项目 1~5 为"C 语言程序设计基础",通过"项目引导",讲授了 C 语言的基本语法和数据类型以及结构化程序设计的三种结构,将无参数无返回值函数的应用渗入其中,最终完成一个简单的计算器项目。项目 6 进一步讲授了带参数函数的应用,并将计算器项目用带参数函数来实现。项目 7 为 C 语言知识的拓展和运用,主要讲授了一维数组和字符串的使用、二维数组的简单应用。该项目用一个简单的成绩管理系统贯穿全部内容,将数组的常用操作与实际需要结合起来,更易于理解。项目 8 采用指针,改写项目 7 的各功能。项目 9 利用结构体和队列,模拟了简单的排队系统。项目 10 是在项目 7 的基础上,增加了文件存储功能。

本教材配有微课、教学课件、教学大纲、源代码等配套资源,另外还附有 C 语言的关键字、C 语言常用库函数等扩展内容,方便读者查阅。

本教材由大连东软信息学院邱建华任主编,大连东软信息学院陈艳秋、大连外国语学院软件学院曹麟、山西经济管理干部学院张志丽、长江工程职业技术学院郭玲任副主编。具体编写分工为:项目1～项目4由陈艳秋编写,项目5和附录由曹麟编写,项目6～项目7由邱建华编写,项目8由张志丽编写,项目9、项目10由郭玲编写,配套资源由邱建华负责组织和整理。全书由邱建华和陈艳秋负责拟订编写大纲,由邱建华负责统稿。

在编写本教材的过程中,编者参考、引用和改编了国内外出版物中的相关资料以及网络资源,在此表示深深的谢意!相关著作权人看到本教材后,请与出版社联系,出版社将按照相关法律的规定支付稿酬。

由于编者水平有限,书中难免会存在疏漏和错误,欢迎读者批评和指正。

编　者

2021 年 3 月

所有意见和建议请发往:dutpgz@163.com
欢迎访问职教数字化服务平台:https://www.dutp.cn/sve/
联系电话:0411-84706671　84707492

目 录

项目 1　认识 C 程序 ··· 1
  1.1　简单 C 程序 ·· 1
  1.2　知识概述 ··· 3
    1.2.1　计算机语言 ·· 3
    1.2.2　C 语言的发展与特点 ·· 3
    1.2.3　C 程序的基本结构 ·· 4
    1.2.4　输入/输出函数简单介绍 ··· 4
    1.2.5　C 语言的词汇 ·· 5
    1.2.6　C 程序的开发过程 ·· 6
    1.2.7　Visual C++ 6.0 集成开发环境简介 ··· 7
  1.3　项目小结 ··· 13
  习题 1 ·· 14

项目 2　数据信息描述 ··· 16
  2.1　C 语言的数据类型 ·· 16
    2.1.1　C 语言的基本数据类型 ·· 16
    2.1.2　基本数据类型的修饰 ··· 17
  2.2　常量及其类型 ·· 17
    2.2.1　整型常量 ·· 17
    2.2.2　实型常量 ·· 18
    2.2.3　字符型常量 ··· 19
    2.2.4　字符串常量 ··· 20
    2.2.5　符号常量 ·· 21
  2.3　变量及其类型 ·· 22
    2.3.1　变量及其定义 ·· 22
    2.3.2　整型变量 ·· 23
    2.3.3　实型变量 ·· 24
    2.3.4　字符型变量 ··· 25
  2.4　运算符与表达式 ··· 26
    2.4.1　运算符及运算对象 ·· 26
    2.4.2　表达式 ··· 27
    2.4.3　算术运算符与算术表达式 ··· 28
    2.4.4　关系运算符与关系表达式 ··· 31
    2.4.5　逻辑运算符与逻辑表达式 ··· 33

2.5 特殊运算符与表达式 ... 34
2.5.1 逗号运算符和逗号表达式 ... 34
2.5.2 条件运算符与条件表达式 ... 35
2.5.3 长度（求字节）运算符 ... 36
2.5.4 赋值运算符与赋值表达式 ... 38
2.5.5 数据之间的混合运算 ... 38
2.6 项目小结 ... 40
习题 2 ... 41

项目 3 简单计算器的设计 ... 44
3.1 项目目标 ... 44
3.2 项目分析与设计 ... 44
3.2.1 计算器功能分析 ... 44
3.2.2 计算器功能细化 ... 45
3.2.3 计算器函数原型设计 ... 45
3.3 知识准备 ... 46
3.3.1 C 程序语句 ... 46
3.3.2 算法及算法描述 ... 47
3.3.3 数据的输出 ... 49
3.3.4 数据的输入 ... 54
3.4 项目实现 ... 57
3.4.1 显示菜单功能的实现 ... 57
3.4.2 加法、减法和乘法功能的实现 ... 58
3.5 项目小结 ... 59
习题 3 ... 60

项目 4 完善计算器的设计 ... 64
4.1 项目目标 ... 64
4.2 项目分析与设计 ... 64
4.2.1 除法功能的设计 ... 64
4.2.2 求余功能的设计 ... 65
4.3 知识准备 ... 65
4.3.1 单分支结构 ... 65
4.3.2 双分支结构 ... 67
4.3.3 多分支结构 ... 68
4.3.4 应用举例 ... 75
4.4 项目实现 ... 78
4.4.1 除法功能的实现 ... 78
4.4.2 求余功能的实现 ... 78
4.4.3 主函数功能的实现 ... 79
4.5 项目小结 ... 79
习题 4 ... 80

项目 5　进一步完善计算器的设计 …… 86
　5.1　项目目标 …… 86
　5.2　项目分析与设计 …… 86
　　5.2.1　计算器程序的完整流程图 …… 86
　　5.2.2　累加功能的设计 …… 86
　　5.2.3　阶乘功能的设计 …… 88
　5.3　知识准备 …… 89
　　5.3.1　while 语句 …… 89
　　5.3.2　for 语句 …… 94
　　5.3.3　do…while 语句 …… 97
　　5.3.4　循环辅助控制语句 …… 99
　　5.3.5　循环嵌套 …… 102
　　5.3.6　几种循环的比较 …… 103
　　5.3.7　应用举例 …… 104
　5.4　项目实现 …… 106
　　5.4.1　累加求和功能的实现 …… 106
　　5.4.2　阶乘功能的实现 …… 106
　　5.4.3　主函数功能的实现 …… 107
　5.5　项目小结 …… 107
　习题 5 …… 108

项目 6　计算器高级版本的设计 …… 114
　6.1　项目目标 …… 114
　6.2　项目分析与设计 …… 114
　　6.2.1　低版本计算器回顾 …… 114
　　6.2.2　高级版本计算器的功能分析 …… 114
　　6.2.3　高级版本计算器函数原型设计 …… 115
　6.3　知识准备 …… 118
　　6.3.1　函数定义和返回值 …… 118
　　6.3.2　函数的调用 …… 119
　　6.3.3　函数原型声明 …… 119
　　6.3.4　函数举例 …… 120
　　6.3.5　递归函数 …… 124
　　6.3.6　变量的作用域和存储类别 …… 128
　6.4　项目实现 …… 132
　　6.4.1　典型函数功能的实现 …… 132
　　6.4.2　计算器高级版本的部分实现 …… 134
　6.5　项目小结 …… 136
　习题 6 …… 137

项目 7　简单成绩管理系统的设计 ································· 142

7.1　项目目标 ·· 142
7.2　一维数组引例 ·· 142
7.3　项目分析与设计 ·· 143
    7.3.1　简单成绩管理系统功能分析 ································· 143
    7.3.2　系统主函数的流程 ·· 144
    7.3.3　函数功能分析与原型设计 ···································· 144
7.4　知识准备 ·· 146
    7.4.1　一维数组 ··· 146
    7.4.2　字符串 ··· 162
    7.4.3　二维数组 ··· 169
7.5　项目实现 ·· 182
    7.5.1　主函数代码实现 ·· 182
    7.5.2　输入成绩功能的实现 ·· 184
    7.5.3　输出成绩功能的实现 ·· 184
    7.5.4　查询成绩功能的实现 ·· 185
    7.5.5　成绩排序功能的实现 ·· 186
    7.5.6　登录功能的实现 ·· 186
7.6　项目小结 ·· 187
习题 7 ·· 187

项目 8　改写简单成绩管理系统 ······························· 189

8.1　项目目标 ·· 189
8.2　项目分析与设计 ·· 189
    8.2.1　扩充功能分析 ·· 190
    8.2.2　函数原型设计 ·· 190
8.3　知识准备 ·· 190
    8.3.1　指针概念及引用 ·· 190
    8.3.2　指针做函数参数 ·· 193
    8.3.3　指针与一维数组 ·· 195
    8.3.4　指针与字符串 ·· 200
    8.3.5　指针提高 ··· 207
8.4　项目实现 ·· 220
    8.4.1　主函数代码实现 ·· 220
    8.4.2　新增功能的实现 ·· 222
8.5　项目小结 ·· 224
习题 8 ·· 225

项目9 排队系统的设计 · 227
- 9.1 项目目标 · 227
- 9.2 项目分析与设计 · 227
  - 9.2.1 主函数流程分析 · 227
  - 9.2.2 功能函数的原型声明 · 228
- 9.3 知识准备 · 228
  - 9.3.1 结构体 · 229
  - 9.3.2 结构与指针 · 237
- 9.4 项目实现 · 245
  - 9.4.1 主菜单功能的实现 · 245
  - 9.4.2 新来顾客排队功能的实现 · 246
  - 9.4.3 售票功能的实现 · 247
  - 9.4.4 公告排队人数功能的实现 · 248
- 9.5 项目小结 · 249
- 习题9 · 249

项目10 扩展学生成绩管理系统 · 252
- 10.1 项目目标 · 252
- 10.2 项目分析与设计 · 252
  - 10.2.1 新增功能分析 · 252
  - 10.2.2 函数原型设计 · 252
- 10.3 知识准备 · 253
  - 10.3.1 文件的概念 · 253
  - 10.3.2 文件的打开和关闭 · 254
  - 10.3.3 字符读写函数:fgetc 和 fputc · 254
  - 10.3.4 字符串读写函数:fgets 和 fputs · 256
  - 10.3.5 格式化读写函数:fscanf 和 fprintf · 257
  - 10.3.6 二进制读写函数:fread 和 fwrite · 258
  - 10.3.7 fgets 与 gets、fputs 与 puts 函数比较 · 260
- 10.4 项目实现 · 261
- 10.5 项目小结 · 262
- 习题10 · 262

参考文献 · 263

附录 · 264
- 附录A ASCII 码表 · 264
- 附录B C语言运算符的优先级和结合性 · 265

本书微课视频列表

序号	微课名称	页码
1	C 语言介绍	3
2	C 程序的开发过程	6
3	VC++ 6.0 的使用	8
4	变量的定义和赋值	22
5	逻辑运算符与逻辑表达式	33
6	条件运算符与条件表达式	35
7	数据类型转换	38
8	输出函数 printf() 的使用	50
9	输入函数 scanf() 的使用	54
10	双分支结构	67
11	switch 语句	73
12	while 语句	89
13	for 语句	94
14	do...while 语句	97
15	循环的嵌套	102
16	函数的定义与调用	118
17	函数的嵌套调用	124
18	变量的作用域	128
19	数组	146
20	一维数组的初始化	148
21	数组做函数参数	151
22	字符数组	162
23	字符串	162
24	二维数组	169
25	指针变量	191
26	指针与一维数组	195
27	指针与字符串	200
28	结构体	229
29	文件	253
30	文件的读写	254

项目1　认识C程序

1.1　简单C程序

C程序的基本结构是指一个C程序的基本组成部分。首先通过一个简单C程序的实例来说明C语言源程序结构的特点和书写格式。

【例1.1】　一个简单的C程序——"欢迎程序"。

```
main()
{
    printf("Welcome you! \n");/* 输出 Welcome you!  */
}
```

程序运行结果如图1-1所示。

图1-1　例1.1的运行结果

程序说明：

(1)main是主函数的函数名，表示这是一个主函数。每一个C源程序都必须有且只有一个主函数main，函数名的后面一定要跟一对圆括号，一般用来放置函数参数，在main()函数中可以没有参数。

(2)函数体由大括号"{}"括起来。例1.1中的函数体只有一个printf输出语句。printf()是C语言中的输出函数，其功能是把要输出的内容送到显示器去显示。语句中的双引号用来显示一个字符串，双引号内的字符串将按原样输出；"\n"是换行符，即在输出"Welcome you!"后回车换行。

下面看一个相对复杂的C程序。

【例1.2】　一个复杂的C程序。

```
#include <math.h>                      /* include 为文件包含命令 */
#include "stdio.h"
main()                                 /* 主函数 */
{
    double x,y;                        /* 定义变量 */
    printf("Please input the number:");/* 输出字符串作为提示信息 */
    scanf("%lf",&x);                   /* 输入变量 x 的值 */
    y=sin(x);                          /* 求 x 的正弦值,并赋值给变量 y */
    printf("sin of %lf is %lf\n",x,y); /* 用一定的格式输出程序的结果 */
}
```

这个程序的功能是先从键盘输入一个小数x，再求此数的正弦值y，并输出此正弦值y。

程序运行结果如图 1-2 所示。

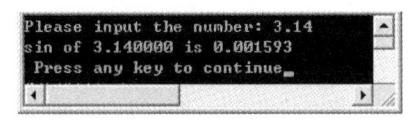

图 1-2 例 1.2 的执行结果

程序说明：

(1)在 main()之前的两行语句称为预处理命令。预处理命令还有其他几种，这里的 include 称为文件包含命令，其意义是把尖括号<>或双引号""内指定的文件包含到本程序来，成为本程序的一部分。被包含的文件通常是由编译系统提供的，其扩展名为.h，因此也被称为头文件。

(2)/*……*/表示注释部分。注释只起说明作用，在编译时不进行编译，当然也不会被执行。注释可以放在程序的任何位置，内容也可是任意字符。另外，在"C99"(ANSI 在 1999 年推出的新标准 C 规范)中增加了另一种风格的注释"//"，它只能用在一行中，例如：

```
scanf("%lf",&x);          //输入变量 x 的值
//下面语句的功能:求 x 的正弦值,并赋值给变量 y
y=sin(x);
```

(3)在本例中，使用了三个库函数：输入函数 scanf()、正弦函数 sin()和输出函数 printf()。sin()函数是数学函数，其头文件为 math.h 文件，因此在程序的主函数前用 include 命令包含了 math.h 文件。scanf()和 printf()函数是标准输入输出函数，其头文件为 stdio.h，在主函数前也用 include 命令包含了 stdio.h 文件。C 语言的头文件中包括了各个标准库函数的函数原型。因此，凡是在程序中调用一个库函数时，都必须包含该函数原型所在的头文件。

C 语言规定对 scanf()和 printf()这两个函数可以省去其头文件的包含命令。所以在本例中也可以删去第二行的包含命令：#include "stdio.h"。例 1.1 中使用的 printf()函数，就省略了包含命令#include<stdio.h>。

(4)在例题中的主函数体又分为两部分：说明部分和执行部分。

说明部分：完成变量的类型说明。C 语言规定，源程序中所有用到的变量都必须先定义，后使用，否则将会出错。这一点是编译型高级程序设计语言的一个特点。例题 1.1 中未使用任何变量，因此无说明部分。说明部分是 C 源程序结构中很重要的组成部分。本例中用了两个变量 x、y，来表示输入的自变量和 sin()函数值。由于 sin()函数要求这两个量必须是双精度浮点型，因此使用类型说明符"double"来说明这两个变量。说明部分后的四行为执行部分或称为执行语句部分，用以完成程序的功能。

执行部分：执行部分的第一行是输出语句，调用 printf()函数在显示器上输出提示字符串，提示用户输入自变量 x 的值。第二行为输入语句，调用 scanf()函数，接收键盘上输入的数并存入变量 x 中。第三行是调用 sin()函数并把函数值送到变量 y 中。第四行是用 printf()函数输出变量 y 的值，即 x 的正弦值。最后程序全部结束。

(5)在语句"double x,y;"中，double 和 x 之间有个空格，被称为空格符，在这里是必须有的，编译时会被忽略掉。类似的符号在 C 语言中还有制表符(Tab 键产生的字符)、换行符(Enter 键产生的字符)，它们统称为空白符。空白符用来指示词法记号的开始和结束位置，除此之外无任何功能。读者可以尝试在例 1.2 中增加若干个换行符、空格符或制表符，看看源程序文件的大小与未加之前有何区别，编译链接生成的可执行文件在改变前后有何不同。

1.2　知识概述

1.2.1　计算机语言

人和人之间的交流需要借助于语言工具,人和计算机交换信息也同样需要用语言工具。我们将后一种语言称为计算机语言。我们要想很好地使用计算机,就必须学会使用计算机能够理解的计算机语言,使用计算机语言编写的代码称为程序。

随着计算机技术的发展,计算机语言逐步得到完善。最初使用的计算机语言是用二进制代码表示的语言——机器语言。后来采用与机器语言相对应的助记符表达的语言——汇编语言。虽然用这两种语言编写的程序执行效率高,但程序代码很长,又依赖于具体的计算机,因此编码、调试、阅读程序都很困难,可移植性也差。我们称上述两种语言为低级语言。随着计算机技术的发展,现在使用的是更接近于人们自然语言的高级计算机语言。高级语言独立于计算机,编码相对短,可读性强。目前使用的Java和C语言等都是高级语言。

1.2.2　C语言的发展与特点

1. C语言的发展史

C语言的前身是ALGOL60。1963年,英国剑桥大学和伦敦大学首先将ALGOL60发展成CPL,1967年英国剑桥大学的Martin Richards将CPL改写成BCPL;1970年美国贝尔实验室的Ken Thompson将BCPL改写成B语言,并用B语言开发了第一个高级语言操作系统——UNIX;1972年,Ken Thompson与在开发UNIX系统时的合作者Dennis Ritchie一起将B语言改写成了C语言。由于C语言自身有很多优点,所以在其后的十几年中得到了广泛的使用,适用于不同的机型和不同的操作系统的C编译系统相继问世。1983年美国国家标准局(ANSI)制定了C语言标准,这个标准不断完善,并于1987年开始实施ANSI的标准C;1988年,ANSI公布了标准ANSI C。ANSI在1999年推出了新的标准C规范,通常称为"C99"。

C语言发展迅速,而且成为最受欢迎的语言之一。由于C语言的强大功能和各方面的优点,到了20世纪80年代,C语言开始进入其他操作系统,并很快在各类大、中、小型计算机上得到了广泛使用,成为当代最优秀的程序设计语言之一。

目前,在计算机上广泛使用的C语言编译系统有Microsoft Visual C++,Turbo C和Borland C等。本书选定的编译环境为Microsoft Visual C++ 6.0。

2. C语言的主要特点

C语言是一种面向过程的程序设计语言,它简单灵活,具有丰富的数据结构和操作符、先进的结构化程序控制、良好的程序可移植性和高效率的目标代码,因此,多被用于开发系统软件和嵌入式软件。C语言之所以能存在和发展,并具有生命力,归纳起来有以下一些特点:

(1)C语言简洁、紧凑,使用灵活、方便。C语言一共只有32个关键字,9种控制语句,而且程序书写形式自由,主要用小写字母表示,压缩了一切不必要的成分。

(2)C语言是高级语言,同时具备了低级语言的特征。它把高级语言的基本结构和语句与低级语言的实用性结合起来。C语言可以像汇编语言一样对位、字节和地址进行操作,而这三者是计算机最基本的工作单元。换句话说,C语言既具有汇编语言的强大功能,又有高级语言的简单、方便的特点,特别适合做底层开发。C语言既可以用来设计芯片,也可以用来编写操作系统,UNIX 和 Linux 等系统就是用 C 语言编写出来的。

(3)C语言是结构化程序设计语言,具有结构化的控制语句。结构化语言的显著特点是代码及数据的分隔化,即程序的各个部分除了必要的信息交流外,彼此独立。这种结构化方式可使程序层次清晰,便于使用、维护和调试。C 语言是以函数形式提供给用户的,这些函数可方便地调用,并具有多种条件和循环语句控制程序流向,从而使程序完全结构化。

(4)C语言具有各种各样的数据类型。C语言支持各种高级语言普遍使用的基本数据类型,并允许用基本数据类型构造复杂的数据类型。同时,引入了指针概念,可使程序执行效率更高。此外,C语言具有强大的图形功能,支持多种显示器和驱动器;而且计算功能、逻辑判断功能也比较强大,可以用于实现决策目的。

(5)C 语言可移植性好。C 语言的一个突出的优点就是适合多种操作系统,如 DOS、Windows 和 UNIX;同时也适用于多种机型。在一个系统中编写的 C 程序,不用修改就可到其他系统中编译和执行。

(6)生成目标代码质量高,程序执行效率高。C语言程序生成的目标代码一般只比汇编程序生成的目标代码效率低 10%~20%,而比其他高级语言高很多。

上面只介绍了 C 语言最容易理解的一般特点,至于 C 语言内部的其他特点将在以后的项目做介绍。

1.2.3　C 程序的基本结构

一个 C 程序由一个或多个函数组成,一个 C 函数由若干条 C 语句构成,一条 C 语句由若干基本"单词"组成。函数是 C 程序最小的组成单位。

C 函数是完成某个具体功能的最小单位,是相对独立的模块。简单的 C 程序可能只有一个主函数,而复杂的 C 程序则可能包含一个主函数和若干个其他函数。所有 C 函数的结构都包括函数名、形式参数和函数体三部分。

图 1-3 为 C 程序的一般格式。其中的 main 为主函数名,sub1 到 subn 为子函数名。在 C 程序中,主函数名是固定的,其他的函数名则可以根据标识符的命名方法任意取名。形式参数是函数调用时进行数据传递的主要途径,当形式参数表中有多个参数时,相互间用逗号隔开。有的函数可能没有形式参数。大括号"{}"括起来的部分为函数体,用来描述函数的功能,一般函数体由局部变量定义和完成本函数功能的语句序列组成。程序在执行时,无论各个函数的书写位置如何,总是先执行 main()函数,再由 main()函数调用其他函数,最后在 main()函数中结束。

```
包含文件
子函数类型说明
全局变量定义
main()
{
    局部变量定义
    语句序列
}
sub1(形式参数表)
{
    局部变量定义
    语句序列
}
……
subn(形式参数表)
{
    局部变量定义
    语句序列
}
```

图 1-3　C 程序的结构

1.2.4　输入/输出函数简单介绍

输入是将原始数据通过输入设备送入计算机内存,输出是将保存在内存中的数据送到输出设备上。为完成此操作,C 语言编译系统提供了多个输入/输出函数。其中常用的是格式输出函数 printf()和格式输入函数 scanf()。为了方便学习,本节对这两个函数做一简单的介绍,而更详细的介绍安排在本书的项目 3。

1. 格式输出函数 printf()

格式输出函数 printf()的功能是按指定的格式输出数据,其一般格式为:

printf("格式控制符和若干字符",输出项表);

其中,printf 是函数名,其后括号中的内容为该函数的参数:格式控制字符串用双引号括起来,用来规定输出格式,如%f 用来输出实数,%d 用来输出十进制整数,%c 用来输出字符,也可以包含普通字符,如果在格式控制字符串中包含非格式控制字符,将原样输出;参数表中包含零个或多个输出项,这些输出项可以是常量、变量或表达式,多个输出项之间用逗号隔开。

例如语句"printf("%d,%f",n,x);"用来按十进制整数输出"n"的值,","原样输出,最后按实数形式输出"x"的值。

2. 格式输入函数 scanf()

格式输入函数 scanf()的功能是按指定的格式输入数据,其一般格式为:

scanf("格式控制符和若干字符",输入项表);

其中,scanf 是函数名,其后括号中的内容为该函数的参数:格式控制字符串用双引号括起来,用来规定输入格式,其用法和 printf()函数中规定的相同,如%f 用来输入实数,%d 用来输入整数,如果在格式控制字符串中包含非格式控制字符,则在输入时需原样输入;参数表中至少包含一个输入项,且必须是变量的地址(变量的地址的表示方法一般是在变量名称前加 & 符号),多个输入项之间用逗号隔开。

例如:语句"scanf("%d%f",&n,&x);"用来接收从键盘输入的一个整数和一个实数,并分别存储在整型变量 n 和实数型变量 x 中。

1.2.5　C 语言的词汇

在 C 语言中使用的词汇分为七类:标识符、关键字、运算符、空白符、常量、注释符和分隔符。

1. 标识符

标识符是用来表示程序中使用的变量名、函数名、标号、数组名、指针名、结构体名、共用体名、枚举常量名以及用户定义的数据类型名等,除主函数和库函数的函数名由系统定义外,其余函数名都由用户定义。C 语言中规定,标识符是由 1~52 个字母(A~Z,a~z)、数字(0~9)、下划线(_)组成的字符串,并且其第一个字符必须是字母或下划线。x、y、a1、_ch1 等都是合法的标识符,而 3a(以数字开头)、变量 1(汉字是非法字符)、&X5(含有非法字符 &)、a-6(含有非法字符-)等都是非法的标识符。

【注意】

(1)在标识符中,大小写是有区别的。例如 A1 和 a1 是两个不同的标识符。

(2)标准 C 不限制标识符的长度,但它受到所使用编译系统的限制,比如在 Visual C++ 6.0 中规定标识符的长度不能超过 256 个字符,超过 256 个字符之后的标识符不再有效,假设有两个标识符的前 256 个字符是相同的,即使后面的字符不同,系统也认为这两个标识符是同一个。

(3)在 C 语言中,程序员虽然可以随意定义标识符,但标识符是用来标识特定的量,因此尽量用特定意义的英文字符或英文单词表示,尽量做到"见名知意"。

2. 关键字

关键字是由 C 语言规定的具有特殊意义的字符串,通常也称作系统保留字。用户定义的标识符不能和关键字相同。在 C 语言中,关键字分为以下几类:

(1) 类型说明符。用于定义、说明变量、函数或其他数据结构的类型。
(2) 语句定义符。用于表示一个语句的功能。
(3) 预处理命令字。用于表示一个预处理命令。

ANSI C 标准规定的关键字有 32 个,见表 1-1。

表 1-1　　　　　　　ANSI C 标准规定的关键字

数据类型关键字					
char	double	enum	float	int	long
short	signed	struct	union	unsigned	void
控制语句关键字					
for	do	while	break	continue	if
else	goto	switch	case	default	return
存储类型关键字					
auto	extern	register	static		
其他关键字					
const	sizeof	typedef	volatile		

3. 运算符

C 语言中的运算符由一个或多个字符组成。运算符与常量、变量、函数一起组成表达式,表示各种运算功能。

4. 空白符

即程序中标识符与标识符之间,行与行之间的空白间隔的字符。C 语言中采用的分隔符除了空格外,还有制表符、换行符和换页符等。

5. 常量

C 语言中使用的常量可分为数值常量(1,3.14)、字符常量('a')、字符串常量("Hello")、符号常量和转义常量('\n')等多种。

6. 注释符

以"/*"开始并以"*/"结束的字符串为 C 语言的注释。注释可出现在程序中的任何位置,用来向用户提示或解释程序的意义。程序编译时,不对注释作处理。另外,在 C99 中增加了另一种风格的注释"//",它只能用在一行中。

7. 分隔符

分隔符用来分隔相邻的标识符、关键字和常数。如冒号、分号、花括号、尖括号、百分号、反斜线、单引号、双引号等。

1.2.6　C 程序的开发过程

C 语言是一种编译型的程序设计语言,开发一个 C 程序要经过编辑、编译、链接和运行四个步骤。

1. 编辑源程序

一般来说,编辑是指 C 语言源程序的录入和修改。使用文本编辑器来创建源代码文件,最后以文本文件的形式存放在磁盘上,文件名由用户自行定义,扩展名一般为.c,例如 menu.c、helloworld.c 等。我们可以使用文字处理软件来编辑源程序,如 Windows 的写字板、记事本、Office 的 Word 等;也可以使用集成开发环境自带的编辑器来编辑源程序,如 Borland C++、C++ Builder 以及 Visual C++等。

2. 编译源程序

编译是编译器把 C 语言源程序(或称源代码)翻译成可重定位的二进制目标程序(或称可执行代码)文件,其文件名和源程序名相同,但扩展名为.obj。编译器也是一个程序,其工作是将源代码转换为可执行代码。可执行代码是用机器语言来表示的代码。机器语言是由二进制数字代码表示的指令组成。不同的计算机具有不同的机器语言,同一个 C 程序在不同型号的计算机中转换成的目标程序是不一样的。当编译程序对源程序进行编译时,如果发现错误,则不能生成目标程序,需要回到编辑状态修改源程序,直到不再发现错误为止。

3. 链接目标程序

编译成功后的目标程序仍然不能执行,需要通过链接程序将编译过的目标程序和程序中用到的库函数链接在一起,形成可执行的文件,可执行文件的主文件名与源程序所在的工程名相同(在 Visual C++ 6.0 中),其扩展名为.exe。

4. 运行可执行文件

经过链接生成的可执行文件即可运行。在 Windows 环境中,可以通过快捷菜单、双击文件名或图标来执行程序,也可通过运行命令执行文件。在 Visual C++中可通过运行命令执行程序。在字符操作系统中,只要键入相应的可执行文件名,按回车键后即可执行此文件。C 程序的编辑、编译、链接和运行过程可用图 1-4 表示。

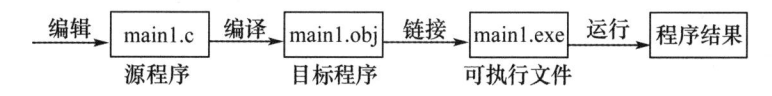

编辑 → main1.c → 编译 → main1.obj → 链接 → main1.exe → 运行 → 程序结果
　　　　源程序　　　　　　目标程序　　　　　　可执行文件

图 1-4　C 程序的编辑、编译、链接、运行过程

这一过程可以在不同的编译环境中进行,而本书中的所有例子是在 Microsoft Visual C++ 6.0 集成环境下运行通过的。Microsoft Visual C++ 6.0 是集编辑、编译、链接和运行为一体的集成环境,其操作简单易懂,在微机上得到广泛使用。在下一节中将介绍 Microsoft Visual C++ 6.0 的集成开发环境。

程序出错或得不到预期的结果,就要反复进行编辑、编译、链接和运行四个步骤,直到获得预期的结果。

1.2.7　Visual C++ 6.0 集成开发环境简介

C 语言自诞生以来,出现了许多 C 语言的集成开发环境,如 Turbo C、Borland C 等,这些集成开发环境提供编辑、编译、链接、执行和调试等功能,因此程序员可以将代码的编辑、编译、链接、执行和调试过程在集成开发环境中全部完成。

面向对象的程序设计语言 C++产生之后,又出现了 Borland C++、C++ Builder 和 Visual C++等针对 C++语言的集成开发环境。虽然这些 C++集成开发环境是针对 C++语言的,而且增加了许多其他特性,然而单就 C 程序来讲,凡是符合 ANSI C 的标准,在这些集成环境中都能够很好地编译和链接。本书的所有例子均在微软公司开发的 Visual C++ 6.0 环境下编写、调试和运行，所以需要对这一环境进行简要介绍。

1. Visual C++ 6.0 的启动

安装好 Visual C++ 6.0 后，通过"开始"→"程序"→"Microsoft Visual Studio 6.0"→"Microsoft Visual C++ 6.0"命令启动 Visual C++ 6.0。

2. 源程序录入

源程序的录入主要分为如下几步。

(1) 建立工作目录

建立工作目录可简单地理解为建立一个文件夹，用来存放源程序。这里以"D:\Test"为工作目录。

(2) 建立工程(项目)

在 Visual C++ 环境下，文件是按工程目录进行管理的。把与本工程相关的所有文件放到一个目录下，包括 Visual C++ 开发环境生成的工程文件(*.dsw,*.dsp)、程序源文件(*.cpp,*.c)及在 DEBUG 目录下的可执行文件(*.exe)和中间文件(*.obj,*.ilk)等。建立工程的方法是选择"文件"→"新建"命令，在打开的页面里打开"工程(Project)"选项卡，如图 1-5 所示。在左边的列表框中选中"Win32 Console Application"选项，填入 Project name，选择建立工程的位置(上面提到的工作目录 D:\Test)，其他项目不用填写，按默认选项即可。按图 1-5 中的指示进行操作。

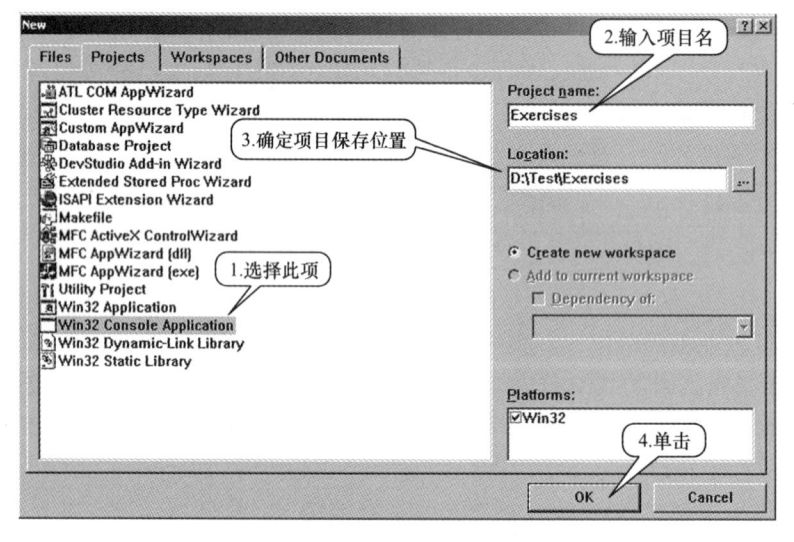

图 1-5 New 对话框中创建项目

(3) 建立 C 源程序

通过"文件"→"新建"命令，打开新建对话框；选择"文件(Files)"选项卡下的"C++ Source File"选项，如图 1-6 所示。在"File"下面的文本框中输入文件名，这里输入"Exercises.c"，C 语言的扩展名必须是".c"的形式，千万不能遗漏或写错；在"Location"下面的文本框中输入源程序的保存位置，这里选择前面建立的工作目录"D:\Test"即可。

单击图 1-6 中的"OK"按钮进入源程序编辑窗口。本例中用到的源程序如下：

/* 一个简单的运算程序实例，文件名 Exercises.c */
/* 判断 1~100 有多少个素数，并输出所有素数 */

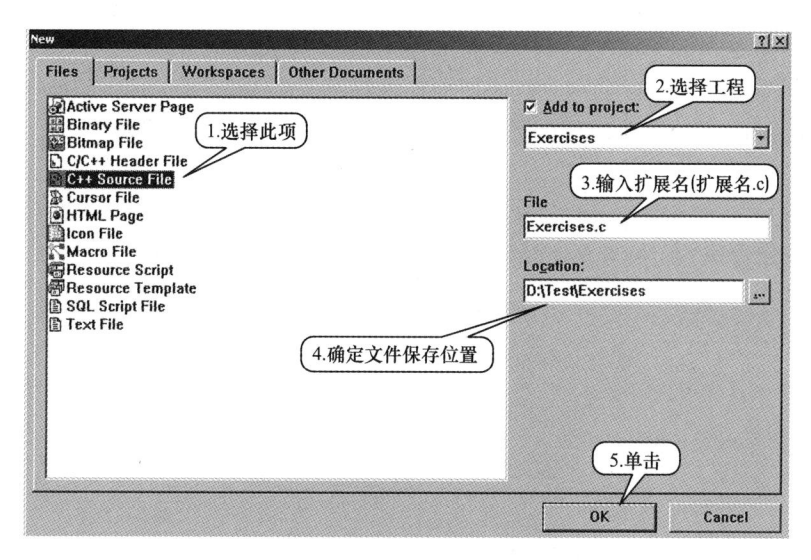

图 1-6 New 对话框中创建源文件

```
#include <stdio.h>
#include <math.h>
main()
{
    int m,i,k,h=0,leap=1;
    printf("\n");
    for(m=1;m<=100;m++)
    {
        k=sqrt(m+1);
        for(i=2;i<=k;i++)
            if(m%i==0)
            {
                leap=0;
                break;
            }
        if(leap)
            printf("%-4d",m);
        h++;
        if(h%10==0)
            printf("\n");
        }
        leap=1;
    }
    printf("\n The total is %d\n",h);
}
```

(4) 打开已有源程序

通过"文件"→"打开工作空间"或"文件"→"打开"命令，可以分别打开已存在的工程文件 "*.dsw"和 C 文件"*.c"。

【技巧】 在编辑窗口中按 Ctrl+A 组合键，就可以选择全部代码，然后按 Alt+F8 组合键,即可实现自动排版。编码的过程中切记要经常保存,保存的组合键是 Ctrl+S。

3. 编译、链接和运行

源程序录入完成后,需要经过编译、链接和运行三步才能看到最终的执行结果。

(1)编译

"组建(Build)"→"编译(Compile)",快捷键 Ctrl+F7,如图 1-7 所示(提示 1)。

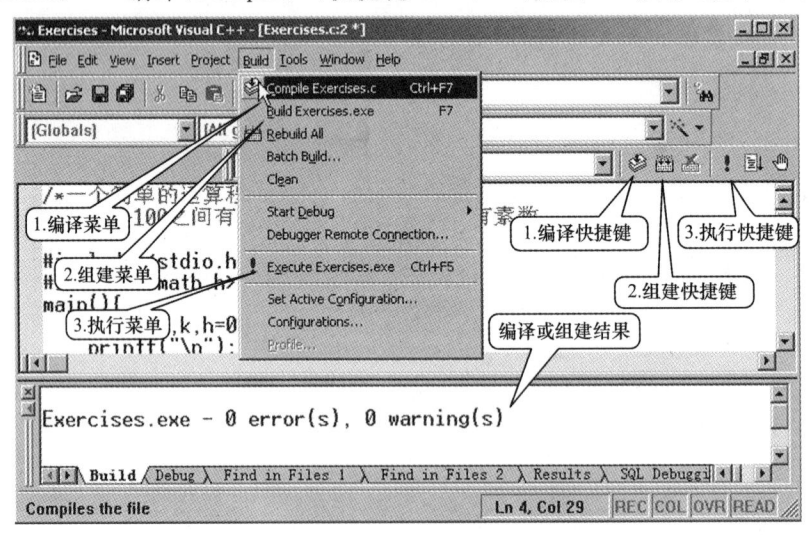

图 1-7 编译、链接和运行

(2)链接

"组建(Build)"→"组建(Build)",快捷键 F7,如图 1-7 所示(提示 2)。成功后,生成 Exercises.exe 可执行文件。

(3)运行

"组建(Build)"→"运行(Execute)",快捷 Ctrl+F5,如图 1-7 所示(提示 3)。运行没有问题,可弹出一个命令行窗口,显示结果。

图 1-8 集成开发环境实例的运行结果

该程序的执行结果如图 1-8 所示。

(4)编译、链接和运行的含义

上面介绍了编辑好一个 C 文件,需要经过编译、链接和运行三个步骤才能运行起来,下面对这三个步骤的含义,简单说明一下。

①编译——编译的含义就是将源程序翻译成能被 CPU 直接识别的二进制代码,这段代码称为目标文件,扩展名为.obj,主文件名与源程序的主文件名同名。源程序第一次录入完成后,在词法、语法或语意上还可能存在错误。因此对于初学者而言,很少有能一次编译通过的源程序。

②链接——编译生成的目标文件还不能单独运行,还需要一个链接的过程。链接就是把目标文件与系统提供的函数库和该目标文件有关的其他目标文件链接起来,形成一个可执行文件,扩展名是.exe,可执行文件的主文件名与源程序所在的工程文件名相同(在 Visual C++ 6.0 中)。链接的时候也可能会出现一些错误,如果链接程序不能在所有的库文件和目标文件内找到引用的函数、变量或标签,就会报错。

③运行——编译、链接成功后即可运行可执行文件。

4. 调试

虽然程序能执行了,但不一定能得到预期效果,这说明编写的源程序有逻辑错误,逻辑错误很隐蔽,靠编译器检查不出来,对初学者而言需要下一番功夫才能修改好。Visual C++ 6.0 提供了强大的调试功能,通过设置断点,可以辅助程序员修改各种错误,尤其是逻辑错误,同时还可以观察程序每步执行的结果。

(1)设置断点

将鼠标停留在要暂停执行的那一行代码上,选择工具栏按钮"Insert/Remove Breakpoint(F9)"或按快捷键 F9,就可以添加一个断点。如果该行已经被设置了断点,那么该断点就会被取消,如图 1-9 所示。

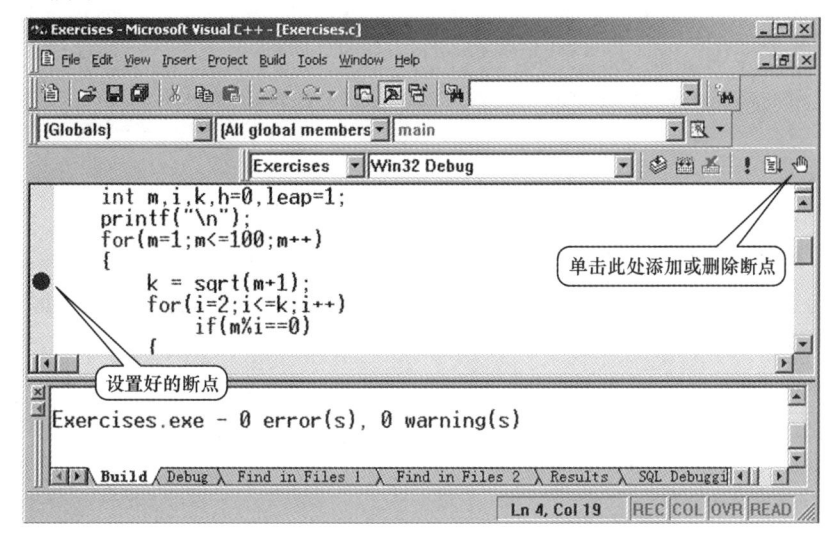

图 1-9　设置断点

(2)开始调试

选择"Build"→"Start Debug"→"Go"命令(快捷键为 F5),如图 1-10 所示。

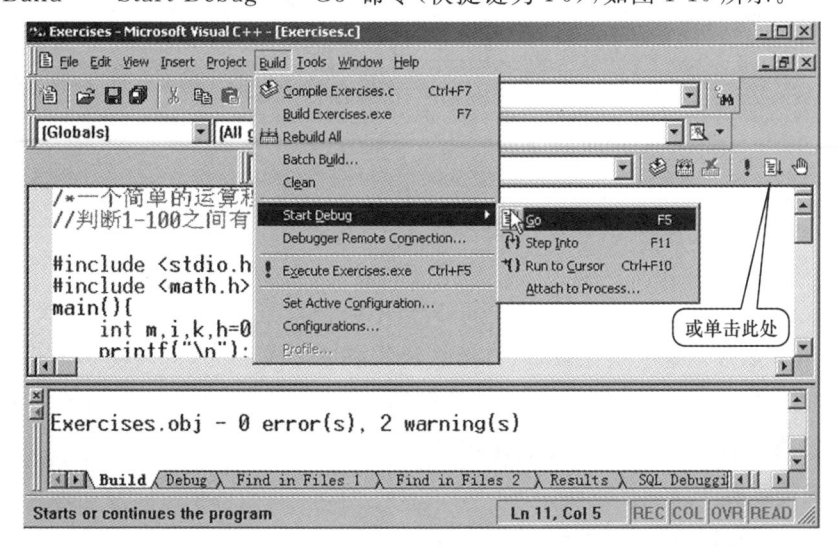

图 1-10　开始调试

Visual C++编译环境便会进入调试模式,程序运行至断点处被暂停,如图 1-11 所示。

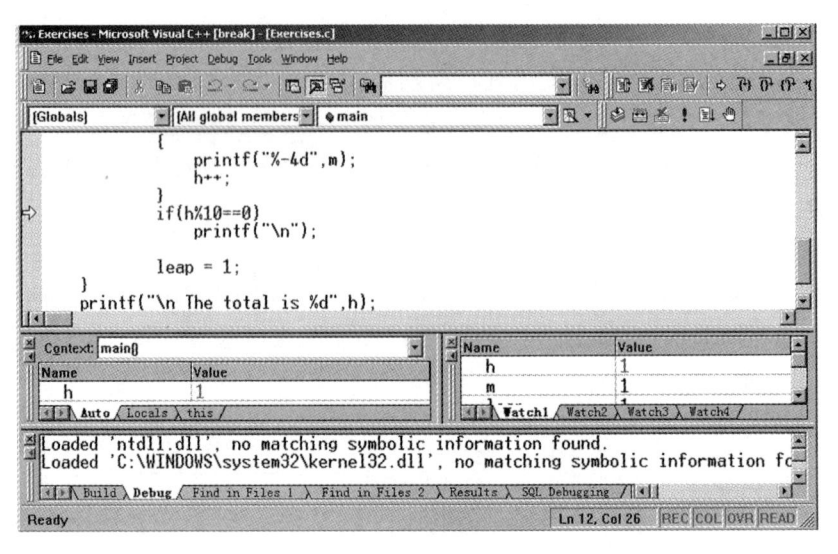

图 1-11　运行至断点

(3) 单步调试

在图 1-7 的基础上执行，选择"Debug"→"Step Over"命令，或按快捷键 F10，如图 1-12 所示。可以进行程序单步运行，结果如图 1-13 所示。不断按 F10 键，程序会逐步地被执行。

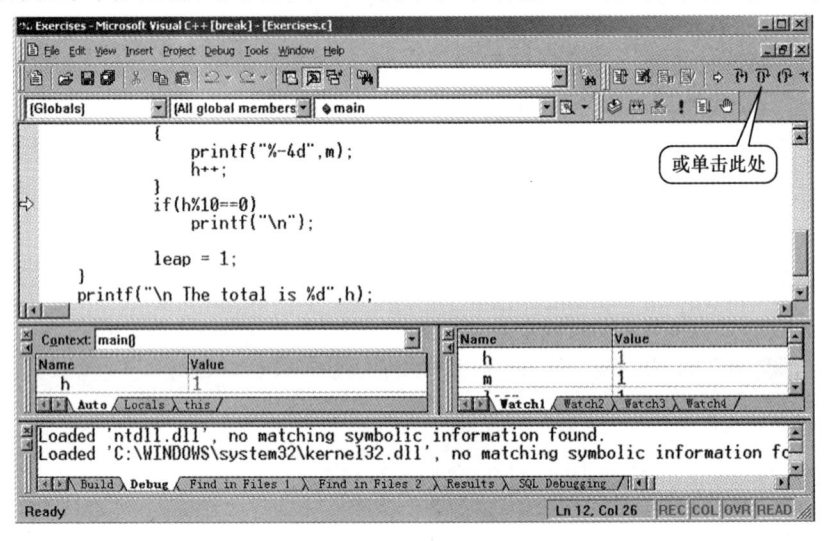

图 1-12　单步调试

(4) 自动查看变量

单步调试程序的过程中，在 Variables 子窗口中会自动显示当前运行上下文中变量的值，如图 1-14 所示。如果本地变量比较多，自动显示的窗口比较混乱，可以在 Watch 子窗口中添加自己想要监控的变量名。如图 1-14 右下角所示，在 Watch 子窗口中添加了变量"h""m"和"leap"，添加结束后，该变量的值会被显示出来。

5. 退出编译环境

退出编译环境有以下两种情况。

(1) 关闭

在菜单中选择："文件(File)"→"关闭工作空间(Close WorkSpace)"。

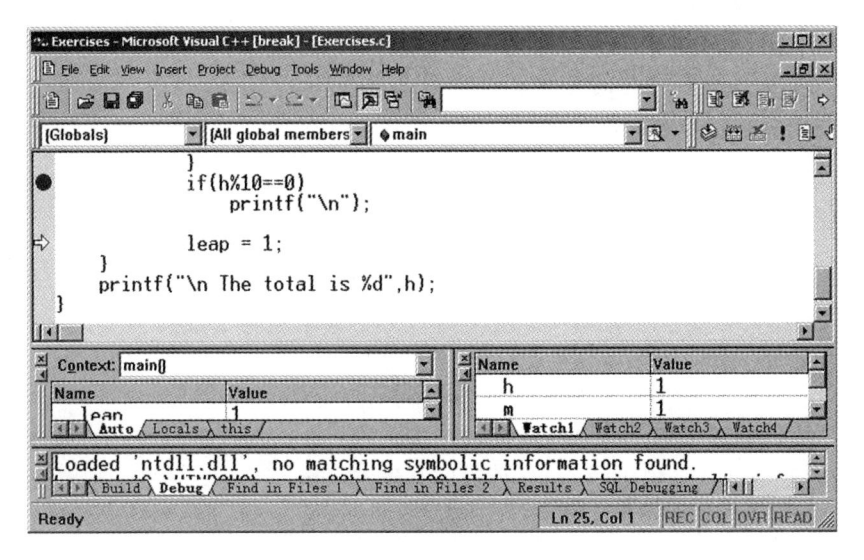

图 1-13　单步运行结果

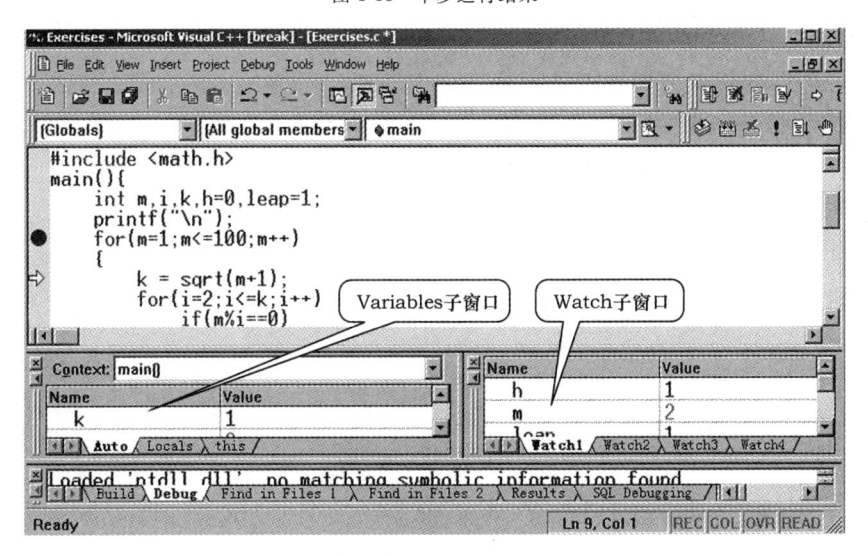

图 1-14　自动查看变量

(2)退出

在菜单中选择:"文件(File)"→"退出(Exit)"。

1.3　项目小结

  人和人之间的交流需要借助于语言工具,人和计算机交换信息同样也需要用语言工具。我们将后一种语言称为计算机语言。本项目讲述了 C 语言的发展和特点。C 语言是一种面向过程的高级语言,它的前身是 ALGOL60,并于 1972 年由 B 语言改进而来。C 语言自身有很多优点,在过去和现在都得到了广泛的使用。

  C 程序基本组成单位是函数,一个 C 程序由一个或多个函数组成,一个 C 函数由若干条 C 语句构成,一条 C 语句由若干个基本"单词"组成。函数是 C 语言中的重要概念,我们要深入了解函数,同时要了解 C 程序的基本结构。

C语言是一种编译型的程序设计语言,开发一个C程序要经过编辑、编译、链接和运行四个步骤。我们要了解各个过程的含义。本项目最后介绍了Visual C++ 6.0集成开发环境。我们要学会使用它来编写和调试程序。

习题1

1. 填空题

(1)假设C源程序文件名为test.c,该程序所在的工程名为p1(在Visual C++ 6.0环境中),经过_____得到的可执行的文件名是_____。

(2)C程序是由_____构成的,一个C程序必须有一个_____。

(3)开发一个C程序要经过_____、_____、_____和运行四个步骤。

2. 选择题

(1)C语言程序编译时,程序中的注释部分(　　)。

A. 参加编译,并会出现在目标程序中

B. 参加编译,但不会出现在目标程序中

C. 不参加编译,但会出现在目标程序中

D. 不参加编译,也不会出现在目标程序中

(2)下列不是C语言分隔符的是(　　)。

A. 回车　　　　　B. 空格　　　　　C. 制表符　　　　　D. 双引号

(3)以下用户标识符中,合法的是(　　)。

A. int　　　　　B. nit　　　　　C. 123　　　　　D. a+b

(4)C语言源程序的基本单位是(　　)。

A. 过程　　　　　B. 函数　　　　　C. 子程序　　　　　D. 标识符

(5)在C程序中,main()的位置(　　)。

A. 必须作为第一个函数　　　　　B. 必须作为最后一个函数

C. 可以任意　　　　　D. 必须放在它所调用的函数之后

(6)一个C程序的执行是从(　　)。

A. main()函数开始,直到main()函数结束

B. 第一个函数开始,直到最后一个函数结束

C. 第一个语句开始,直到最后一个语句结束

D. main()函数开始,直到最后一个函数结束

(7)一个C程序是由(　　)。

A. 一个主程序和若干子程序组成　　　　　B. 一个或多个函数组成

C. 若干过程组成　　　　　D. 若干子程序组成

(8)编辑程序是(　　)。

A. 建立并修改源程序　　　　　B. 将C源程序编译成目标程序

C. 调试程序　　　　　D. 命令计算机执行指定的操作

(9)C编译程序是(　　)。
A. C程序的机器语言版本　　　　　　B. 一组机器语言指令
C. 将C源程序编译成目标程序的程序　D. 由制造厂商提供的应用软件
(10)以下标识符中不合法的是(　　)。
A. Int　　　　　　B. a1234　　　　　　C. 2k　　　　　　D. for_1

3. 简答题
(1)C语言的特点是什么?
(2)执行一个C语言程序的一般过程是什么?
(3)简述C语言程序的结构。
(4)C语言程序有哪几类词汇?

4. 项目训练题
从键盘输入一个双精度小数,打印出它的余弦值。

项目2 数据信息描述

2.1 C语言的数据类型

数据类型是指数据在内存中的表现形式。不同的数据类型在内存中的存储方式是不同的,在内存中所占的字节数也不相同。

通俗地说,数据在加工计算中的特征就是数据类型。例如,学生的成绩和年龄都可以进行加减等算术运算,具有一般数值的特点,在C语言中称为数值型。其中年龄是整数,所以称为整型;成绩一般为实数,所以称为实型。又如学生的姓名和性别,是不能进行加减等运算的,这种数据具有文字的特性。姓名是由多个字符组成的,在C语言中称为字符串;性别可以用单个字符表示,这在C语言中称为字符数据。例如用T表示男性,F表示女性。

在C语言中,每个变量在使用之前必须定义其数据类型。C语言的数据类型如图2-1所示。

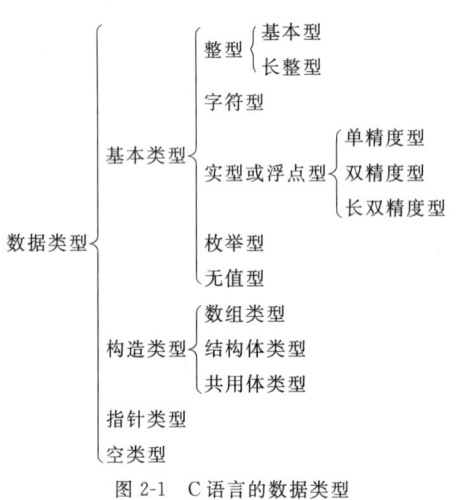

图2-1 C语言的数据类型

2.1.1 C语言的基本数据类型

基本数据类型是不可再分的数据类型,是构造其他数据类型的基础。C语言提供了五种基本数据类型,五种基本类型及其对应的关键字见表2-1。

表2-1 C语言基本数据类型及其对应的关键字

数据类型	关键字
字符型	char
整型	int
浮点(单精度)型	float
双精度型	double
空类型	void

表2-1中的字符型用来描述单个的字符;整型用来描述在计算机中可以准确表示的整数;单精度型和双精度型用来描述在计算机中不能准确表示的实数,其中双精度型比单精度型表示的精度高;空类型通常用来描述无返回值的C函数或无定向的指针等。

不同类型的数据由于在计算机中的存储方式不同,其在内存中所占的二进制位(bit)大多不同,即使是相同类型的数据在不同种类的计算机中所占位数也不完全相同。常用数据类型在内存所占的位数见表2-2。

表 2-2　　　　　　　　　　数据在不同的计算机中所占的二进制位数

数据类别	IBM 370(单位:bit)	IBM PC(单位:bit)
char	8	8
int	32	16
float	32	32
double	64	64

2.1.2　基本数据类型的修饰

C语言规定,可以在基本数据类型关键字前面加上类型修饰符"signed""unsigned""short"和"long",从而扩展基本数据类型的数值范围或提高基本数据类型的精度。

Visual C++ 6.0编译系统中的基本数据类型修饰有如下的规定:

(1) char型数据可以用signed,unsigned加以修饰,即可以有char、signed char和unsigned char三种形式。signed表示有符号数,unsigned表示无符号数。

(2) int型数据可以用signed、unsigned、short和long加以修饰,即可以有int、signed int、unsigned int、short int、long int、signed long int 和 unsigned long int 等形式。对于int而言,当使用类型修饰后,关键字int可以省略不写,例如signed long int 可以写成long,unsigned long int 可以写成unsigned long。short int 表示短整数,long int 表示长整数。

(3) C语言的ANSI C标准指出:各种变量的取值范围应在头文件limits.h和float.h中做出定义。

2.2　常量及其类型

常量是在程序执行过程中其值保持不变的量。其特征是可以直接书写数值,而不必为该数值命名。例如语句"r=10;"中的10即常量。常量是不需要事先定义的,在需要的地方直接写出该常量即可。C语言中的常量可以分为四种类型:整型、实型、字符型和字符串型,下面分别加以介绍。

2.2.1　整型常量

整型常量习惯称为常数,即通常所说的整数。例如,在标准大气压下,开水的温度是摄氏100度,冰点的温度是摄氏0度,它们都是常量。再如我们平常使用的数字−10、−500、1200和8848等都可以看作整型常量。

在C语言中,整型常量可以用三种形式来表示:

1. 十进制整数

十进制是整数的通常写法,十进制整数没有前缀,其数码为0~9。

例如:567、−128和1024等都是合法的十进制整数;而下列各数是不合法的十进制整数:

012:不能有前导0。

34B:含有非十进制数码。

2. 八进制整数

八进制整数必须以数字0开头,即以0作为八进制数的前缀。其数码取值范围为0~7。

以下各个数为合法的八进制数：

0121：表示八进制数 121，即 $(121)_8$，其值为 $1\times 8^2+2\times 8^1+1\times 8^0$，等于十进制数 81。

－021：表示八进制数 $-(21)_8$，即十进制数 －17。

以下是不合法的八进制数：

123：由于无前缀 0，所以为非法八进制数。

034B：含有非八进制数码。

3. 十六进制整数

十六进制整数常数的前缀为 0X 或 0x。其数码为 0～9，A～F 或 a～f。

以下是合法的十六进制整常数：

0X121：表示十六进制数 121，即 $(121)_{16}$，其值为 $1\times 16^2+2\times 16^1+1\times 16^0$，等于十进制数 289。

－0X21：表示十六进制数 $-(21)_{16}$，即十进制数 －33。

而下列各数是不合法的十六进制整数：

12：没有前导 0X。

0X34Y：含有非十六进制数码 Y。

程序中根据前缀来区分各种进制数，因此在书写常数时不要把前缀弄错了，造成程序结果错误。

2.2.2　实型常量

实型常量也称为实数或者浮点数。在 C 语言中，实数只采用十进制表示。它有两种形式：小数形式（也称定点数形式）和指数形式（也称浮点数形式）。

1. 小数形式

由正负号、整数部分、小数点和小数部分组成。整数部分和小数部分是由数字 0～9 和小数点组成，其中小数点是不能缺少的。如：3.14、－88.8 等均为合法的实数。

2. 指数形式

在小数的基础上，后面加阶码标志（"e"或"E"）以及阶码组成。其一般形式为：aen 或 aEn。

其中，a 为十进制数，E 或 e 为阶码标志，n 为十进制整数。如 3.14e8 或 3.14E8 都代表 3.14×10^8。需要注意的是，字母"e"或"E"之前必须有数字，且其后的指数必须为整数，1.23e1.2、E8、E 等都是不合法的指数形式。

一个实数可以有多种指数表示形式。例如 314.159 可以表示为 314.159e0、31.4159e1、3.14159e2、0.314159e3 和 0.0314159e4 等。而我们把其中的 3.14159e2 称为"规范化的指数形式"，也就是在字母"e"或"E"之前的小数部分中，小数点左边应有一位，而且只有一位非零数字。例如 9.8e3、3.15e8 等都属于规范化的指数形式，而其他形式均不属于规范化的指数形式。

实数在用指数形式输出时是按规范化形式输出的。例如，指定将实数 3141.59 按指数形式输出，则必然输出 3.14159e+003，而不会是其他形式。

标准 C 允许实数使用后缀。后缀为"f"或"F"表示该数是浮点数。如 314f 和 314.0 是等价的。

【例2.1】 以实数的形式分别输出314.,314,3.14f。

```
#include <stdio.h>
main()
{
    printf("%f\n",314.);
    printf("%f\n",314);
    printf("%f\n",3.14f);
}
```

程序运行结果如图2-2所示。

从输出结果可以看出第二行输出的0.000000不是期望的数值。原因是实数不仅要有数字部分,而且还要有小数点或"F""f"后缀,否则,将不能得到正确的结果。

图2-2 例2.1的运行结果

2.2.3 字符型常量

字符型常量是指仅含ASCII字符(见附录A)的常量,在内存中占一个字节,存放字符的ASCII码。字符常量的表示方法有两种:单引号表示法和转义字符表示法。

1. 单引号表示法

对于可显示的字符常量,可直接用单引号(特别注意:是半角的单引号)将该字符括起来,如'a'、'4'、'*'、'+'和'#'等。也可用字符的ASCII码值表示字符,如十进制数的65表示大写字母'A',八进制数的0103表示大写字母'C'。

2. 转义字符表示法

对于不能显示的字符(主要指控制字符,如回车符、换行符、制表符等)和一些在C语言中有特殊含义和用途的字符(如单引号、双引号、反斜杠线等),只能用转义字符表示。

转义字符是一种特殊的字符常量。转义字符由反斜线"\"开头,后面跟一个或几个字符。转义字符具有特定的含义,它不同于字符原有的意义,所以称"转义"字符。常用的转义字符及其含义见表2-3。

表2-3 常用的转义字符及其含义

转义字符	含 义	ASCII码
\n	换行	10
\r	回车	13
\f	换页	12
\t	水平制表(Tab)	9
\v	垂直制表	11
\b	退格符(Backspace)	8
\\	反斜杠线"\"	92
\'	单引号符	39
\"	双引号符	34
\ddd	1~3位八进制数所代表的字符	
\xhh	1~2位十六进制数所代表的字符	
\a	报警响铃	7

C语言字符集中的任何一个字符均可用转义字符来表示。表中的\ddd和\xhh正是为此而提出的。ddd和hh分别为八进制和十六进制的ASCII码。如\102表示字母"B",\103表示字母"C",\X0A表示换行等。

字符常量有如下的特点：

(1)字符常量只能用单引号括起来,不能用双引号或其他符号。

(2)字符常量只能是单个字符,不能是字符串。

(3)字符常量可以是字符集中的任意字符,但数字被定义为字符型之后就不能按原值参与数值运算。如'5'和5是不同的,'5'是字符常量,不能以5参与运算。

(4)C语言对字符型和整数是不加区分的,字符型常量被视为1字节的整数,其值就是该字符的ASCII码,可以像整数一样参加数值运算。例如,'C'的ASCII码为67,'C'-2的值为65,即字符'A'的ASCII码。

2.2.4 字符串常量

字符串常量是用双引号(特别注意:是半角的双引号)括起来的零个或多个字符序列。例如:"","Super man!","74110","She said \"I love you\""等都是字符串常量。其中,两个双引号连写表示空字符串;当字符串中包含像单引号、双引号或反斜杠线这类有特定用途的字符时,应该分别用转义字符\'、\"、\\表示。例如"She said \"I love you\""代表的英文句子是:She said "I love you"。

C语言中规定,字符串中的字母是区分大小写的,所以"a"和"A"是不同的字符串。一个字符串中所有字符的个数称为该字符串的长度,其中转义字符只当一个字符。例如,字符串"0123456"、"abc"、"Welcome you"、"\"Oh\""和"\102\105\x50\x48"的长度分别是7、3、11、4、4。

虽然在内存中每个字符只占一个字节,但C语言中规定,每个字符串在内存中占用的字节数等于字符串长度加1。其中最后一个字节的字符称为"空字符",其ASCII码为0,书写时常用转义字符'\0'来表示,是字符串结束的标记。例如字符串"AB"和"B"的长度分别为2和1,它们在内存中分别占用3个字节和2个字节。不难看出,单个字符的字符串"A"和字符常量'A'是不同的。前者是字符串,是用双引号括起来的,在内存中占用2个字节空间;后者是字符常量,是用单引号括起来的,在内存中只占1个字节。

例如:字符串"Bill Gate"在内存中所占字节的情况如图2-3所示。

| B | i | l | l | | G | a | t | e | \0 |

图 2-3 字符串"Bill Gate"在内存中所占字节的情况

而字符常量'c'和字符串常量"c"虽然都只有一个字符,但在内存中的情况是不同的。前者在内存中占一个字节,后者在内存中占两个字节,两者的比较如图2-4所示。

| c | | c | \0 |

图 2-4 字符常量'c'和字符串常量"c"在内存中的存储情况

字符串常量和字符常量是两个不同的常量,它们之间的主要区别有以下几点：

(1)字符常量由单引号括起来,字符串常量由双引号括起来。

(2)字符常量只能是单个字符,字符串常量则可以含一个或多个字符。

(3)可以把一个字符常量赋予一个字符变量,但不能把一个字符串常量赋予一个字符串变量。在 C 语言中没有相应的字符串变量,但是可以用一个字符数组来存放一个字符串常量(详见项目 7 的介绍)。

(4)字符常量占一个字节的内存空间。字符串常量占的内存字节数等于字符串的长度加 1。增加的一个字节用来存放字符'\0'(ASCII 码为 0),这是字符串结束的标志。

2.2.5 符号常量

符号常量是用标识符表示的常量。从形式上看,符号常量是标识符,像变量,但实际上它是常量,其值在程序运行时不能被改变。

1. 符号常量的定义

定义符号常量有三种方法:宏定义、const 修饰符和枚举。这里只介绍前两种。

(1)宏定义

宏定义是用指定的标识符来代表一串字符,其一般形式为:

#define 标识符 字符串

例如:

```
#define PI 3.14159
```

其中,标识符 PI 称为宏名,也叫符号常量,为了与一般变量名相区别,习惯上用大写英文字母表示;字符串"3.14159"称为宏体,没有类型和值的含义。程序在进行编译预处理时,凡在出现宏名 PI 的地方都要使用宏体"3.14159"来替换,然后由编译系统根据上下文确定它的类型和值。

【注意】

① 宏定义必须以 #define 开头,行末不加语句结束符——分号。
② 每个 #define 只能定义一个宏,且只占一个书写行。
③ #define 命令一般出现在函数外部,其有效范围为从定义处到该程序文件结束。
④ 编译系统只对程序中出现的宏名用定义中的字符串作简单替换,而不作语法检查。
⑤ 用宏定义还可以定义更复杂的表达式或函数。

(2)const 定义

const 定义的符号常量既有类型又有值,与宏定义不同,其一般形式为:

const 数据类型 标识符=常量表达式;

例如:

```
const int maximum=100;
const float x=maximum+200;
```

上述语句定义了一个整型符号常量 maximum,其值等于 100;一个浮点型符号常量 x,其值为 300。

【注意】

① const 定义是以关键字 const 开头,以分号结尾的 C 语言语句。
② 每个 const 语句可以定义多个同类型的符号常量,相互之间用逗号隔开,如:

```
const int x=10,y=20;
```

③ const 定义既可以出现在函数外部,也可以出现在函数的内部。不同位置定义的符号常量的作用域也不同。
④ const 定义是在程序编译时完成对标识符的赋值,这个值被存放在内存的常量区中,而

宏定义则是在编译时完成标识符的赋值,在编译时按上下文对替换的字符串进行解释,宏名作为标识符被放在内存的代码区中。

2. 符号常量的优点

符号常量具有以下优点:

(1)用符号常量可以清晰地看出常量所代表的物理意义。例如,用符号常量 PI 表示圆周率,比直接写 3.14159 更容易看出其所代表的物理意义,又符合人们的习惯,增强了程序的可读性。

(2)如果一个程序中多次出现某一个常量(例如:圆周率 3.14159),就要多次书写,使用符号常量就可以用较短的符号代替较长的数字,从而可以有效地避免多次书写同一个常量,并减少出错的概率。

(3)当程序中多次出现同一个需要修改的常量时,必须逐个修改,很可能漏改或错改。用符号常量只需修改定义,就可以做到统一,减少出错的概率。

2.3 变量及其类型

2.3.1 变量及其定义

变量的定义和赋值

变量是指在程序运行过程中其值可以发生改变的量。一般情况下,变量用来保存程序运行过程中输入的数据、计算获得的中间结果以及程序的最终结果。C语言中的变量有基本类型和构造类型两种,其中基本类型有整型、字符型、实型、指针类型、枚举类型;构造类型有数组类型、结构体类型和共用体类型。

在使用变量之前必须定义变量,即为变量取名字(变量的取名规则同标识符一样,一般使用小写字母),并说明变量的数据类型(编译系统根据不同的数据类型为其分配内存空间)。因此变量的定义格式为:

类型说明符 变量名表;

其中,类型说明符包括 int、float、double 和 char 等,用来指定变量的数据类型;变量名表如果有多个变量,则彼此间要用逗号分隔开;分号是语句结束符。

例如:

```
int m;          /*定义了一个类型为整型的变量 m*/
int i,j;        /*定义了一个整型变量 i 和 j*/
float x,y,z;    /*定义了三个浮点型变量 x、y、z*/
```

【注意】

(1)允许在一个类型说明符的后面,定义多个相同类型的变量。各变量名之间用逗号间隔。

(2)类型说明符与变量名之间至少用一个空格间隔。

(3)变量定义必须放在变量使用之前,一般放在函数的开头部分。

(4)最后一个变量名之后必须以分号";"结尾。

2.3.2 整型变量

整型变量的基本类型符为 int。可以根据数值的范围将整型变量定义为基本整型、短整型、长整型和无符号型,具体如下所述:

(1)基本整型:类型说明符为 int,在内存中占 2 个字节。
(2)短整型:类型说明符为 short int 或 short,所占字节和取值范围均与基本型相同。
(3)长整型:类型说明符为 long int 或 long,在内存中占 4 个字节。
(4)无符号型:类型说明符为 unsigned。其中,无符号型又可与上述三种类型匹配而构成如下类型:

- 无符号基本型:类型说明符为 unsigned int 或 unsigned。
- 无符号短整型:类型说明符为 unsigned short。
- 无符号长整型:类型说明符为 unsigned long。

各种无符号类型的量所占的内存空间字节数与相应的有符号类型的量相同。但由于省去了符号位,所以不能表示负数。有符号整型变量的最大取值为 32767,而无符号整型变量的最大取值为 65535。表 2-4 列出了 C 语言中各类整型变量所分配的内存字节数及数的表示范围。

表 2-4　C 语言中各类整型变量所分配的内存字节数及数的表示范围

类　　型	类型说明符	字　节	数值范围
基本整型	int	2	−32768～32767
短整型	short int	2	−32768～32767
长整型	long int	4	−2147483648～2147483647
无符号整型	unsigned int	2	0～65535
无符号长整型	unsigned long	4	0～4294967295

【例 2.2】 整型变量的定义与使用举例一。

```
#include <stdio.h>
main()
{
    int x,y,m,n;           /*指定 x、y、m、n 为整型变量*/
    unsigned u;            /*指定 u 为无符号整型变量*/
    x=-21;y=18;u=40;
    m=x+u;n=y+u;
    printf("x+u=%d,y+u=%d\n",m,n);
}
```

程序运行结果如图 2-5 所示。

可以看到不同类型的整型数据可以进行算术运算。本例中用到了 int 型数据和 unsigned int 型数据进行相加运算,在以后的学习当中,会用它们来组成更加复杂的混合运算。

图 2-5　例 2.2 的运行结果

【例 2.3】 整型变量的定义与使用举例二。

```
#include <stdio.h>
main()
```

```
{
    int a,b,c,d;                            /*指定a、b、c、d为整型变量*/
    long x,y;                               /*定义长整型变量x,y*/
    x=7;                                    /*变量赋初值*/
    y=8;
    a=9;
    b=10;
    c=x+a;                                  /*求x与a的和*/
    d=y+b;                                  /*求y与b的和*/
    printf("c=x+a=%d,d=y+b=%d\n",c,d);      /*输出变量c,d的值*/;
}
```

程序运行结果如图2-6所示。

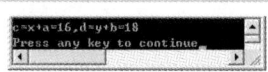

在上述程序的开始处定义了4个整型变量，分别为a、b、c、d，同时又定义了两个长整型变量x,y。"x=7;"是一个简单的赋值语句，完成的功能是把7赋予变量x。

图2-6 例2.3的运行结果

C语言中，可以在程序的一行中写入多条语句，因此上面的程序可以调整为：

```
#include <stdio.h>
main()
{
    int a,b,c,d;                            /*指定a、b、c、d为整型变量*/
    long x,y;                               /*定义长整型变量x,y*/
    x=7;y=8;a=9;b=10;
    c=x+a; d=y+b;
    printf("c=x+a=%d,d=y+b=%d\n",c,d);
}
```

调整后的程序只是其表示形式发生了变化，程序的本质并没有改变，该程序的运行结果不发生变化。

从程序中可以看出，x和y是长整型变量，而a和b是基本整型变量。两种整型数据之间允许进行运算，运算结果为长整型。但c和d被定义为基本整型，因此最后结果为基本整型。由此得出结论：不同类型的变量可以参与运算并相互赋值。其中的类型转换是由编译系统自动完成的。有关类型转换的规则将在以后介绍。

2.3.3 实型变量

在C语言中，实型变量分为单精度(float型)、双精度(double型)和长双精度(long double型)三类，具体如下所述：

(1)单精度型：类型说明符为float,占4个字节(32位)内存空间，其数值范围为：$-3.4\times10^{38}\sim3.4\times10^{38}$,能提供6位或7位有效数字。

(2)双精度型：类型说明符为double,占8个字节(64位)内存空间，其数值范围为：$-1.7\times10^{308}\sim1.7\times10^{308}$,能提供15位或16位有效数字。

(3)长双精度型：类型说明符为long double,占16个字节(128位)内存空间，其数值范围为：$-3.4\times10^{4932}\sim3.4\times10^{4932}$,能提供18位或19位有效数字。

每个实型变量都应在使用之前进行定义。例如：
```
float m,n;      /* 定义两个变量 m 和 n,并且指定它们为单精度实型变量 */
double a,b,c;   /* 指定 a、b、c 为双精度实型变量 */
```

【例 2.4】 实型变量的定义与使用举例。
```
#include <stdio.h>
main()
{
    float x;
    double y;
    x=1111.55555;
    y=2222.5555555555;
    printf("%f\n%f\n",x,y);      /* 输出变量 x、y 的值 */
}
```

程序运行结果如图 2-7 所示。

通过运行程序可以看出：由于 x 是单精度浮点型,有效数字只有 7 位,而整数已占 4 位,故小数部分 3 位以后的数字均为无效数字。y 是双精度型,有效位为 16 位。但 Visual C++ 6.0 规定小数最多保留 6 位,其余部分四舍五入。

图 2-7 例 2.4 的运行结果

由于实型数据有误差,所以在编写程序时,应当避免将一个很大的数和一个很小的数直接相加或相减,否则将会"丢失"小的数。

2.3.4 字符型变量

字符型变量用来存放字符常量,一个字符型变量只能存放一个字符,不要存放一个字符串。字符变量的类型说明符是 char。下面是几个字符型变量的定义：
```
char ch1,ch2,ch3;
```
上述语句将 ch1、ch2 和 ch3 定义为字符型变量,其内存可以各放一个字符,下面给这三个字符变量分别赋值 a、b 和 c。
```
ch1='a';
ch2='b';
ch3='c';
```

【例 2.5】 字符型变量的定义与使用举例。
```
#include <stdio.h>
main()
{
    char ch1,ch2;
    ch1=97;ch2=98;
    printf("%c,%c,",ch1,ch2);
    printf("%d,%d\n",ch1,ch2);
    ch1=ch1-32;
    ch2=ch2-('a'-'A');
    printf("%c,%c\n",ch1,ch2);
}
```

程序运行结果如图 2-8 所示。

在程序的开始处定义了两个字符型变量,然后分别向两个变量赋值 97 和 98。

【说明】 这里的 97 和 98 是字符 a 和 b 的 ASCII 码值,程序执行时 C 语言把 97 和 98 按照输出语句中格式控制符的规定转化成了其对应的字符。

图 2-8 例 2.5 的运行结果

接下来的两条输出语句以不同的格式输出 ch1 和 ch2,其中％c 表示以字符型格式输出 ch1 和 ch2,％d 表示以整型格式输出 ch1 和 ch2。

【结论】 字符型数据和整型数据是通用的。它们既可以用字符形式输出,也可以用整数形式输出。但是应注意字符数据只占一个字节,只能存放 0～255 范围内的整数。

2.4 运算符与表达式

2.4.1 运算符及运算对象

1. 运算符

用来表示各种运算的符号称为运算符,也称操作符。C 语言中的运算符很丰富,例如,数值运算中经常用到的加、减、乘、除符号就是最常见的算术运算符。C 语言中运算符的分类如图 2-9 所示。

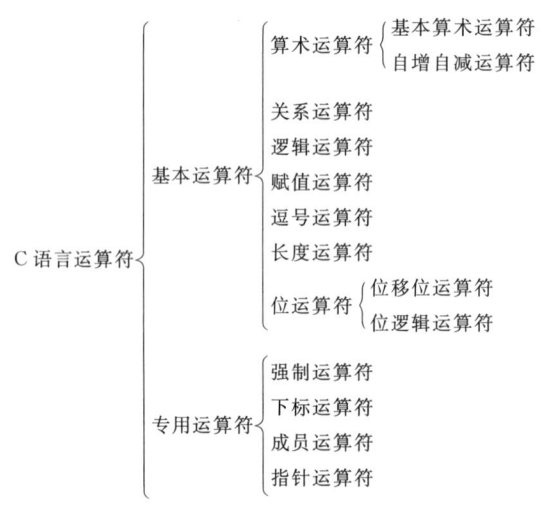

图 2-9 C 语言运算符的分类

2. 运算对象

运算对象也称为操作数,C 语言中的运算对象有下列三种情况:

(1)运算符的运算对象可以是一个,此时的运算符称为"单目运算符"。单目运算符如果放在运算对象的前面称为"前缀单目运算符";如果放在运算对象的后面称为"后缀单目运算符"。

(2)运算对象最常见的有两个,此时参与运算的运算符称为"双目运算符"。双目运算符都是放在两个运算对象的中间。

(3)运算对象还可以是三个,称"三目运算符"。三目运算符在 C 语言中只能是条件运算符,夹在三个运算对象之间。

例如:

−x 只有一个运算对象,表示一个单目运算,单目运算符为"−"。

x+y 有两个运算对象,表示一个双目运算,双目运算符为"+"。

x>y?x−y:y−x 有三个运算对象,表示一个三目运算,三目运算符由"?"和":"组成。

在 C 语言中,每个运算符都代表对运算对象的某种运算,都有自己特定的运算规则。每个运算符运算的对象都规定了数据类型,同时运算结果也有确定的数据类型。

【说明】

C 语言中的运算符都是键盘上的符号,如~、&、%和^等,或者是若干个符号的组合,如&&、++和−−等,书写或输入时不要出错。此外,少数运算符号有双重意义,主要有以下几个:

(1) "−"号:在算术运算中既可以表示单目"取负"运算,又可以表示双目"减法"运算,两个减号还可以表示"自减"运算。

(2) "+"号:在算术运算中既可以表示单目"取正"运算,又可以表示双目"加法"运算,两个加号还可以表示"自加"运算。

(3) " * "号:在算术运算中可以表示双目"乘法"运算,在指针运算中表示单目"取内容"运算。

(4) "&"号:在位逻辑运算中表示双目"与"运算,在指针运算中表示单目"取地址"运算。

2.4.2 表达式

1. 表达式的定义

在 C 语言程序设计中,仅有运算符还不够,还要经常用到表达式。表达式是用运算符与圆括号将操作数(运算对象)连接起来所构成的有意义式子。C 语言的操作数包括常量、变量和函数等。例如,表达式 sin(1.0)+(x−y) * 2/sqrt(9.0)中包括的运算符有+、−、 * 和/,操作数包括常量 2,变量 x、y 以及函数 sin(1.0)和 sqrt(9.0)。

表达式按照运算符的运算规则进行运算可以获得一个值,称为"表达式的值"。然而只有表达式的构成具有一定的意义时,才能产生期望的结果。例如,表达式 4 * sqrt(9)的值为 12。

当表达式中出现多个运算符,计算表达式值时,就会碰到先算哪个运算符,后算哪个运算符的问题,即"运算符的优先级"问题。此时表达式的计算按照附录 B 中规定的运算符的优先级和结合方向进行。

2. 表达式语句

C 语言中,在一个表达式的后面加上分号";"就构成了表达式语句,即简单语句。有的表达式语句是有意义的简单语句,例如:

x=x+1;

和

x++;

都表示使 x 单元的内容加 1。而有的表达式语句是无意义的,例如:

x+y;

是无意义的表达式语句,因为这条语句没有引起任何存储单元中数据的变化。

2.4.3 算术运算符与算术表达式

算术运算符包括基本算术运算符和自增自减运算符,其中基本运算符经常简称为算术运算符。

1. 基本算术运算符

(1)加法运算符"+":加法运算符为双目运算符,即应有两个操作数参与加法运算。如 x+y,1+2 等。但"+"也可作正值运算符,此时为单目运算符,如+x,+3 等。

(2)减法运算符"-":减法运算符为双目运算符,即应有两个操作数参与减法运算。如 x-y,1-2 等。但"-"也可作负值运算符,此时为单目运算符,如-x,-3 等。

(3)乘法运算符"*":乘法运算符为双目运算符,即应有两个操作数参与乘法运算。如 x*y,1*2 等。"*"运算符在指针运算中表示单目"取内容"运算。

(4)除法运算符"/":除法运算符为双目运算符,参与的操作数均为整数时,结果也为整型,舍去小数。如果运算量中有一个是实型,则结果为双精度实型。

(5)求余运算符"%":求余运算符也称求模运算符,为双目运算符,用来求两个整数的(int 型或 char 型)余数,如:5%2=1。

基本算术运算符的运算对象、运算规则与结合性见表 2-5。

表 2-5　　基本算术运算符的运算对象、运算规则与结合性

对象数	名称	运算符	运算规则	结合性
单目	正	+	取正值	自右向左
	负	-	取负值	
双目	加	+	加法	自左向右
	减	-	减法	
	乘	*	乘法	
	除	/	除法	
	模	%	整除求余	

两个单目运算符都是前缀运算符。单目正(+)运算不改变运算对象的值,这种情况很少使用;单目负(-)运算是取运算对象的负值。例如,+10 的结果是正整数 10,-5 的结果是负整数 5。

【说明】 两个整数相除结果也为整数,如 5/3 的结果值为 1,舍去小数部分。但是,如果除数或被除数中有一个为负值时,则舍去的方法不一定相同,例如:-5/3 在有的机器上得到的结果是-1,而在有的机器上则得出其他的值如-2。但多数机器采取"向零取整"的方法,也就是哪个值靠近 0,取哪个值。例如:-25/6=-4,25/6=4,取整后向零靠拢。

【例 2.6】 算术运算符与算术表达式举例。

```
#include <stdio.h>
main()
{
    printf("%d,%d\n",20/6,-20/6);
    printf("%f,%f\n",20.0/8,-20.0/8);
}
```

程序运行结果如图 2-10 所示。

在本例中,20/6 和 -20/6 的结果均为整型,小数部分全部舍去。而 20.0/8 和 -20.0/8 由于有实数参与运算,因此结果也为实型。

图 2-10　例 2.6 的运行结果

2. 自增自减运算符

自增自减运算符都是单目运算符,用来对整型、字符型、指针型以及数组元素等变量进行算术运算,其运算结果与原来的类型相同,并存回原来的运算对象,例如:

(1)++m:先使 m 的值加 1,再使用变量 m。

(2)m++:先使用 m 的值,再使变量 m 的值加 1。

(3)--m:先使 m 的值减 1,再使用变量 m。

(4)m--:先使用 m 的值,再使变量 m 的值减 1。

在理解和使用上容易出错的是 m++ 和 m--。特别是当它们出现在较复杂的表达式或语句中时,常常难以弄清,建议尽量避免使用,所以在开始学习时要仔细分析。

例如:设整型变量 m 为 5,则:

++m+5:在计算时,先计算 m=m+1,m=6 后,再使用 m 的值 6 和 5 进行相加,结果为 11。

m--+5:应理解为先进行 m+5 得出结果 10,再进行 m=m-1,m=4。

当出现难以区分的若干个"+"或"-"组成的表达式运算时,C 语言中规定,自左向右取尽可能多的符号组成运算符。

例如:设整型变量 m 和 n 的值均为 5,则:

m+++n:应理解为(m++)+n,最后的计算结果为 10,m 的值为 6,n 的值不变。

m---n:应理解为(m--)-n,最后的计算结果为 0,m 的值为 4,n 的值不变。

自增和自减运算符只能用于变量,而不能把它强加给常量和表达式,例如:10++ 和 (x+y)-- 都是不合法的表示方法。原因是 10 只是个常量,常量的值不能改变。同理,(x+y)-- 也不可能变为现实,表达式 x+y 最后肯定是一个确定的值,常量自增、自减也是错误的。自增和自减的结合方向是自右向左的。

【例 2.7】 自增自减运算符应用举例。

```
#include <stdio.h>
main()
{
    int x=5;
    printf("%d,",++x);
    printf("%d,",--x);
    printf("%d,",x++);
    printf("%d,",x--);
    printf("%d,",-x++);
    printf("%d\n",-x--);
}
```

程序运行结果如图 2-11 所示。

在程序开始时,x 的初值为 5,第 2 行 x 加 1 后,输出为 6;第 3 行减 1 后输出为 5;第 4 行输出 x 为 5 后再加 1,x 的值变为 6;第 5 行输

图 2-11　例 2.7 的运行结果

出 x 为 6 之后再减 1,其值变为 5;第 6 行输出 −5 之后再加 1,x 的值又变为 6;第 7 行输出 −6 之后再减 1,x 的最终值为 5。

【例 2.8】 由自增运算符构成的表达式应用举例。(注意:因不同的硬件系统会得出不同的结果,因此,实际编程千万不要使用如下形式)

```
#include <stdio.h>
main()
{
    int a=8,b=8,x,y;
    x=(a++)+(a++)+(a++);
    y=(++b)+(++b)+(++b);
    printf("%d,%d,%d,%d\n",x,y,a,b);
}
```

程序运行结果如图 2-12 所示。

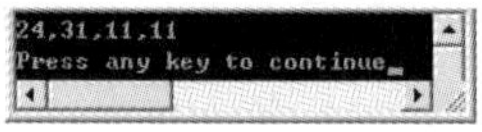

在本程序中,对 x=(a++)+(a++)+(a++);应理解为三个 a 相加,所以 x 的值为 24。然后 a 再自加 1 三次相当于加 3,所以 a 的最后值为 11。对 y=(++b)+(++b)+(++b);应理解为 b 先自增 1 变为 9,接着 b 再自增 1 变为 10,前两项相加值为 20,接着 b 再自增 1 变为 11 再参与运算,y 的值为 20+11=31。

图 2-12 例 2.8 的运行结果

3. 算术表达式

算术表达式是用算术运算符连接数值型的运算对象构成的表达式,用来完成数值计算的功能。如 2%8+11,(x++)*a/(−−b)等。

使用算术运算符时,应注意以下几点:

(1)乘法运算符"*"在表达式中既不能省略,也不能用"·"或"×"代替。除法运算符也不能用"÷"代替。

(2)C 语言没有乘方运算,当需要进行乘方运算时,可以通过连乘的方式实现乘方运算,也可以使用 C 语言编译系统提供的数学函数,如:pow(10,n) 表示 10 的 n 次方,pow(a,b) 表示 a 的 b 次方。

(3)表达式中不允许使用方括号或大括号,但允许使用多重圆括号嵌套配对使用。如:100 *((a+b)/(a−b)−20)。

(4)算术表达式应能正确地表达数学表达式。例如:数学表达式(a+b)/2a 对应的 C 语言算术表达式为:(a+b)/2*a 或((a+b)/2)*a。

(5)算术表达式的结果应该不超过其所能表示的数的范围。例如,最大的基本整数是 32767,则 32767+5 就是错误的结果。

4. 算术运算符的结合性和优先级

运算符的结合性是指如果一个操作数左边和右边的两个运算符的优先级相同,应该优先计算的操作符。

计算机在进行表达式计算时,通常严格按照运算符的优先级和结合性进行,就算术表达式而言,括号最优先,其次是一元运算符,然后是乘、除和求模,最后是加、减。当同一优先级的运算符同时出现时,按它们的结合性确定其优先次序,详见附录 B。

2.4.4 关系运算符与关系表达式

1. 关系运算符

所谓"关系运算"实际上是"比较运算",首先将两个操作数进行比较,然后判断其比较的结果是否符合给定的条件。

例如:a<10 是一个简单的关系表达式,小于号(<)是其中的关系运算符,如果 a 的值小于 10,则满足给定的条件,因此关系表达式的值为"真";如果 a 的值等于或大于 10,则很显然表达式不满足给定的条件,其值为"假"。

关系运算符的运算对象、运算规则和结合性见表 2-6。

表 2-6 关系运算符的运算对象、运算规则和结合性

对象数	名称	运算符	运算规则	结合性
双目	小于	<	条件满足则为真,结果为 1;否则为假,结果为 0	自左向右
	小于等于	<=		
	大于	>		
	大于等于	>=		
	等于	==		
	不等于	!=		

由表 2-6 可以看出,所有关系运算符都是双目运算符。由关系运算符组成的表达式称为关系表达式。关系运算符可以用来比较两个数值型数据的大小,也可以比较两个字符数据的大小,字符数据的比较按该字符对应的 ASCII 码值的大小进行,其实质也是数值比较。

2. 关系运算符的优先次序

在 C 语言中所有关系运算符优先级别见表 2-7。

表 2-7 关系运算符的优先级别

序号	关系运算符	优先级别
1	<	优先级别相同 (级别高)
2	<=	
3	>	
4	>=	
5	==	优先级别相同 (级别低)
6	!=	

由表 2-7 可以看出,前四种关系运算符(<,<=,>,>=)优先级别相同,后两种(==,!=)也相同。其中,前四种优先级高于后两种。例如,由表 2-7 可以得知,"<="优先级高于"!="。而"<="和">="优先级相同。

关系运算符的优先级低于算术运算符的优先级。例如:

c<a+b;等价于 c<(a+b)。

a>b==c;等价于(a>b)==c。

a==b>c;等价于 a==(b>c)。

3. 关系表达式

用关系运算符将两个表达式连接起来的式子称为关系表达式。其中，表达式可以是算术表达式或关系表达式，也可以是随后将要学习到的逻辑表达式和字符表达式。例如，下面的表达式均是合法的关系表达式：

a+b>c+d
a<314/5
'a'+10<100
'a'+3!=b+2*5/10

由于关系表达式中的表达式也是关系表达式，因此，C 语言的表达式也允许出现嵌套的情况。例如：

a!=(b==c)

关系表达式的值是一个逻辑值，即"真"或"假"，分别用"1"和"0"表示。如(x=2)<(y=3)，由于 2<3 成立，故其值为 1。

【例 2.9】 关系表达式应用举例一。

```c
#include <stdio.h>
main()
{
    char ch='A';
    int a=4,b=2,c=5;
    float x=5000,y=3.14;
    printf("%d,%d\n",ch<97,a+b<b+c);
    printf("%d,%d\n",a<b<c,x>y*10==100);
}
```

程序运行结果如图 2-13 所示。

在本例中求出了各种关系表达式的值。字符变量是以其对应 ASCII 码参与运算。

【例 2.10】 关系表达式应用举例二。

```c
#include <stdio.h>
main()
{
    char ch1='a',ch2='A';      /* ch1,ch2 可以看成整型,其值分别为 97、65 */
    int m1=65,m2=97;
    float x=3.14,y=9.8;
    printf("%d,%d,%d \n",ch1>ch2,m1<m2,x==y);
    printf("%d,%d,%d \n",ch1>=m1,ch2>=m2,x==m1,ch1==m2);
}
```

程序运行结果如图 2-14 所示。

图 2-13　例 2.9 的运行结果　　　　图 2-14　例 2.10 的运行结果

2.4.5 逻辑运算符与逻辑表达式

1. 逻辑运算符及其运算规则

C语言中的逻辑运算符是对两个关系表达式或逻辑值进行运算,共有逻辑与(&&)、逻辑或(||)、逻辑非(!)三个运算符。其中"逻辑与"和"逻辑或"是双目运算符,"逻辑非"是单目运算符。

逻辑运算的结果只有两个:逻辑真和逻辑假,分别用二进制的1和0表示。C语言系统对任何非0值都认定是逻辑真,而将0认定为逻辑假。

逻辑运算符必须连接逻辑量,运算的结果也是逻辑量,即只能取1或0。因此逻辑运算符的运算规则常用真值表表示,见表2-8。

表 2-8　　　　　　　　　逻辑运算符的运算规则

a	b	a&&b	a||b	!a
0	0	0	0	1
0	1	0	1	1
1	0	0	1	0
1	1	1	1	0

2. 逻辑运算符的优先级和结合性

逻辑运算符中逻辑非(!)的优先级最高,其次是逻辑与(&&),最后是逻辑或(||)。与其他运算符相比,逻辑非的优先级高于算术运算符(当然也高于关系运算符)和赋值运算符,而"逻辑与"和"逻辑或"高于赋值运算符,但低于算术运算符和关系运算符,详见附录B。

三种逻辑运算符的结合性如下:

(1)逻辑运算符"!"的结合性是自右向左的,也就是先计算最右边的"!",再依次向左计算其他的逻辑运算。例如:"!!! 0"的计算顺序相当于"!(!(! 0))",其结果为1。

(2)逻辑运算符"&&"或"||"的结合性是自左向右的,即先计算最左边的"&&"或"||",再依次向右计算其他的"&&"或"||"。例如:"a&&b&&c"的计算顺序相当于"(a&&b)&&c"。再例如:"a||b||c"的计算顺序相当于"(a||b)||c"。

3. 逻辑表达式

用逻辑运算符连接关系表达式或其他任意数值型表达式就构成了逻辑表达式。通常用逻辑运算符连接关系表达式,这时先计算关系表达式的值,然后再进行逻辑运算。

逻辑表达式也可以连接任何非数值型的表达式。因为C语言规定任何非0值都被视为逻辑真,而0则被视为逻辑假,所以当用逻辑运算符连接非数值表达式时,运算结果也是非0即1。例如,为了判断变量ch的值是不是字母,可以用下面的表达式表示:

ch>='A'&&ch<='Z'||ch>='a'&&ch<='z'

此表达式中,当ch等于"65"时,"||"左边的关系表达式为1,所以表达式的值为1,即表达式的条件为逻辑真,也就是ch是字母。

【说明】 在用"&&"对两个表达式进行计算时,如果第一个表达式的值为"假",则后面的表达式就可以不用去理会,结果肯定为假,所以C语言规定此时的第二个表达式将不再参与运算。同样的道理,用"||"对两个表达式进行计算时,若第一个表达式的值为"真",则计算结果与第二个表达式的结果也没有关系,计算结果肯定为"真"。例如:i的值为5,表达式 0&&

(i++)的值为0,执行完此语句后i的值不会发生变化,因为"&&"前面的0就可以决定整个表达式的值,"&&"后的表达式不参与运算。同样表达式"1||(i——)"的值为1,i的值不变。

熟练掌握C语言的关系运算符和逻辑运算符后,可以巧妙地利用一个表达式来表示一个复杂的条件。

【例2.11】 判断某一年是否为闰年。

判断闰年的条件是符合下面两者之一:

(1)能被4整除但不能被100整除。

(2)能被400整除。

上面的闰年判断条件可以用下面的逻辑表达式表示:

(year%4==0&&year%100!=0)||(year%400==0)

同理判断非闰年的方法只需要在表达式前面加一个"!"即可,逻辑表达式如下:

!((year%4==0&&year%100!=0)||(year%400==0))

如果上述表达式的值为真即"1",则year为非闰年。判断非闰年的表达式并不唯一,也可以用下面的逻辑表达式判断非闰年:

(year%4!=0)||(year%100==0)&&(year%400!=0)

如果上述表达式的值为真,则year为非闰年。

上述表达式中不同运算符(%,!,&&,==)的运算符优先次序详见附录B。

逻辑运算符、算术运算符和关系运算符之间的优先级比较见表2-9。

表2-9　　　　逻辑运算符、算术运算符和关系运算符之间的优先级比较

运算符	优先级
逻辑非(!)	高 ↑ ↓ 低
算术运算符	
关系运算符	
逻辑与(&&)和逻辑或(||)	

在一个逻辑表达式中,如果有多个逻辑运算符,如下面的表达式:

! a&&b || x>y&&z

则C语言将按下面的原则进行处理:

(1)逻辑运算符"!"优先于逻辑运算符"&&",逻辑运算符"&&"又优先于逻辑运算符"||",即"!"为三者中最高的。

(2)逻辑运算符中的"&&"和"||"低于关系运算符,而"!"高于算术运算符。

2.5　特殊运算符与表达式

2.5.1　逗号运算符和逗号表达式

在C语言中逗号","也是一种运算符,称为逗号运算符。其功能是把两个表达式连接起来组成一个表达式,称为逗号表达式,有时也称为"顺序求值运算符"。如:"a+b,c-d"。

逗号表达式的一般形式为:

表达式 1,表达式 2

表达式的求值过程为:首先分别求两个表达式的值,得出结果后,以表达式 2 的值作为整个逗号表达式的值。例如,求逗号表达式"a+b,c-d"的值时,首先得出两个表达式的值,然后得出逗号表达式为逗号后面表达式的值。

逗号表达式在使用中要注意以下几点:

(1)逗号表达式一般形式中的表达式 1 和表达式 2 也可以又是逗号表达式,格式为:

表达式 1,(表达式 2,表达式 3)

例如:逗号表达式"12,(2*4,5-8)",在计算时先计算括号内的逗号表达式值为-3,然后再和前面的组成一个新的逗号表达式,计算完毕后整个表达式的值是-3。

(2)逗号表达式的一般形式也可扩展为:

表达式 1,表达式 2,…,表达式 n

整个逗号表达式的值等于表达式 n 的值。

(3)程序中使用逗号表达式,通常是要分别求逗号表达式内各表达式的值,但当各表达式不相互关联时,并不一定要求整个逗号表达式的值。例如"a+b,c-d"只要求c-d的值即可。但对于前后表达式有关联的逗号表达式,则必须计算出每一个表达式的值,最后得到整个逗号表达式的值。如:逗号表达式(a++,a--)。

(4)并不是在所有出现逗号的地方都组成逗号表达式。如在变量说明中,函数参数表中的逗号只用作各变量之间的间隔符。例如:

　　printf("%d,%d,%d",a,b,c);

上述语句中的逗号就不是运算符,而是间隔符。又例如:

　　printf("%d",(a,b,c));

上述语句中的(a,b,c)就是一个逗号表达式,其值等于c的值。该表达式中括号内的逗号不是参数间的分隔符,而是逗号运算符。这里,把括号内的内容看成一个整体,作为 printf 函数的一个参数,C 语言将自动识别。

2.5.2　条件运算符与条件表达式

条件运算符由"?"和":"组成,是一个三目运算符,即有三个参与运算的运算对象。条件运算符构成的表达式称为条件表达式。

条件运算符的语法格式为:

表达式 1? 表达式 2:表达式 3

上述由条件运算符构成的表达式称为条件表达式。其执行过程如图 2-15 所示。

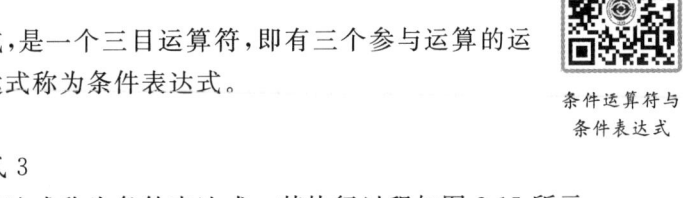

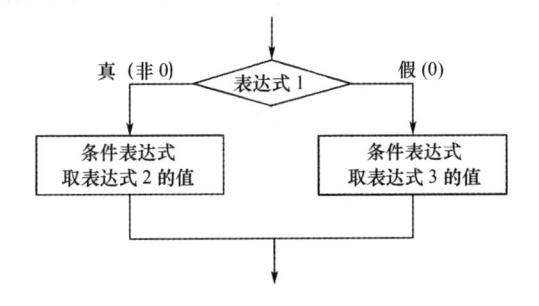

图 2-15　条件表达式的执行过程

在图 2-15 中,先求解表达式 1 的值,若为真(非 0)则求表达式 2,此时表达式 2 的值就作为整个条件表达式的值。如果表达式 1 的值为假(0),则求解表达式 3 的值,表达式 3 的值就是整个表达式的值。

下面来看一个条件表达式的例子:

a<b? 1:0

该表达式的执行过程是,先判断 a<b 的值,如果表达式成立,则返回 1 作为条件表达式的值;否则返回 0 作为条件表达式的值。

条件表达式通常用于赋值语句中。例如条件语句(详见项目 4):

if(a>b)　max=a;
else max=b;

用条件表达式可写为:

max=(a>b)? a:b;

该语句的语义是:如果 a>b 为真,则把 a 赋值给 max;如果 a>b 为假,则把 b 赋值给 max。

【注意】

(1)条件运算符的运算优先级低于关系运算符和算术运算符,但高于赋值运算符。因此赋值表达式"max=(a>b)? a:b"的求解过程是:先求解条件表达式,再将它的值赋给 max。也可以直接去掉括号,写成:

max=a>b? a:b;

(2)条件运算符"?"和":"是一对运算符,不能分开单独使用,在表达式中应该是成对出现。

(3)条件运算符的结合方向是自右向左。例如:

a>b? a:b>c? b:c

这是条件表达式嵌套的情形,即其中的表达式 3 又是一个条件表达式。应理解为:

a>b? a:(b>c? b:c)

如果此时 a、b、c 的值分别是 3、4、5,则条件表达式的值等于 5。

【例 2.12】　条件运算符应用举例。

```
#include <stdio.h>
main()
{
    int a,b,max;
    printf("\nPlease input two numbers:");
    scanf("%d,%d",&a,&b);          /*输入两个整数*/
    printf("max=%d\n",a>b? a:b);   /*用条件运算符求两个整数的最大值*/
}
```

程序运行结果如图 2-16 所示。

图 2-16　例 2.12 的运行结果

2.5.3　长度(求字节)运算符

长度运算符 sizeof 是一种单目运算符,用来求某一类型变量的长度。其运算对象可以是任何数据类型或变量。其语法格式为：

sizeof(表达式)

其中的表达式可以是变量名、常量以及数据类型名。其功能是求表达式中变量名所代表的存储单元所占的字节数；或求表达式中常量的存储单元所占的字节数；或是求表达式中的数据类型表示的数据在内存单元中所占的字节数。

【例2.13】 sizeof 运算符应用举例。

```c
#include <stdio.h>
main()
{
    int n;
    short s;
    unsigned short us;
    unsigned int ui;    long l;
    unsigned long ul;
    float f;
    double d;
    char ch;
    printf("sizeof(int)=%d\n",sizeof(n));
    printf("sizeof(short)=%d\n",sizeof(s));
    printf("sizeof(unsigned short)=%d\n",sizeof(us));
    printf("sizeof(unsigned int)=%d\n",sizeof(ui));
    printf("sizeof(long)=%d\n",sizeof(l));
    printf("sizeof(unsigned long)=%d\n",sizeof(ul));
    printf("sizeof(float)=%d\n",sizeof(f));
    printf("sizeof(double)=%d\n",sizeof(d));
    printf("sizeof(char)=%d\n",sizeof(ch));
}
```

程序运行结果如图 2-17 所示。

图 2-17 例 2.13 的运行结果

【注意】 对于不同的机型，相同的数据类型可能占不同长度的内存空间，使用 sizeof 运算符可以了解自己所用的机型所有数据类型所占的存储空间。sizeof 运算符使用上较灵活，例如，求整型 int 数据所占的字节数，可以使用以下三种方法：

(1) 求 sizeof(int)。

(2) 求 sizeof(10)。

(3) 使用语句"int n;"定义一个整型变量 n，求 sizeof(n)。

2.5.4 赋值运算符与赋值表达式

所谓赋值是将一个数据值存储到一个变量中,其中赋值的对象必须是变量,但数据值可以是常量、变量或具有确定值的表达式。C语言中在赋值表达式的末尾加上分号就是赋值语句。赋值表达式的格式为:

变量名=表达式

其中,"="称为赋值号或赋值运算符,赋值表达式的功能是计算"="右边表达式的值并存入"="左边的变量中。

C语言提供两种赋值运算符:简单赋值运算符和复合赋值运算符。

1. 简单赋值运算符

简单赋值运算符"="是一种二元运算符,必须连接两个运算量,其左边只能是变量或数组元素(详见项目7),右边可以是任何表达式。例如 a=1、c=a+b 等是正确的赋值表达式,而 1=a、a+b=100 等则是错误的赋值表达式。

2. 复合赋值运算符

复合赋值运算符由简单赋值运算符"="和另外一个二元运算符组成,具有计算和赋值双重功能,共有10种,分别是+=、-=、*=、/=、%=、&=、|=、^=、<<=和>>=。其中,前五种复合赋值运算符具有算术运算和赋值双重功能;后五种复合赋值运算符具有位运算和赋值的双重功能。

复合赋值运算符的规则是:A op B 等价于 A=A op B(设 op 为一个二元运算符,A、B 为两个操作数)。例如 x*=5 等价于 x=x*5,a+=b 等价于 a=a+b。

2.5.5 数据之间的混合运算

变量的数据类型是可以转换的。转换方法有两种,分别是自动转换和强制转换。

1. 自动转换

自动转换发生在不同数据类型的量混合运算时,由编译系统自动完成。自动转换遵循以下规则:

(1)若参与运算量的类型不同,则先转换成同一类型,然后进行运算。

(2)转换按数据长度增加的方向进行,以保证精度不降低。如 int 型和 long 型运算时先把 int 型转换成 long 型后再进行运算。

(3)所有的浮点运算都是以双精度进行的,即使仅有 float 单精度型运算量的表达式,也要先转换成 double 型,再做运算。

(4)char 型和 short 型参与运算时,必须先转换成 int 型。

(5)在赋值运算中,赋值号两边量的数据类型不同时,赋值号右边量的类型将转换为左边量的类型。如果右边量的数据类型长度比左边长时,将丢失一部分数据(这样会降低精度),丢失的部分按四舍五入处理。

上面的几点总结起来可以用图 2-18 表示。

图 2-18 中的横向向右箭头表示必须转换,如字符型(char)数据必须先转换为整数,实型(float)数据必须先转换成双精度(double)型,以提高运算精度。

数据类型转换

```
float ──→ double      ↑ 级别高
            ↑
           long
            ↑
         unsigned
            ↑
char,short ──→ int    ↓ 级别低
```

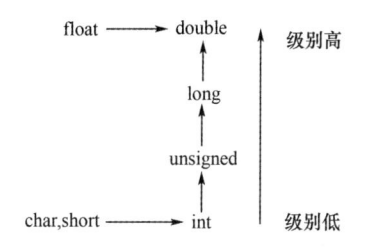

图 2-18 数据类型自动转换规则

图 2-18 中纵向箭头表示当运算对象为不同时转换的方向。例如 char 型和 double 型进行运算,则先将 char 型转换成 double 型,这样就成了相同的类型(double)型,然后再进行两个数之间的运算,其结果为 double 型。注意,这里的 char 型在转换成 double 型时,是直接一次性转换,中间不经过 int、unsigned 和 long 类型。再比如,一个 int 型数据和一个 long 型数据在运算时,也是先将 int 型转换成 long 型,再进行运算。

【例 2.14】 假设 n 为 int 型变量,x 为 float 型变量,y 为 double 型变量,m 为 long 型变量。则 n*x-10.8+y/m+'a'在计算机中的运算次序是怎样的?

此表达式中的运算符都是算术运算符,它们的结合性是自左向右,因此运算次序为:

第一步:先计算 n*x,但 n 和 x 的类型不一致,根据上面的流程图,int 型和 float 型的交叉点是 double 型,所以,先将它们都转换为 double 型,然后再进行计算,n*x 的计算结果为 double 型。

第二步:10.8 为 double 型(C 语言中浮点常量都是双精度型的),不需任何转换,直接和第一步的结果相减,计算结果也为 double 型。

第三步:因为"/"比"+"优先,因此先计算 y/m,把 m 转换为 double 型,再和 y 计算,结果为 double 型,将计算结果和上一步的计算结果相加,得出 double 型结果。

第四步:由于'a'为 char 型,所以,首先将其转换为 double 型,再和第三步的结果相加,运算结果为 double 型,即最终结果。

2. 强制转换

在 C 语言中可以根据需求将一种数据类型强制转换成另一种数据类型。强制类型转换的格式为:

(数据类型名)数据

例如:(double)n 表示将 n 强制转换成双精度型参与运算,(long)x 表示将 x 转换成长整型参与运算。n 和 x 本身的类型不变。

使用强制类型转换应注意以下几点:

(1)在进行强制类型转换时,数据类型关键字必须用圆括号括起来。

(2)在对一个表达式进行强制类型转换时,整个表达式要用圆括号括起来。例如,(float)(a+b)不能写成(float)a+b。

(3)在对变量和表达式进行了强制类型转换后,并不改变变量或表达式原来的类型。例如,如果 n 为 int 型,x 为 float 型,则(int)(n+x)是将(n+x)的值强制转换成 int 型,而表达式 n+x 本身仍然是 float 型,并且 n 和 x 的类型也不变。

(4)高精度类型强制转换成低精度类型时,会丢掉一些有效位,因而会造成值的改变。高精度类型强制转换成低精度类型时的规则见表 2-10。

表 2-10　　　　　　　　高精度类型向低精度类型强制转换规则

高精度类型	低精度类型	转换规则
unsigned char	char	将符号位视为数值位
int	unsigned char	截去 int 的高 8 位，低 8 位按无符号数处理
int	char	截去 int 的高 8 位，低 8 位按无符号数处理
unsigned int	int	将符号位视为数值位
long int	int 或 char	截去 long int 的高 16 位或高 24 位
long int	unsigned int	截去 long int 的高 16 位
float	int	截去 float 的小数部分
double	float	将 double 多余的小数部分四舍五入

3. 赋值表达式的类型转换

当赋值表达式左边的变量与赋值运算符右边的表达式的数据类型相同时，不需要进行数据类型的转换。

当赋值表达式左边的变量与赋值运算符右边的表达式的数据类型不相同时，系统负责将右边的数据类型转换成左边的数据类型。此时会发生以下两种情况：

(1) 转换时不丢失数据。例如：

double x;
int n=10;
x=n;

上述程序执行后，不会发生数据位数的丢失。首先将 int 型转换成 long 型，转换的方法是将符号位扩充，再转换成 double 型，转换后不会丢失精度，结果不会出错。

(2) 转换后丢失数据。例如：

int n;
double pi=3.1415926;
n=pi;

上述程序执行后，会发生数据位数的丢失。因为双精度型数据赋给整型变量时，转换的方法是截去小数部分。

2.6　项目小结

本项目主要讲述了 C 语言的基本数据类型和各种运算。通过对本项目的学习要学会用 C 语言的语法规则来表示数学表达式。

数据类型是指数据在内存中的表现形式。不同的数据类型在内存中的存储方式不同，在内存中所占的字节数也不相同。

常量是在程序执行过程中其值保持不变的量。其特征是可以直接书写数值，而不必为该数值命名。常量是不需要事先定义的，在需要的地方直接写出该常量即可。C 语言中的常量可以分为四种类型：整型、双精度型、字符型和字符串型。

变量是指在程序运行过程中其值可以发生改变的量。一般情况下,变量用来保存程序运行过程中输入的数据、计算获得的中间结果以及程序的最终结果。C 语言中的变量有基本类型和构造类型两种,其中基本类型有整型、字符型、实型、指针类型、枚举类型;构造类型有数组类型、结构体类型和共用体类型。

用来表示各种运算的符号称为运算符,也称操作符。C 语言中的运算符很丰富,在程序设计中,仅有运算符还不够,还要经常用表达式。表达式是用运算符与圆括号将操作数(运算对象)连接起来所构成的式子。C 语言的操作数包括常量、变量、表达式和函数返回值等。

习题 2

1. 选择题

(1) 以下常量中不合法的是(　　),合法的是(　　)。
A. ′&′　　　　　　B. ′\ff′　　　　　　C. ′\xff′　　　　　　D. ′\028′
E. 2.1e2.1　　　　F. .0　　　　　　　G. 12.　　　　　　　H. E7

(2) 假定 w、x、y、z、m 均为 int 型变量,有如下程序段:
```
w=1; x=2; y=3; z=4;
m=(w<x)? w: x;
m=(m<y)? m: y;
m=(m<z)? m: z;
```
则该程序运行后,m 的值是(　　)。
A. 4　　　　　　　B. 3　　　　　　　C. 2　　　　　　　D. 1

(3) 经下列语句"char x=65;float y=7.3;int a=100;double b=4.5;"定义后,sizeof(x)、sizeof(y)、sizeof(a)、sizeof(b)在微机上的值分别为(　　)。
A. 2、2、2、4　　　　　　　　　　　　B. 1、2、2、4
C. 1、4、4、8(VC 环境下)　　　　　　D. 2、4、2、8

(4) 若 ch 为 char 型变量,k 为 int 型变量(已知字符 a 的 ASCII 十进制代码为 97),则以下程序段的执行结果是(　　)。
```
ch='a';
k=12;
printf("%x,%o,",ch,ch,k);
printf("k=%%d\n",k);
```
A. 因变量类型与格式描述符的类型不匹配,输出无定值
B. 输出项与格式描述符个数不符,输出为零值或不定值
C. 61,141,k=%d
D. 61,141,k=%12

2. 判断题

(1) 若有定义"int a=1,b=1;",则 b=a+b=a 是合法的表达式。　　　　　　　(　　)
(2) 若有宏定义:"#define S(a,b) t=a;a=b;b=t",由于变量 t 没定义,所以此宏定义是错误的。　　　　　　　　　　　　　　　　　　　　　　　　　　　　　(　　)

(3)若有命令行"♯define N 1000",则 N＝200 是合法的表达式。   (   )

(4)若有如下定义和语句：

int a; char c; float f; scanf("%d,%c,%f",&a,&c,&f);

若通过键盘输入:10,A,12.5,则 a＝10,c＝'A',f＝12.5。   (   )

(5)关系运算符＜＝与＝＝的优先级相同。   (   )

3. 填空题

(1)下面程序段的输出结果是_____。

```
int a=10,b=10;
a+=b-=a*=b/=3;
printf("a=%d,b=%d",a,b);
```

(2)下面程序段的输出结果是_____。

```
int a,b,c;
a=(b=c=5,++b,b+(c++));
printf("a=%d,b=%d,c=%d",a,b,c);
```

(3)下面程序段的输出结果_____。

```
#include <stdio.h>
main()
{
    int a=2,i,k;
    for(i=0;i<2;i++)
        k=a++;
    printf("%d\n",k);
}
```

(4)当 a＝3,b＝4,c＝5 时,写出下列各式的值。

a＜b 的值为_____,a＝＝c 的值为_____,a&&b 的值为_____,!a&&b 的值为_____,a||c 的值为_____,!a||c 的值为_____,a+b＞c&&b＝＝c 的值为_____。

(5)执行下列语句后,a,b,c 的值分别是_____、_____、_____。

```
int x=10,y=9;
int a,b,c;
a=(--x==y--)? --x:++y;
b=x++; c=y;
```

(6)若 a＝10,写出下面表达式运算后 a 的值。

①a+=a _____   ②a-=2 _____   ③a*=3+4 _____
④a/=a+a _____ ⑤a=a%(5%2) _____ ⑥a+=a-=a*=a _____

4. 项目训练题

(1)假设圆柱的底面积半径为 r(＝2.5),高为 h(＝3.5),请按下面给定的步骤编写求体积(体积＝底面积×高)的程序。

　　a. 定义变量 r、h 和 v(存放体积值),注意变量的数据类型。

　　b. 给变量 r、h 赋值。

　　c. 计算体积,并将结果存放在 v 中。

　　d. 输出 r、h 和 v 的值。

(2)编写程序实现:将大写字母转化为对应的小写字母。

(3)编写程序输出下列图案:

```
      *
     * * *
    * * * * *
   * * * * * * *
```

(4)输入一个浮点数,分别输出它的整数部分和小数部分。

(5)将下面的数学公式转换成 C 语言的表达式,并用程序验证转换后的表达式是否与原数学公式一致。数学公式如下(设 $a=3, b=5$):

$$\frac{-2a+\frac{4a-b}{2a+b}}{\frac{a-4b}{a+b}}$$

项目3　简单计算器的设计

3.1　项目目标

日常生活中,我们经常需要使用计算器,Windows 系统也提供了一个图形化的计算器,我们可以利用它做各种计算。本项目将利用 C 语言开发一个类似的字符界面的简易计算器。简易计算器中包含加法、减法、乘法、除法、求余、累加、阶乘七种基本功能。运行效果如图 3-1 所示。

图 3-1　简单计算器运行效果图

运行该程序的可执行文件。根据菜单的提示,选择要进行的运算,如选择 1,则进行加法运算;再根据提示,输入两个数,如 10 和 20,则会显示运算结果"10+20=30"。其他功能的使用参照加法模块。

3.2　项目分析与设计

在软件开发中,首先要解决"做什么"的问题,这样编码才能做到有的放矢。我们的目标是设计一个计算器,此计算器能够完成基本的数学运算功能。在设计时先从整体出发,再考虑局部细节,也就是"自顶向下,逐步细化"的设计原则。根据这一原则,分析的路线是:计算器功能→组成计算器的主要构件功能→组成每个构件的函数功能。分析设计后用 C 语言实现。

3.2.1　计算器功能分析

我们用过多种计算器,其中有专门的计算器、手机计算器、Windows 附件中的计算器等,尽管计算器的形式是多种多样的,但它们都有以下的特点:

(1)通过点击数字键盘,输入操作数。
(2)通过点击功能键,能够指定所做的运算方式,即＋、－、×、/和％等。
(3)能计算出正确的结果,并在显示屏上显示。

参照其他计算器,我们总结即将设计的计算器应有如下功能:

(1)以人机交互的方式输入操作数和计算方式。

(2)进行各种计算,其中包括:"加法""减法""乘法""除法""求余""累加求和"和"阶乘"七种运算。计算器的功能模块如图 3-2 所示。

(3)能计算出正确的结果,并在显示屏上显示。

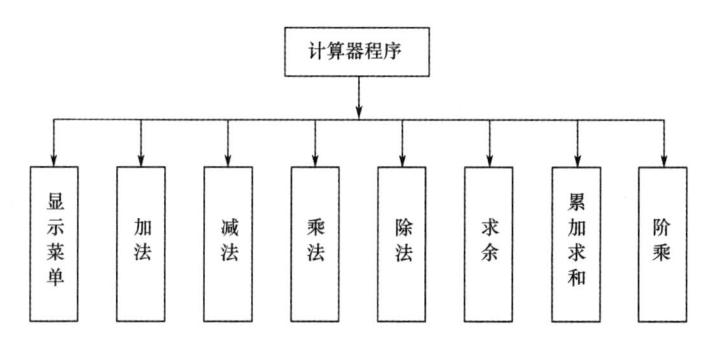

图 3-2 计算器功能模块

分析与抽象是我们认识事物本质的重要手段,在学习的过程中,要注意这方面能力的培养。

3.2.2 计算器功能细化

计算器中各功能模块细化如下:

(1)显示菜单:显示计算器的主界面(功能菜单),提示系统的功能选项。

(2)加法:用来完成两个整数的求和运算,返回结果。

(3)减法:用来完成两个整数的减法运算,返回结果。

(4)乘法:用来完成两个整数的乘积运算,返回结果。

(5)除法:用来完成两个整数的除法运算,返回结果;当除数为 0 时,显示出错信息。

(6)求余:用来完成两个整数的求余数的运算,即第一个整数对第二个整数做除法运算,求余数,返回这个余数。

(7)累加求和:用来完成从 1 一直到输入整数 n 的累加和,返回结果。

(8)阶乘:用来完成从 1 一直到输入整数 n 的连续乘积,并返回结果。

3.2.3 计算器函数原型设计

函数原型设计见表 3-1。

表 3-1 计算器函数原型设计表

序号	函数原型说明	备注
1	void displayMenu()	显示主菜单
2	void add()	加法
3	void sub()	减法
4	void multi()	乘法

(续表)

序号	函数原型说明	备注
5	void divide()	除法
6	void arith_compliment()	求余
7	void sum_n()	累加求和
8	void factorial()	阶乘

以上我们分析了计算器案例,从本项目开始至项目5我们将逐渐完善此案例。下面我们就利用本项目学习的知识实现计算器的部分功能。

3.3 知识准备

3.3.1 C程序语句

C程序是由函数组成的,而每个函数又由若干条语句组成,程序的功能就是通过这些语句的执行来实现的。本节对C程序的语句进行归类总结,这些基本语句我们将在后续项目中学习,读者在此有个总体了解即可。在C语言中,语句分为以下五类。

1. 表达式语句

表达式语句在前面的项目2中已经做了介绍,即由表达式后面加上分号";"组成。执行表达式语句就是计算表达式的值。例如:

```
z=x+y;
a+b;
n++;
```

2. 函数调用语句

函数调用语句由函数名、实际参数和分号";"组成。例如:

```
scanf("%d",&n);
printf("sum=%f",sum);
```

执行函数调用语句就是调用函数并把实际参数赋予函数定义中的形式参数,然后执行被调用函数体中的语句,从而求出函数值。

3. 控制语句

控制语句用于控制程序的流程,以实现程序的各种结构方式。它们由特定的语句定义符组成。C语言共有九种控制语句,具体见表3-2。

表3-2　　　　C语言中的九种控制语句

语句类型	语句类别	语句说明
条件判断语句	if语句	简单条件语句
	switch语句	多分支选择语句
循环语句	do while语句	循环语句
	while语句	循环语句
	for语句	循环语句

(续表)

语句类型	语句类别	语句说明
转向语句	break 语句	终止执行 switch 语句或循环语句
	goto 语句	转向语句
	continue 语句	结束本次循环语句
	return 语句	从函数返回语句

4. 复合语句

用大括号"{}"括起来的相互关联的若干条语句的集合称为"复合语句",又称为"分程序"。在程序中把复合语句看成单条语句,而不是多条语句。

例如:下面大括号内的语句(包括大括号)就是一条复合语句。

```
while(i<=10)
{
    sum=sum+i;
    i++;
}
```

【说明】 复合语句内的各条语句都必须以分号";"结尾,在大括号"}"外不能再加分号。

5. 空语句

只由分号";"组成的语句称为空语句。空语句是什么也不执行的语句。在程序中的空语句可用作空循环体,也可用于还未实现函数的空函数体。例如:

```
while(getchar()!='\n')   ;
```

上述程序的功能是:只要从键盘输入的字符不是回车,则继续输入,这里的循环体为空语句。

```
void max()
{ ; }
```

上述程序表示一个待写的函数。

3.3.2 算法及算法描述

我们先来读一个简单的程序,项目 1 中的例 1.2,计算一个弧度的正弦值,程序代码如下:

```
#include <math.h>                      /* include 为文件包含命令 */
#include "stdio.h"
main()                                 /* 主函数 */
{
    double x,y;                        /* 定义变量 */
    printf("Please input the number:"); /* 输出字符串作为提示信息 */
    scanf("%lf",&x);                   /* 输入变量 x 的值 */
    y=sin(x);                          /* 求 x 的正弦值,并赋值给变量 y */
    printf("sin of %lf is %lf\n",x,y); /* 用一定的格式输出程序的结果 */
}
```

程序运行结果如图 3-3 所示。

```
Please input the number: 0.5
sin of 0.500000 is 0.479426
Press any key to continue_
```

图 3-3 计算正弦值程序的运行结果

这个程序对于刚刚开始接触 C 语言的读者来说有些复杂，可是从程序的执行结果上看，它又很简单。读者可以用 Visual C++ 6.0 中的"单步"执行工具跟踪程序的执行过程，会发现程序是顺序执行的，也就是执行完上一句再执行下一句。由于当前计算机的构造都是延续使用了著名的冯·诺依曼结构体系，所以在单 CPU 的机器中程序都是顺序执行的。

阅读上述程序时，读者会感觉有些困难，但是如果读了每条语句后面的注释，读者一定会理解这个程序，这里的注释描述了解决问题的各个步骤，也就是算法。其实编程语言只不过是把算法"翻译"成一种计算机能够理解的语言而已。

在编写代码之前，首先要考虑好算法，也就是解决问题的步骤，然后用流程图来描述这些步骤，最后是依据流程图编写程序代码。图 3-4 为上述程序的流程图。

流程图用一些图框表示各种操作，用图形表示算法，直观形象，易于理解。流程图可以为分析和设计 C 语言程序提供有力的帮助；另一方面，通过流程图，把程序中的关键步骤提取出来，有助于我们阅读和理解程序。

美国国家标准化协会（ANSI）规定了一些常用的流程图符号，如图 3-5 所示，已被世界各国计算机工作者普遍采用。流程图可以把解决问题的先后次序直观地描述出来。

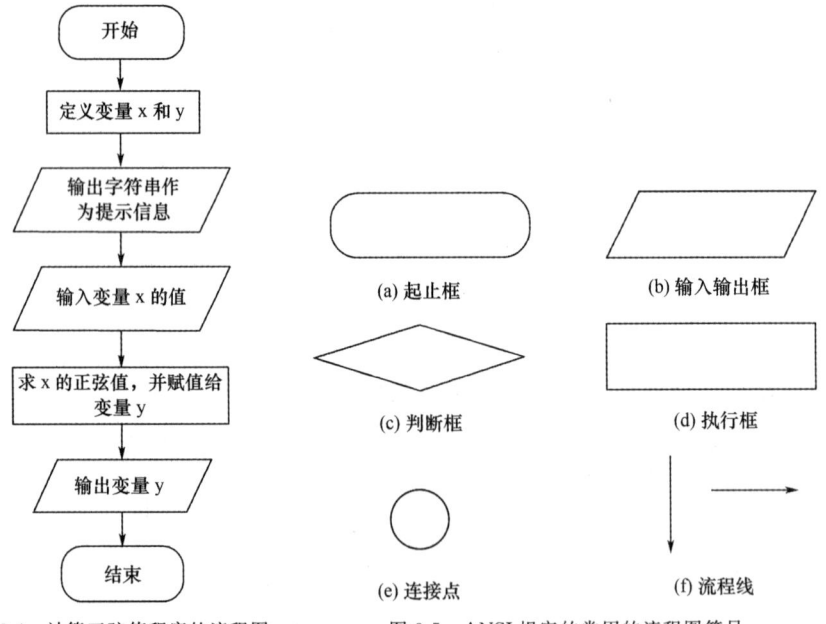

图 3-4 计算正弦值程序的流程图

图 3-5 ANSI 规定的常用的流程图符号

(a) 起止框
(b) 输入输出框
(c) 判断框
(d) 执行框
(e) 连接点
(f) 流程线

常用流程图的图框如下所述：

(1) 起止框：如图 3-5(a) 所示，表示程序段的开始或结束。

(2) 输入输出框：如图 3-5(b) 所示，在框内写出输入项或输出项。

(3) 判断框（菱形框）：如图 3-5(c) 所示，框内写明比较、判断条件，有一个入口、两个出口，在出口处写明条件。

(4)执行框(矩形框):如图 3-5(d)所示,框内写明某一段程序或模块的功能。有一个入口和一个出口。

(5)连接点:如图 3-5(e)所示,用于将画在不同地方的流程线连接起来。

(6)流程线:如图 3-5(f)所示,表示程序的执行顺序。

C 语言是结构化程序设计语言。结构化程序设计的思想要求程序只能用顺序结构、分支结构和循环结构三种基本结构来描述。这三种基本结构可以组成各种各样的程序,无论多么复杂的问题,都可以用这三种结构来表示。顺序结构、分支结构和循环结构的流程图如图 3-6 所示。

本项目我们学习顺序结构,所谓顺序结构就是程序中的语句按照书写的顺序,自上而下地执行。如图 3-6(a)所示,S1 和 S2 是语句或语句序列,S1、S2 依次被执行,只有当 S1 执行完时,S2 才被执行。这种结构的特点是:程序总是从第 1 条语句开始执行,依次执行完所有的语句后结束程序。因此顺序结构用来描述依次执行的操作。前面讲到的程序都是顺序结构。分支结构和循环结构分别如图 3-6(b)和图 3-6(c)所示。

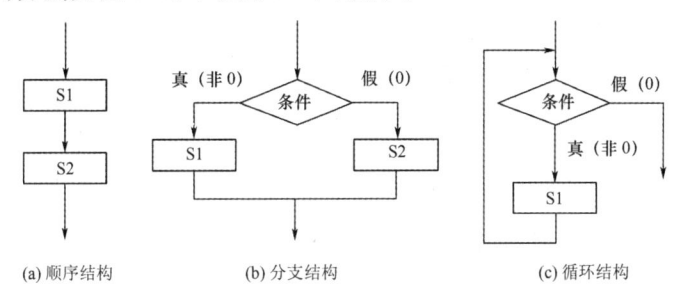

图 3-6 结构化程序设计的三种基本结构

【例 3.1】 求两个数的和。

```
/* 求两个数 n1 和 n2 的和 */
#include <stdio.h>
main()
{
    int n1=200,n2=300;
    printf("n1+n2=%d\n",n1+n2);
}
```

程序运行结果为:n1+n2=500。

3.3.3 数据的输出

C 编译系统提供了多种输出函数,其中用得较多的是格式输出函数 printf()、单字符输出函数 putchar()和文件输出函数(文件输出函数在项目 10 进行详细介绍),这些函数分别包含在不同的头文件中。

1. printf()函数

为了方便大家学习,在项目 1 中曾经简单地介绍了 printf()函数,这里将详细介绍一下该函数。程序中用到 printf()函数时要在程序的开头部分写以下的命令:

#include <stdio.h>或#include "stdio.h"

printf()函数是 C 程序设计中用得最多的输出函数,使用不同的格式转换符,可以将各种不同类型的数据输出到标准的输出设备上。printf()函数的调用格式如下:

printf("格式控制字符串",输出项清单);

其中,函数中的参数"格式控制字符串"用来规定输出项的格式,包括格式转换说明符、转义字符和普通字符三种形式。

输出函数 printf()的使用

(1)格式转换说明符

转换说明符与各个输出项对应,用来规定待输出项的显示格式。表 3-3 列出了与不同种输出项对应的格式说明符。

表 3-3　　　　　　　printf( )函数的格式转换说明符

格式转换说明符	功　能
%d 或 %i	以带符号的十进制形式输出整数
%f	按定点格式输出浮点数,整数部分取实际位数,小数部分保留 6 位
%c	输出一个字符
%s	按实际位数输出字符串
%e 或 %E	按指数格式输出浮点数
%g	按输出宽度较小的原则,自动按%f 或%e 格式输出浮点数
%n	将%n 之前所输出的字符个数存入指定的整型变量所在的地址中
%u	按实际位数输出无符号十进制整数
%o	按实际位数输出八进制整数
%x 或 %X	按实际位数输出十六进制整数(不带前导 0x 或 0X)
%%	输出一个%
%p	输出变量的内存地址

下面对表中的常用格式转换说明符进行说明:

① %d,用来以十进制形式输出整数,有以下几种用法:

- %d,按整数的实际长度进行输出,整数有几位就输出几位。
- %nd,n 为指定的输出宽度。如果整数的位数小于 n,则在整数前面补空格,如果整数的位数大于 n,则按实际的位数输出。例如:

```
int m=123,n=12345;
printf("m=%5d,n=%3d\n",m,n);
```

程序运行结果如图 3-7 所示。

```
m=  123,n=12345
Press any key to continue
```

图 3-7　程序运行结果 1

- %ld,输出长整型。长整型的输出也可以指定输出宽度,即%nld,有关 n 的说明和%nd 中意义相同。例如:

```
long m=12345678;
long n=123456789;
printf("m=%ld,n=%10ld\n",m,n);
```

程序运行结果如图 3-8 所示。

图 3-8　程序运行结果 2

②%f,用来以小数的形式输出实数,有以下几种用法:

• %f,不指定宽度,由系统自动指定,整数部分全部输出,小数部分输出 6 位。实数输出数字并非全部都是有效数字。单精度实数的有效输出位数一般是 7 位(包括整数位和小数位),双精度实数的有效输出位数为 16 位(包括整数位和小数位)。单精度和双精度数无论小数部分有多少位,在输出时只输出 6 位。例如:

```
float x=123456.789;
double y=123456789012.12345678;
printf("x=%f,y=%f\n",x,y);
```

程序运行结果如图 3-9 所示。

图 3-9　程序运行结果 3

并不是所有的 x,y 输出数据都有效,其中 x 只有 7 位(小数点前 6 位,小数点后 1 位)是有效的,而 y 只有 16 位是有效的(小数点前 12 位,小数点后 4 位)。其他的数据虽然输出了,但都是无效数据。

• %m.nf,指定输出的实数的宽度为 m,其中小数位数占 n 位。如果实际长度小于 m,则在左边补空格。

• %-m.nf,指定输出的实数的宽度为 m,其中小数位数占 n 位。如果实际长度小于 m,则在右边补空格。例如:

```
float x=123.456;
printf("%f\n%10f \n%10.2f \n%.2f \n%-10.2f",x,x,x,x,x);
```

程序运行结果如图 3-10 所示。

图 3-10　程序运行结果 4

③%c,用来输出单个字符,例如:

```
char ch='A';
printf("%c",ch);
```

程序运行结果为:A

因为字符与 0~255 的整数有对应的关系,所以在此范围的整数都可以以字符形式输出,同样字符也可以用整数的形式输出(输出的范围是 0~255)。

【例 3.2】　格式控制符%c 应用举例。

```
#include <stdio.h>
main()
```

```
{
    int n=65;
    char ch='A';
    printf("\nn=%d,%c",n,n);
    printf("\nch=%d,%c",ch,ch);
}
```

程序运行结果为：n=65,A

ch=65,A

④%s，用来输出字符串，有下面几种用法：

- %s，基本字符串输出形式。
- %ms，输出字符串占 m 列。如果待输出的字符串的长度大于 m，则按实际长度输出，如果待输出的字符串的长度小于 m，则左侧补空格。
- %-ms，输出字符串占 m 列。如果待输出的字符串的长度大于 m，则按实际长度输出，如果待输出的字符串的长度小于 m，则右侧补空格。
- %m.ns，输出字符串占 m 列。如 n 小于 m，则只取字符串左侧的 n 个字符，这些字符输出在右侧，左侧补空格；如果 n 大于 m，则 n 个字符全部输出。
- %-m.ns，输出字符串占 m 列。如 n 小于 m，则只取字符串左侧的 n 个字符，这些字符输出在左侧，右侧补空格；如果 n 大于 m，则 n 个字符全部输出。

【例 3.3】 格式控制符"%s"实例。

```
#include <stdio.h>
main()
{
    char * str="welcome";
    printf("%s,%9s,%-9s,%9.4s,%-9.4s,%4.2s,%2.4s\n",str,str,str,str,str,str,str);
}
```

程序运行结果如图 3-11 所示。

```
welcome, welcome,welcome  ,     welc,welc     ,   we,welc
Press any key to continue
```

图 3-11 例 3.3 的运行结果

⑤%e，用来以指数形式输出实数，有下面几种用法。

- %e，不指定输出数据所占的宽度和数字部分小数位数，由系统指定给出的 6 位小数，指数部分占 5 位，其中"e"占 1 位，指数符号(+或-)占 1 位，指数占 3 位。例如 e+117。按规范化指数形式输出，即小数点前面只有 1 位非零数字。

【例 3.4】 格式控制符"%e"，例如：

```
#include <stdio.h>
main()
{
    float f=1234.567;
    printf("%e",f);
}
```

程序运行结果为:1.234567e+003。

- %m.ne,指定输出位共占 m 列,n 为小数的位数。如果实际长度小于 m,则左侧补空格;若实际长度大于 m,则只输出 m 位,其他按四舍五入处理。
- %-m.ne,指定输出位共占 m 列,n 为小数的位数。如果实际长度小于 m,则右侧补空格;若实际长度大于 m,则只输出 m 位,其他按四舍五入处理。

(2)转义字符

转义字符主要用于控制数据的显示位置,如换行、换页、间隔长度等,常用的转义字符见项目 2 表 2-3,巧妙地使用转义字符可以使程序的输出更加整齐。

【例 3.5】 显示一个 3×3 矩阵。

```
#include <stdio.h>
main()
{
    printf("%\n1\t2\t3\n4\t5\t6\n7\t8\t9\n");
}
```

程序运行结果如图 3-12 所示。

图 3-12 例 3.5 的运行结果

(3)普通字符

格式控制字符串中除格式控制符和转义字符以外的其他字符都视为普通字符,输出时按原样输出。

2. 单个字符输出函数 putchar( )

C 语言提供 putchar()函数用于单个字符输出,其调用的一般格式如下:

putchar(ch);

其中 ch 是一个字符型常量或变量,也可以是一个不大于 255 的整型常量或变量。该函数的功能是向标准输出设备(一般指显示器终端)输出一个字符。

程序中用到 putchar()函数时要在程序的开头部分使用下面的包含命令:

#include <stdio.h>或#include "stdio.h"

用 putchar()函数输出字符时,只需把待输出的字符作为其参数即可。用 putchar()输出时有以下几种方式:

(1)输出字符变量

char ch='A';
putchar(ch);

(2)输出字符常量

putchar('A');
putchar(65);

(3)输出不可见字符

```
putchar('\007');              /* 输出响铃 */
putchar(\007);                /* 输出响铃 */
putchar('\n');                /* 输出换行 */
```

3.3.4 数据的输入

C语言编译系统提供了多种输入函数,其中用得较多的是格式输入函数 scanf(),单字符输入函数 getchar()、getche()和 getch(),文件输入函数(文件输入函数在项目 10 中进行详细介绍),这些函数分别包含在不同的头文件中。

1. scanf()函数

scanf()函数可以用于所有类型数据的输入,使用不同的格式转换符可以将不同类型的数据从标准输入设备读入内存。

程序中用到 scanf()函数时要在程序的开始部分使用下面的命令:

输入函数 scanf()的使用

#include <stdio.h>或 #include "stdio.h"

scanf()函数的使用格式是:

scanf("格式控制字符串",变量地址列表);

格式控制字符串和变量地址列表是 scanf()函数的参数,下面分别介绍如何使用。

(1)格式控制字符串

scanf()函数中"格式控制字符串"只包含格式转换说明符,没有转义字符和普通字符。常用的格式转换说明符见表 3-4。

表 3-4　　　　　　　　scanf()的格式转换说明符

格式转换说明符	功　能
%d	输入一个十进制整数
%o	输入一个八进制整数
%x	输入一个十六进制整数
%f	输入一个浮点数
%i	输入一个十进制或八进制或十六进制整数
%e	输入一个浮点数
%c	输入一个字符
%s	输入字符串,遇到空格、制表符或换行符时结束
%u	输入一个无符号十进制整数
%D 或%I	输入一个十进制长整数
%O	输入一个八进制长整数
%X	输入一个十六进制长整数
%h	输入一个 short int 型整数
%n	接收%n 之前所输入的字符个数,并存入指定的整型变量的地址中
%p	输入一个指针值

(2)地址列表

scanf()函数中的"地址列表"由一个或几个地址组成,多个地址之间用逗号隔开。

【例 3.6】 scanf()函数应用举例。
```
#include <stdio.h>
main()
{
    int a,b,c;
    printf("\nPlease input three numbers:");
    scanf("%d,%d,%d",&a,&b,&c);
    printf("\na=%d,b=%d,c=%d\n",a,b,c);
}
```
程序运行结果如图 3-13 所示。

```
Please input three numbers:35,78,42
a= 35,b= 78,c= 42
Press any key to continue_
```

图 3-13 例 3.6 的运行结果

【注意】 scanf()函数中,格式控制字符之间可以用任何字符隔开(上面是用逗号隔开),相应地,在输入时各个数也要用与此相同的字符隔开。如果格式控制符中没有任何分隔符,则输入时各个数之间可以使用一个或多个空格键、回车键、Tab 键来分隔。上面的例子可更改如下:
scanf("%d%d%d",&a,&b,&c);

那么输入时可以采用如下三种形式输入:

Please input three numbers:1 2 3
Please input three numbers:1   2   3
Please input three numbers:1
2
3

运行结果都是相同的。

scanf()函数中的"&"是取地址运算符,后面接变量。如 &n 表示取变量 n 的地址,"scanf("%d",&n);"表示将输入的数据存放到变量 n 所在的存储单元。

(3)scanf()函数的几个特殊控制

① 抑制赋值

在百分号"%"之后、转换控制字符之前加上一个星号"*"时,scanf()函数将正常读入对应数据,但不赋值。例如,%*d 将抑制一个输入的整数,%*c 将抑制一个输入的字符。

② 限制接收字符的个数

在百分号"%"之后、转换控制字符之前加上一个整数,可以规定从输入数据中接收的字符的个数。如果连续输入的字符个数超过指定的长度,则多余的字符被截断;反之若连续输入字符的个数尚未达到指定的长度而提前遇到分隔符,则只接收分隔符之前的字符。

【例 3.7】 scanf()特殊控制应用举例。
```
#include <stdio.h>
main()
{
    int m,n;
    printf("Please input two numbers:");
```

```
    scanf("%d%*c%d",&m,&n);
    printf("m=%d,n=%d\n",m,n);
    printf("Please input two numbers:");
    scanf("%4d%4d",&m,&n);
    printf("m=%d,n=%d\n",m,n);
}
```

程序运行结果如图 3-14 所示。

```
Please input two numbers:1/2
m=1,n=2
Please input two numbers:123 45678
m=123,n=4567
Press any key to continue_
```

图 3-14　例 3.7 的运行结果

【说明】　第一个 scanf()函数把 1 赋给 m,2 赋给 n,字符"/"被忽略,即%*c 的作用是跳过一个输入的字符。执行第二个 scanf()函数时,如果输入"123 45678",则将 123 赋给变量 m(分隔符空格之前的输入数据不足 4 位,只接收分隔符之前的字符),将 4567 赋值给变量 n(输入的数据超过 4 位,只取前 4 位)。

(4)使用 scanf()函数的注意事项

①用%c 作格式控制字符时,输入的任何字符均被当成有效的输入。

②在 scanf()函数中可以规定输入字符的宽度,系统对输入数据自动进行截取。

③用 scanf()函数输入实数时,不能规定精度。如 scanf("%5.2f",&f)是错误的。

④scanf()函数中至少有一个输入项,输入项必须使用变量的地址。

⑤在格式控制字符串中通常只出现格式转换说明符,如果出现格式转换说明符以外的字符,这些字符应该按原样输入,否则当 scanf()函数从输入数据中找不到这样的字符时,自行终止输入。

⑥调用 scanf()函数时,格式转换说明符与输入项必须在顺序和数据类型上一一对应和匹配,否则会出现错误。

2. 单个字符输入函数 getchar()、getche()和 getch()

(1)getchar()

getchar()是一个不带参数的字符输入函数。其功能是接收从标准输入设备输入的一个字符,调用格式如下:

getchar();

程序中用到 getchar()函数时要在程序的开头部分应用以下命令:

#include <stdio.h>或 #include "stdio.h"

【例 3.8】　getchar()函数应用举例。

```
#include <stdio.h>
main()
{
    int n;
    printf("Please input a character:\n");
    n=getchar();
    printf("n=%d\n",n);
}
```

程序运行结果如图 3-15 所示。

图 3-15 例 3.8 的运行结果

【说明】 用 getchar()函数从键盘上接收的字符既可以是打印的字符,也可以是非打印的字符,但从键盘敲不出来的字符除外。由于系统存在"仿效返回",当用户在输入数据时,系统会马上显示出相应的字符,这个字符不是程序的输出,而是系统的仿效返回。一般要在键入一个回车键之后,再次显示的字符才是程序执行的。尽管 getchar()只接收一个字符,但实际上,用户键入回车键以后,系统才开始接收字符。因此运行上述程序时,输入"A"和"ABC",输出结果是相同的。

(2)getche()和 getch()

getche()和 getch()的功能是接收从标准输入设备输入的一个字符,与 getchar()不同的是:getchar()输入一个字符后必须按回车键才能被接收,而 getche()和 getch()输入字符后不必按回车键,其中 getch()不回显输入字符。

getche()和 getch()在头文件"conin.h"中定义。

3.4 项目实现

3.4.1 显示菜单功能的实现

在前面的项目中,程序的功能都是在主函数 main()中完成的,但在一般的情况下,我们总是把一些功能模块编制成函数,在主函数或其他函数中调用此函数来实现相应的功能,这种模块化程序设计思想会给我们带来无尽的好处。下面我们先设计一个函数 displayMenu()来实现显示主菜单的功能。首先在 Visual C++ 6.0 集成环境中创建一个项目(项目名称自定义),并在项目中创建 C 语言文件 Calculator.c,在文件中编写以下两个函数。

```
/*************displayMenu()*****************
功能:显示主菜单
参数:无
返回值:无
*********************************************/
void displayMenu()
{
    printf("++++++++++++++++++++++++++++++++\n");
    printf("+        1.加法                +\n");
    printf("+        2.减法                +\n");
    printf("+        3.乘法                +\n");
    printf("+        4.除法                +\n");
    printf("+        5.求余                +\n");
    printf("+        6.累加                +\n");
```

```
    printf("+            7.阶乘                +\n");
    printf("+            8.结束                +\n");
    printf("++++++++++++++++++++++++++++++++++\n");
}
/* * * * * * * * * main() * * * * * * * * * * * * * * * * * *
功能:主函数,在其中调用其他函数
参数:无
返回值:无
* * * * * * * * * * * * * * * * * * * * * * * * * * * * * * */
#include "stdio.h"
#include <stdlib.h>
#include <conio.h>
#include <string.h>
main()
{
    displayMenu();
}
```

【说明】 如果使用用户自己定义的函数,一般应该在主调函数中对被调用的函数作声明;但如果被调用函数的定义出现在主调函数之前,可以不加以声明。假设程序中先写main()函数,后写displayMenu()函数,由于main()函数调用displayMenu()函数,因此需要在调用之前对displayMenu()函数进行声明,即书写语句:"void displayMenu();"。

3.4.2 加法、减法和乘法功能的实现

接下来分别编写程序实现加法函数add()、减法函数sub()、乘法函数multi(),在主函数main()中可以调用这些函数实现相应的功能。

下面是加法函数add()的代码。

```
/* * * * * * * * * * * * * * * * add() * * * * * * * * * * * *
功能:计算两个整数的和
* * * * * * * * * * * * * * * * * * * * * * * * * * * * * * */
void add()
{
    int num1,num2;              /*定义两个整型变量用于存放操作数*/
    int result;                 /*定义一个整型变量用于存放加法运算的结果*/
    printf("请输入num1和num2:\n");
    printf("num1=");
    scanf("%d",&num1);          /*输入第一个操作数,存放到变量num1*/
    printf("num2=");
    scanf("%d",&num2);          /*输入第二个操作数,存放到变量num2*/
    result=num1+num2;           /*计算两个操作数的和*/
    printf("\n%d+%d=%d\n",num1,num2,result);       /*输出和*/
}
```

下面是减法函数 sub()的代码。

```
/* * * * * * * * * * * * * * * * * * * sub() * * * * * * * * * * * * * * *
功能:计算两个整数的差
 * * * * * * * * * * * * * * * * * * * * * * * * * * * * * * * * * * * * */

void sub()
{
    int num1,num2;              /* 定义两个整型变量用于存放操作数 */
    int result;                 /* 定义一个整型变量用于存放加法运算的结果 */
    printf("请输入 num1 和 num2:\n");
    printf("num1=");
    scanf("%d",&num1);          /* 输入第一个操作数,存放到变量 num1 */
    printf("num2=");
    scanf("%d",&num2);          /* 输入第二个操作数,存放到变量 num2 */
    result=num1-num2;           /* 计算两个操作数的差 */
    printf("\n%d-%d=%d\n",num1,num2,result);    /* 输出差 */
}
```

【思考】 模仿上面的加法和减法函数实现乘法函数 multi()。

和上节的方法相同,我们可以在主函数中调用以上函数,请读者自己实现。需要提醒的是,由于没有学习分支结构,我们现在还不能从菜单中选择进行何种运算,在后续项目中我们将陆续完善该案例。

3.5 项目小结

C 程序是由函数组成的,每个函数又由若干条语句组成。在 C 语言中,语句分为表达式语句、函数调用语句、控制语句、复合语句和空语句等五种类型。

结构化程序设计的思想要求程序只能用顺序结构、选择结构和循环结构三种基本结构来描述。本项目着重讲解了顺序结构,所谓顺序结构,即程序中的语句按照书写的顺序,自上而下地执行。

编写程序一般都会用到输入和输出函数。

C 语言编译系统提供了多种输出函数,其中用得较多的是格式输出函数、单字符输出函数和文件输出函数。最常用的输出函数是 printf()函数,该函数使用不同的格式转换符,可以将各种不同类型的数据输出到标准的输出设备上。putchar()函数用于单个字符输出。

C 语言编译系统还提供了多种输入函数,其中用得较多的是格式输入函数、单字符输入函数、文件输入函数。scanf()函数可以用于所有类型数据的输入,该函数使用不同的格式转换符可以将不同类型的数据从标准输入设备读入内存。

C 语言中还提供了三个单个字符输入函数,分别是 getchar()、getche()和 getch()函数。这三个函数的区别是:getchar()输入一个字符后必须按回车键才能被接收,而 getche()和 getch()输入字符后不必按回车键,其中 getch()不回显输入字符。读者可以在具体应用中根据需要选择使用。

本项目最后给出了一个计算器案例,由于目前所学知识有限,功能的实现还很不完整。比如,不能在菜单中选择进行何种算术运算,程序执行一次就结束了,无法人为干预等等。在接下来的学习中,我们将逐渐完善这个案例。

习题 3

1. 选择题

(1)若 x 和 y 均定义为 int 型,z 定义为 double 型,以下不合法的 scanf()函数调用语句是( )。
  A. scanf("%D%lx,%le",&x,&y,&z); B. scanf("%2d*%d%lf",&x,&y,&z);
  C. scanf("%x%*d%o",&x,&y); D. scanf("%x%o%6.2f",&x,&y,&z);

(2)有如下程序段:
```
int a1,a2
char c1,c2;
scanf("%d%c%d%c",&a1,&c1,&a2,&c2);
```
若要求 a1、a2、c1、c2 的值分别为 10、20、A、B,正确的数据输入是( )。
  A. 10A 20B\<CR\>   B. 10 A 20 B\<CR\>
  C. 10 A20B\<CR\>   D. 10A20B\<CR\>

(3)有如下输入语句:scanf("a=%d,b=%d,c=%d",&a,&b,&c);,为使变量 a 的值为 1,b 的值为 3,c 的值为 2,从键盘输入数据的正确形式是( )。
  A. 32\<CR\>   B. 1,3,2\<CR\>
  C. a=1,b=3,c=2\<CR\>   D. a=1,b=3,C=2\<CR\>

(4)已知:int y;执行语句 y=23/5;则变量 y 的结果是( )。
  A. 4.6   B. 4   C. 5   D. 3

(5)程序的执行结果是( )。
```
#include <stdio.h>
main()
{
    int sum,pad;
    sum=pad=5;
    pad=sum++;
    pad++;
    ++pad;
    printf("%d\n",pad);
}
```
  A. 7   B. 6   C. 5   D. 4

(6)以下程序的执行结果是( )。
```
#include <stdio.h>
main()
{
    int i=010,j=10;
```

```
        printf("%d,%d\n",++i,j--);
}
```

A. 11,10   B. 9,10   C. 010,9   D. 10,9

(7)以下程序的执行结果是(　　)。

```
#include <stdio.h>
main()
{
    int a=2,c=5;
    printf("a=%%d,b=%%d\n",a,c);
}
```

A. a=%2,b=%5   B. a=2,b=5
C. a=%%d,b=%%d   D. a=%d,b=%d

(8)若有定义:int a=9;float x=2.5,y=4.7;则表达式 x+a%3*(int)(x+y)%2/4 的值是(　　)。

A. 2.500000   B. 2.750000   C. 3.500000   D. 0.000000

(9)以下程序的输出结果是(　　)。

```
#include <stdio.h>
main()
{
    float x=3.6;
    int i;
    i=(int)x;
    printf("x=%f,i=%d\n",x,i);
}
```

A. x=3.600000,i=4   B. x=3,i=3
C. x=3.600000,i=3   D. x=3,i=3.600000

(10)已知字符'A'的 ASCII 为65,则下列程序的输出结果是(　　)。

```
#include <stdio.h>
main()
{
    char c1=65,c2=66;
    printf("%d %c",c1,c2);
}
```

A. 65　66   B. 65　B   C. A　66   D. A　B

2. 填空题

(1)以下程序的执行结果是_____。

```
#include <stdio.h>
main()
{
    float f=3.1415927;
    printf("%f,%5.4f,%3.3f",f,f,f);
}
```

(2) 以下程序的执行结果是_____。

```c
#include <stdio.h>
main()
{
    char c='A'+10;
    printf("c=%c\n",c);
}
```

(3) 下面程序段的输出结果是_____。

```c
#include <stdio.h>
main()
{
    float a=123.456;
    printf("|%7.2f|,%-7.0f",a,a);
}
```

(4) 以下程序输入 x=1.23,y=50<CR>后执行结果是_____。

```c
#include <stdio.h>
main()
{
    float x,y;
    scanf("x=%f,y=%f",&x,&y);
    printf("x=%7.2f,y=%7.2f\n",x,y);
}
```

(5) 执行下列语句后，a 的值是_____。

```c
int a=12;a+=a-=a*a;
```

3. 程序改错题

(1) 下面的程序可以把摄氏温度 c 转化为华氏温度 f,转化公式为 f=9/5c+32,程序中有多处错误,请改正错误后运行正确的程序。

```c
#include <stdio.h>
main()
{
    double c,f;
    printf("请输入摄氏温度");
    scanf("%f",c);
    f=(9/5)*c+32
    printf("摄氏温度%f度相当于华氏温度%f度",&c,&f);
}
```

(2) 下面程序是把 500 分钟用小时和分钟显示,程序中有多处错误,请改正错误后运行正确的程序。

```c
#include <stdio.h>
main()
{
    int m;
```

```
    h=500/60;
    m=500%60;
    printf("500分钟是%d小时%d分钟,"&h,&m);
}
```

4. 项目训练题

(1) 编写程序,从键盘输入两个数字字符并分别存放在字符型变量 x 和 y 中,要求通过程序将这两个字符对应的数字相加后输出。

(2) 编写程序,从键盘输入两个字符分别存放在变量 x 和 y 中,要求通过程序交换它们中的值。

(3) 从键盘上输入一个小写字母,将其转化为大写字母。

项目 4　完善计算器的设计

4.1　项目目标

本项目将在上一项目的基础上,完善计算器项目,完善或增加以下功能:
(1)改进 main()函数,实现主菜单选择功能。
(2)实现除法运算。
(3)实现求余运算。

4.2　项目分析与设计

在项目 3 中,已经实现了计算器中显示菜单函数 displayMenu()、加法函数 add()、减法函数 sub()和乘法函数 multi()。本项目我们编写除法函数 divide()、求余函数 arith_compliment(),并完善主函数 main(),用户可以从菜单中选择执行何种算术运算。如图 4-1 所示。

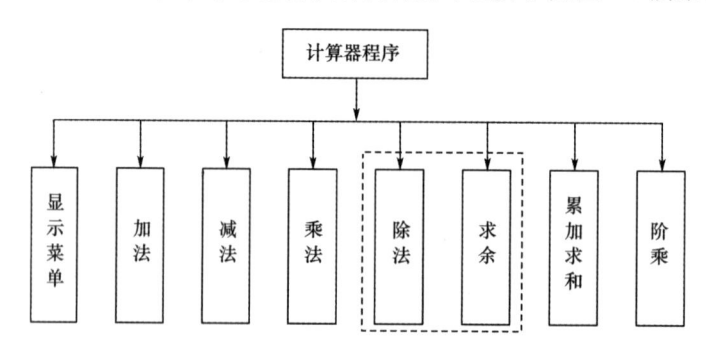

图 4-1　计算器功能模块

4.2.1　除法功能的设计

任务描述:编写 divide 函数,实现两个整数的除法运算。
任务要求:
(1)从键盘输入任意两个整数。
(2)要求输出两个整数相除的商。
(3)要求商保留小数点后面一位小数。
除法模块的实现思路与加法模块类似,不同的是在实现除法模块时,还需要考虑以下四个问题:
(1)小数在 C 语言中的表示和存储问题。
(2)在 C 语言中也用"÷"号表示除法吗?

(3) 在 C 语言中"12÷5"结果为 2.4 吗？

(4) 如何保存运算结果？

根据上面的分析,除法模块的 N-S 图如图 4-2 所示。

定义整型变量 number1 和 number2
定义浮点型变量 result
输入 number1 和 number2
result=number1 / number2
输出结果

图 4-2 除法模块的 N-S 图

4.2.2 求余功能的设计

任务描述：编写 arith_compliment 函数,实现两个整数的取余运算。

任务要求：

(1) 从键盘输入任意两个整数。

(2) 要求输出两个整数相除的余数。

取余模块的实现思路与除法模块类似,不同的是在实现取余模块时,还需要考虑以下三个问题：

(1) 在 C 语言中也用什么符号表示求余运算？

(2) 在 C 语言中小数能参加取余运算吗？

(3) 如何保存运算结果？

根据上面的分析,取余模块的 N-S 图如图 4-3 所示。

定义整型变量 number1 和 number2
定义浮点型变量 result
输入 number1 和 number2
result=number1 % number2
输出结果

图 4-3 取余模块的 N-S 图

4.3 知识准备

日常学习和工作中,人们往往会遇到判定性问题,即提出一个问题,需要进行选择。例如,是不是绿灯,是绿灯就可以通行;是不是会员,是会员购物就有折扣;是不是晴天,是晴天就出门访友,否则就待在家里。C 语言提供了"分支结构"来支持对这类判定性问题的处理。

4.3.1 单分支结构

分支结构程序设计体现了程序的判断能力。具体来说,就是在程序执行中能依据某些条件表达式的值,来确定某些操作是做还是不做,或者在若干个操作中确定选择哪个操作来执行。

分支结构有三种形式：单分支结构、双分支结构和多分支结构。C语言分别为这三种结构提供了相应的语句，一类是 if 语句，另一类是 switch 语句。

单分支语句，一般来说就是根据用户设置的条件表达式的值，决定某一操作是否执行。单分支语句就相当于我们常说的"如果……就(那么)……"。C语言为我们提供了 if 语句来实现单分支结构。该语句的语法格式为：

if(条件表达式){
　　语句体；
}

其语义为：如果表达式的值为真(非 0)，则执行语句体；否则跳过语句体继续执行其后面的语句。表达式可以是任意合法的表达式。语句体可以包括零条、一条或多条语句。

if 语句的执行过程如图 4-4 所示。

【**例 4.1**】 输入任意两个整数，使用单分支 if 语句输出两个数中的大数。

首先将从键盘输入的两个数存入整型变量 a 和 b 中，先把 a 的值赋予变量 maximum，再用 if 语句判别 maximum 和 b 的大小，如果 maximum 小于 b，则把 b 的值赋予 maximum。因此 maximum 中保存的总是大数，最后输出 maximum 的值。

例 4.1 的流程图如图 4-5 所示。

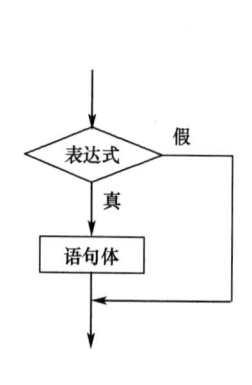

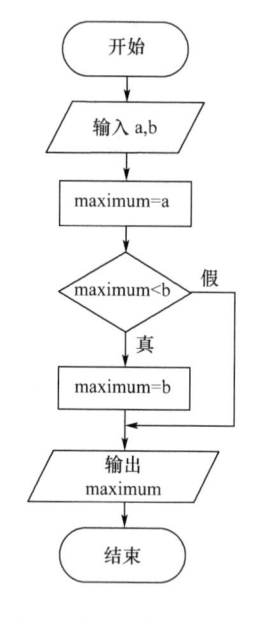

图 4-4　if 语句的流程图　　　　　图 4-5　例 4.1 的程序流程图

例 4.1 的程序代码如下：

```
#include <stdio.h>
main()
{
    int a,b,maximum;
    printf("Please input two numbers to a and b:");   /*提示信息*/
    scanf("%d%d",&a,&b);                              /*从键盘输入两个整数*/
    maximum=a;                                        /*将 a 的值赋给 maximum*/
    if(maximum<b)
```

```
        maximum=b;                    /*把较大的数赋给 maximum*/
        printf("maximum=%d\n",maximum);  /*输出 maximum*/
}
```

程序运行结果如图 4-6 所示。

图 4-6　例 4.1 的运行结果

【说明】

(1)条件表达式是含有逻辑值的表达式,例如,可以是关系表达式、逻辑表达式、整型算术表达式等。

(2)语句体可以是一条语句或多条语句,如果是一条语句可以不加语句体外面的"{}",如果是多条语句,则必须在语句体外面加"{}",组成一个复合语句。

(3)语句的执行是先判断表达式,如果成立则执行 if 语句内的语句体,否则执行 if 语句后的语句。

(4)虽然 if 的语句体中可以包含多条语句,但 C 语言认为整个 if 语句是一条语句。

4.3.2　双分支结构

双分支语句相当于"如果……就(那么)……否则……"。例如:如果是休息日,我就出游,否则我就要去上课。在 C 语言中用 if...else 语句来实现双向分支结构,也就是根据用户设置的条件表达式的值,选择两个操作中的一个来执行。

双分支语句的语法格式为:
```
if(表达式){
    语句体 1;
}
else{
    语句体 2;
}
```

其语义为:如果表达式的值为真(非 0)时,则执行语句体 1,否则执行语句体 2。

if...else 语句的流程图如图 4-7 所示。

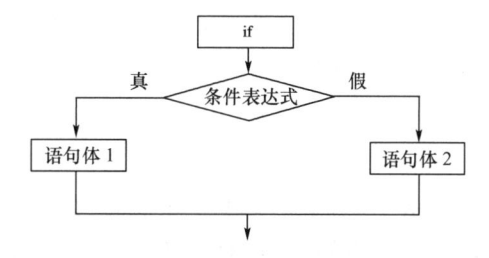

图 4-7　if...else 语句的流程图

【说明】

(1)语句体 1 和语句体 2 可以是一条语句或多条语句,如果是一条语句可以不加语句体外面的"{}",如果是多条语句,则必须在语句体外面加"{}",组成一个复合语句。

(2)语句的执行是先判断表达式,如果成立则执行 if 语句内的语句体,执行完成后,再执行 if...else 语句后的语句;否则执行 else 后的语句,执行完成后继续执行 if...else 语句后的语句。

(3)虽然语句体中可以包含多条语句,但 C 语言认为整个 if...else 语句是一条语句。

【例 4.2】 输入任意两个整数,使用 if...else 语句输出两个数中的大数。

例 4.2 的流程图如图 4-8 所示。

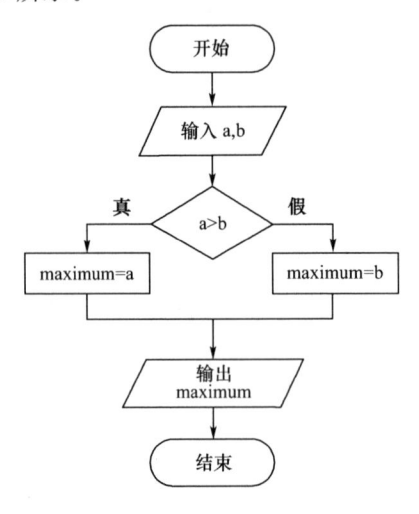

图 4-8 例 4.2 的程序流程图

例 4.2 的程序代码如下:

```
#include <stdio.h>
main()
{
    int a,b,maximum;
    printf("\n Please input two numbers to a and b:");   /* 提示信息 */
    scanf("%d%d",&a,&b);                                  /* 从键盘输入两个整数 */
    if(a>b)
        maximum=a;                                        /* 把较大的数 a 赋给 maximum */
    else
        maximum=b;                                        /* 把较大的数 b 赋给 maximum */
    printf("maximum=%d",maximum);                         /* 输出 maximum */
}
```

程序运行结果和例 4.1 运行结果是相同的。

4.3.3 多分支结构

单/双分支语句只能用来表示一种或两种选择的情况,而在实际应用中经常遇到多种选择的情况,在 C 语言中用 if...else if 语句、if...else 嵌套、switch 语句来实现多分支选择的情况。

1. if...else if 多分支语句

if...else if 语句可以实现多分支选择,具体语句格式如下:

if(表达式 1){语句体 1;}

else if(表达式 2){语句体 2;}
else if(表达式 3){语句体 3;}
…
else if(表达式 n){语句体 n;}
else{语句体 n+1;}

其语义为:如果表达式 1 的值为真(非 0)时,则执行语句体 1;否则如果表达式 2 的值为真(非 0)时,则执行语句体 2;否则如果表达式 3 的值为真(非 0)时,则执行语句体 3;……;否则表达式 n 的值为真(非 0)时,则执行语句体 n,否则执行语句体 n+1。

多分支语句的执行过程如图 4-9 所示。

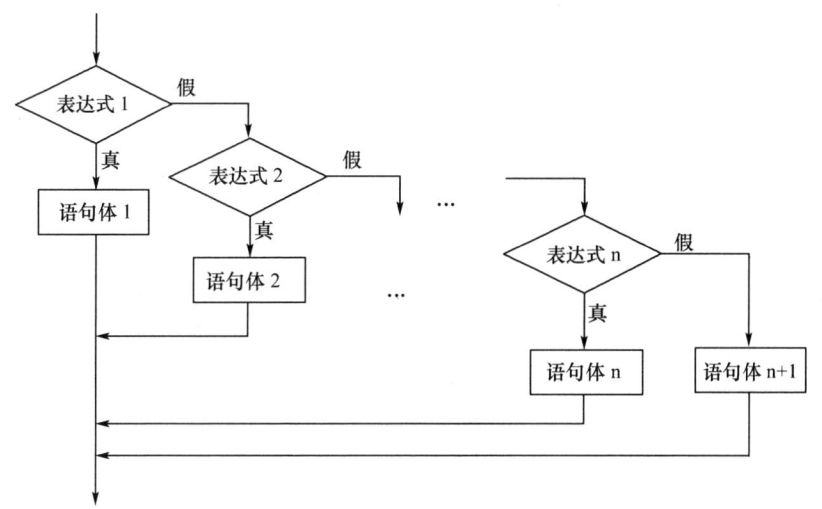

图 4-9 多分支语句的流程图

【说明】

这种 if 语句在执行时,依次判断表达式的值,当出现某个表达式的值为真时,则执行其对应的语句体,然后跳到整个 if 语句之后继续执行程序。如果所有的表达式均为假,则执行语句体 n+1。然后继续执行整个 if 语句后面的语句。

【例 4.3】 某商场实施店庆打折活动,活动细则如下:
(1)购买商品总额超过 5000 元(包括 5000 元),打 5 折。
(2)购买商品总额超过 4000 元(包括 4000 元),打 6 折。
(3)购买商品总额超过 3000 元(包括 3000 元),打 7 折。
(4)购买商品总额超过 2000 元(包括 2000 元),打 8 折。
(5)购买商品总额超过 1000 元(包括 1000 元),打 9 折。
(6)购买商品总额小于 1000 元,不打折。
编写程序,实现从键盘输入顾客购买商品的总额,输出顾客实际付款金额。
例 4.3 的流程图如图 4-10 所示。
例 4.3 的程序代码如下:

```
#include <stdio.h>
main()
{
    double Amount,ActualAmount;
```

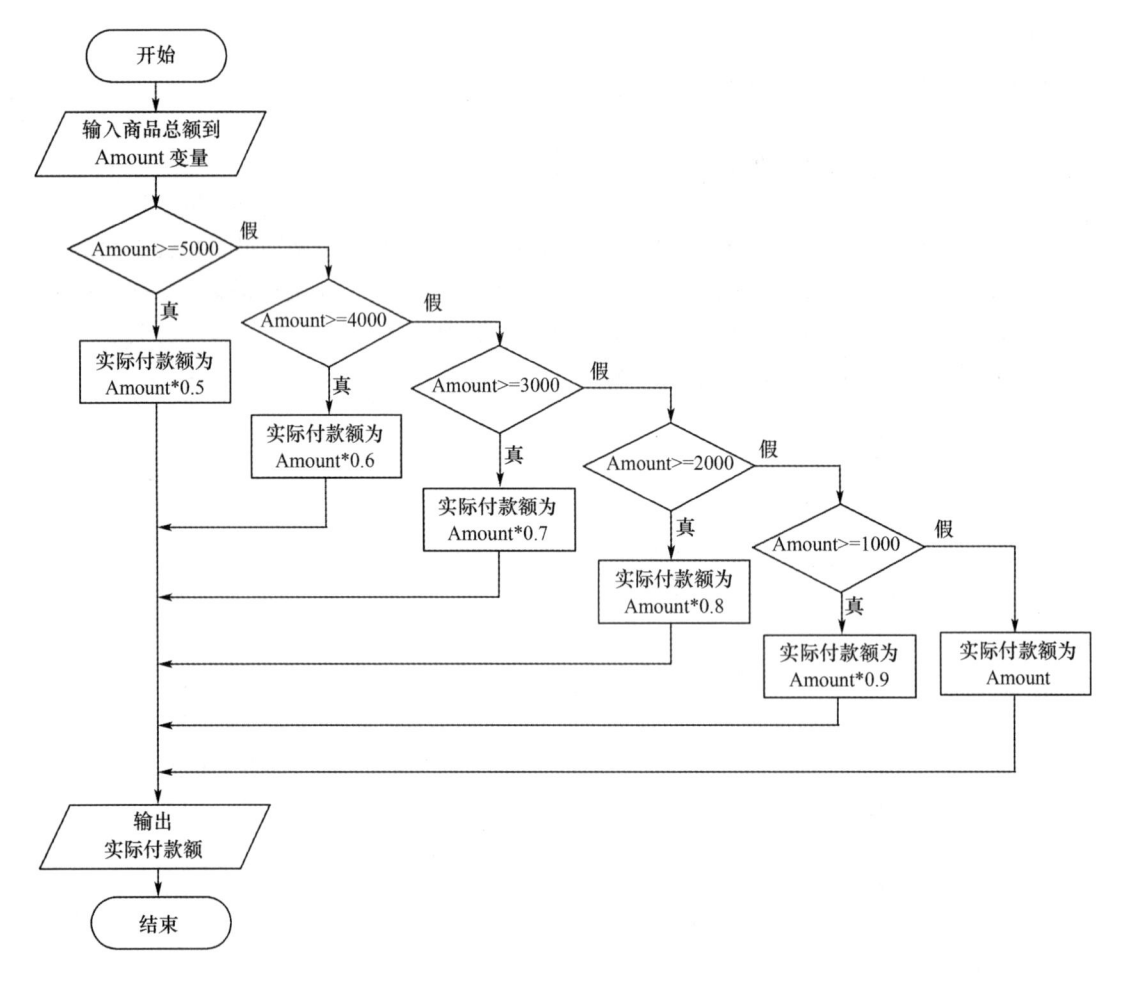

图 4-10 例 4.3 的程序流程图

```
    printf("\n Please input the amount:");        /*提示信息*/
    scanf("%lf",&Amount);                          /*从键盘输入购买商品金额*/
    if(Amount>=5000) ActualAmount=Amount*0.5;
    else if(Amount>=4000) ActualAmount=Amount*0.6;
    else if(Amount>=3000) ActualAmount=Amount*0.7;
    else if(Amount>=2000) ActualAmount=Amount*0.8;
    else if(Amount>=1000) ActualAmount=Amount*0.9;
    else ActualAmount=Amount;
    printf("\nThe actual amount is :%f\n",ActualAmount);   /*输出实际付款金额*/
}
```

程序运行结果如图 4-11 所示。

2. if...else 嵌套

利用 if...else 嵌套实现多分支选择，具体语句格式如下：
if(表达式)
　　if(表达式)
　　　　语句体；
　　else

```
        语句体；
else
    if(表达式)
        语句体；
    else
        语句体；
```

图 4-11 例 4.3 的运行结果

在 C 语言中允许使用 if...else 嵌套实现多分支选择结构，也就是在 if 或 else 子句中包含 if...else 语句的情况。上述语句如果由多条语句构成，要用"{}"括起来，构成复合语句。下面我们看个例子。

【例 4.4】 用 if...else 嵌套求三个数中的最大值。

```c
#include <stdio.h>
main()
{
    int a,b,c,maximum;
    printf("Please input three numbers to a,b,c:");    /*提示信息*/
    scanf("%d%d%d",&a,&b,&c);                          /*从键盘输入三个整数*/
    if(a>b)
        if(a>c)
            maximum=a;
        else
            maximum=c;
    else
        if(b>c)
            maximum=b;
        else
            maximum=c;
    printf("maximum=%d\n",maximum);                    /*输出最大值 maximum*/
}
```

程序运行结果如图 4-12 所示。

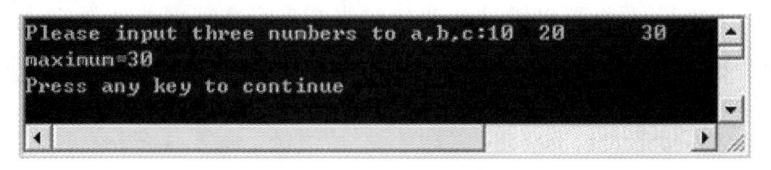

图 4-12 例 4.4 的运行结果

前面我们讲过,C语言认为整个if...else...是一条语句,所以当其嵌套在if语句或else语句中时,可不必加"{}",但是为了增强程序的可读性,建议加上"{}"。

【例 4.5】 使用if...else嵌套编写程序:判断输入的年份是不是闰年。判断一个用整数表示的年份是否闰年的规则是:该数满足两个条件之一即是闰年:(1)能被400整除;(2)能被4整除,但不能被100整除。

```c
#include <stdio.h>
main()
{
    int year,flag;
    printf("Please input the year:");
    scanf("%d",&year);
    if(year%400==0)
        flag=1;
    else {
        if(year%4!=0)
            flag=0;
        else {
            if(year%100!=0)
                flag=1;
            else
                flag=0;
        }
    }
    if(flag)
        printf("%d is a leap year\n",year);
    else
        printf("%d is not a leap year\n",year);
}
```

程序运行结果如图4-13所示。

```
Please input the year:2009
2009 is not a leap year
Press any key to continue
```

图4-13 例4.5的运行结果

3. switch 语句

switch语句是多分支选择语句。if语句一般适用于两个分支供选择的情况,即在两个分支中选择其中一个执行,尽管可以通过if语句的嵌套形式实现多路选择的目的,但这样做的结果使得if语句的嵌套层次太多,降低了程序的可读性。C语言中的switch语句,提供了更清晰、更方便地进行多路选择的功能。

switch语句的一般形式如下所示:
switch(表达式)
{

```
        case  常量表达式1:
              语句体1;
              [break;]
        case  常量表达式2:
              语句体2;
              [break;]
              ……
        case  常量表达式n:
              语句体n;
              [break;]
        default:语句体n+1;
}
```

其语义为:计算表达式的值,然后逐个和 case 后面的常量表达式值比较,当表达式的值与某个 case 后面的常量表达式值相等时,则执行其后的语句体;如果都不相等,则执行 default 后面的语句。如果没有 default 部分,则不执行 switch 语句中的任何语句,而直接转到 switch 语句后面的语句去执行。

switch 语句的流程图如图 4-14 所示。

【说明】

(1)switch 后面圆括号内的表达式的值和 case 后面的常量表达式的值,都必须是整型或字符型的,不允许是其他类型。

(2)同一个 switch 语句中的所有 case 后面的常量表达式的值都必须互不相同。

(3)switch 语句中的 case 和 default 的出现次序是任意的,也就是说 default 也可以位于 case 前面,且 case 的次序也不要求按常量表达式的大小顺序排列。

(4)default 和"语句体 n+1"可以同时省略。

(5)由于 switch 语句中的"case 常量表达式"部分只起语句标号的作用,而不进行条件判断,所以,在执行某个 case 后面的语句后,将自动转到该语句后面的语句去执行,直到遇到 switch 语句的右大括号或"break"语句为止,而不再进行条件判断。例如:

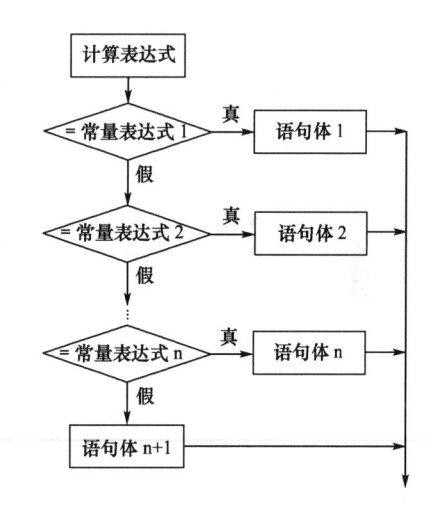

图 4-14 switch 语句的流程图

```
switch(n)
{
    case 1: x=1;
    case 2: x=2;
}
```

当 n=1 时,将连续执行下面两个语句:

```
x=1;
x=2;
```

所以在执行完一个 case 分支后,一般应跳出 switch 语句,转到下一条语句执行,这样可在一个 case 的结束后,下一个 case 开始前,插入一个 break 语句,一旦执行到 break 语句,将立即跳出 switch 语句,例如:

```
switch(n)
{
    case 1:x=1;
           break;
    case 2:x=2;
           break;
}
```

(6) 每个 case 的后面既可以是一个语句,也可以是多个语句,当有多个语句的时候,也不需要用大括号括起来。

(7) 多个 case 的后面可以共用一组执行语句。例如:

```
switch(n)
{
    case 1:
    case 2:x=2;
           break;
    ……
}
```

它表示当 n=1 或 n=2 时,都执行下面两个语句:

```
x=2;
break;
```

【例 4.6】 从键盘输入一个星期数(0~6),显示该星期的英文名称。

```
#include <stdio.h>
main()
{
    int WeekDay;
    printf("\n Please input the week day:");  /* 提示信息 */
    scanf("%d",&WeekDay);                     /* 从键盘输入一个星期数 */
    switch(WeekDay)
    {
        case 0: printf("\n Sunday\n");
            break;
        case 1: printf("\n Monday\n");
            break;
        case 2: printf("\n Tuesday\n");
            break;
        case 3: printf("\n Wednesday\n");
            break;
        case 4: printf("\n Thursday\n");
            break;
        case 5: printf("\n Friday\n");
```

```
                break;
        case 6: printf("\n Saturday\n");
                break;
        default: printf("\n Input Error!\n");
                break;
    }
}
```

程序运行结果如图 4-15 所示。

图 4-15 例 4.6 的运行结果

4.3.4 应用举例

【例 4.7】 从键盘输入四个整数,按从小到大顺序输出。

```
#include <stdio.h>
main()
{
    int num1,num2,num3,num4,temp;
    printf("\nPlease input four numbers:");
    scanf("%d%d%d%d",&num1,&num2,&num3,&num4);
    if(num1>num2){temp=num1;num1=num2;num2=temp;}
    if(num2>num3){temp=num2;num2=num3;num3=temp;}
    if(num3>num4){temp=num3;num3=num4;num4=temp;}
    if(num1>num2){temp=num1;num1=num2;num2=temp;}
    if(num2>num3){temp=num2;num2=num3;num3=temp;}
    if(num1>num2){temp=num1;num1=num2;num2=temp;}
    printf("The result from small to big:%d, %d, %d, %d\n",num1,num2,num3,num4);
}
```

程序运行结果如图 4-16 所示。

图 4-16 例 4.7 的运行结果

【例 4.8】 编写程序实现一个简单的计算器。要求从键盘输入两个数和一个运算符,输出用此运算符计算的结果。

下面分别给出两种实现方式。

(1)用 if 语句实现。

```
#include <stdio.h>
main()
```

```
{
    float Operator1,Operator2,Result;
    char Sign;
    printf("Please input two operators and the sign:");
    scanf("%f%f %c",&Operator1,&Operator2,&Sign);
    if(Sign=='+')Result=Operator1+Operator2;
    if(Sign=='-')Result=Operator1-Operator2;
    if(Sign=='*')Result=Operator1*Operator2;
    if(Sign=='/')Result=Operator1/Operator2;
    printf("The result is:%f\n",Result);
}
```

(2)用 switch 语句实现。

```
#include <stdio.h>
main()
{
    float Operator1,Operator2,Result;
    char Sign;
    printf("Please input two operators and the sign:");
    scanf("%f%f %c",&Operator1,&Operator2,&Sign);
    switch(Sign){
        case '+':Result=Operator1+Operator2;
            break;
        case '-':Result=Operator1-Operator2;
            break;
        case '*':Result=Operator1*Operator2;
            break;
        case '/':Result=Operator1/Operator2;
            break;
    }
    printf("The result is:%f\n",Result);
}
```

程序运行结果如图 4-17 所示。

图 4-17 例 4.8 的运行结果

【思考】 本例如果输入的运算符不是"+""-""*"和"/",怎么处理？

【例 4.9】 计算个人工资所得税的纳税额。1000 元以内不纳税,超过 1000 元的部分为应纳税部分。应纳税部分分段计税,各段计税方法如下：

应纳税部分<=500,税率为 5%

500<应纳税部分<=2000,税率为 10%

2000<应纳税部分<=5000,税率为 15%

5000＜应纳税部分＜＝20000,税率为20％

20000＜应纳税部分,税率为25％

例如,若某人工资为1600元,则计税部分为600元,其中500元的税率为5％,100元的税率为10％,所得税共计35.00元。编写程序,从键盘输入工资,计算所得税并输出。

```
#include <stdio.h>
main()
{
    double Salary,Tax,TaxSalary;
    int n;
    printf("Please input the salary:");
    scanf("%lf",&Salary);
    TaxSalary=Salary-1000;
    if(TaxSalary<=0){
        n=100;
        TaxSalary=0;
    }
    else {
        n=(int)TaxSalary/500;
        if(n>40) n=40;
    }
    switch(n)
    {
        case 40:Tax=Tax+(TaxSalary-20000)*0.25;TaxSalary=20000;
        case 39:
        ...          /*此处代码省略*/
        case 11:
        case 10:Tax=Tax+(TaxSalary-5000)*0.2;TaxSalary=5000;
        case 9:
        ...          /*此处代码省略*/
        case 5:Tax=Tax+(TaxSalary-2000)*0.15;TaxSalary=2000;
        case 4:
        case 3:
        case 2:
        case 1:Tax=Tax+(TaxSalary-500)*0.10;TaxSalary=500;
        case 0:Tax=Tax+TaxSalary*0.05;
    }
    printf("The tax amount is:%lf\n",Tax);
}
```

程序运行结果如图4-18所示。

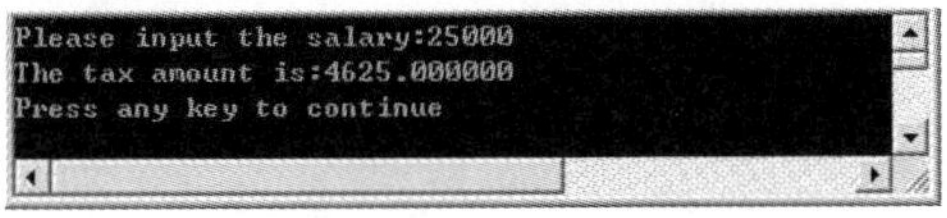

图4-18 例4.9的运行结果

4.4 项目实现

4.4.1 除法功能的实现

```
/************************divide()***************
功能:计算两个整数的商
*********************************************/
void divide()
{
    int num1,num2;                  /*定义两个整型变量用于存放操作数*/
    float result;                   /*定义一个浮点型变量用于存放除法运算的结果*/
    printf("请输入 num1 和 num2:\n");
    printf("num1=");
    scanf("%d",&num1);              /*输入第一个操作数,存放到变量 num1*/
    printf("num2=");
    scanf("%d",&num2);              /*输入第二个操作数,存放到变量 num2*/
    if(num2==0)                     /*避免除 0 错误的发生*/
        printf("错误,除数不能为 0 \n");
    else {
        result=(float)num1/(float)num2;/*将被除数和除数强制转化 float 型变量*/
        printf("\n%d / %d=%5.1f\n",num1,num2,result);   /*输出商*/
    }
}
```

4.4.2 求余功能的实现

```
/************************arith_compliment()***************
功能:计算两个整数的余数
*********************************************/
void arith_compliment()
{
    int num1,num2;                  /*定义两个整型变量用于存放操作数*/
    int result;                     /*定义一个整型变量用于存放求余运算的结果*/
    printf("请输入 num1 和 num2:\n");
    printf("num1=");
    scanf("%d",&num1);              /*输入第一个操作数,存放到变量 num1*/
    printf("num2=");
    scanf("%d",&num2);              /*输入第二个操作数,存放到变量 num2*/
    if(num2==0)                     /*避免除 0 错误的发生*/
        printf("error,除数不能为 0 \n");
    else {
        result=num1%num2;
```

```
        printf("\n%d",num1);
        printf(" %% ");
        printf("%d=%d\n",num2,result);    /*输出余数*/
    }
}
```

4.4.3 主函数功能的实现

```
/***************** main() *********************
功能:主函数
*********************************************/
void main()
{
    int choice=0;
    displayMenu();
    printf("\n请选择运算类型(1,2,3,4,5,6,7,8)? \n");
    scanf("%d",&choice);
    switch(choice)
    {
        case 1:add();
            break;
        case 2:sub();
            break;
        case 3:multi();
            break;
        case 4:divide();
            break;
        case 5:arith_compliment();
            break;
        case 6:printf("未完成! \n");
            break;
        case 7:printf("未完成! \n");
            break;
        case 8:exit(0);
    }
}
```

4.5 项目小结

本项目介绍了三种分支结构：
(1)单分支结构,if语句实现。
(2)双分支结构,if...else语句实现。
(3)多分支结构,有三种语句都可以实现多分支结构:if...else if 语句、if...else 嵌套、switch 语句。

在 if 语句的嵌套中,一定要注意 else 和 if 的结构性,不要将嵌套层次弄乱。此外,本项目还介绍了一种条件运算符"?:",它是 C 语言中唯一的一个三目运算符,可以代替简单的 if...else 结构,并使程序结构更简洁和高效。

switch 语句在使用时要与 break 语句结合才可以真正起到分支作用,相比其他实现多分支的语句,switch 语句具有更加简洁的表达方式。

习题 4

1. 选择题

(1)为了避免嵌套的 if...else 语句的二义性,C 语言规定 else 总是与(　　)组成配对关系。
　　A. 缩排位置相同的 if　　　　　　B. 在其之前未配对的 if
　　C. 在其之前未配对的最近的 if　　D. 同一行上的 if

(2)选择合法的 if 语句(设 int x,a,b,c;)(　　)。
　　A. if(a=b) x++;　　　　　　B. if(a=<b)　x++;
　　C. if(a<>b) x++;　　　　　　D. if(a=>b)　x++;

(3)选择合法的 if 语句(设 int x,y;)(　　)。
　　A. if(x!=y)if(x>y)
　　　　printf("x>y\n");
　　　　else printf("x<y\n");
　　　　else printf("x==y\n");

　　B. if(x!=y)
　　　　if(x<y) printf("x>y\n");
　　　　else printf("x<y\n");
　　　　else printf("x==y\n");

　　C. if(x!=y)
　　　　if(x>y)printf("x<y\n");
　　　　else printf("x<y\n");
　　　　else printf("x==y\n");

　　D. if(x!=y)
　　　　if(x>y)printf("x>y\n");
　　　　else printf("x<y\n");
　　　　else printf("x==y\n");

(4)已知 int x=7,y=9,t=11;以下语句执行后变量 t 的值为(　　)。

```
if(x<y)
    t=y;
else
    t=x;
```

　　A. 11　　　　　　B. 7　　　　　　C. 9　　　　　　D. 不确定

(5)如下程序的输出结果是(　　)。

```
main()
{
    int x=1,a=5,b=5;
    switch(x)
    {
        case 0: b++;
        case 1: a++;
        case 2: a++;b++;
    }
```

```
    printf("a=%d,b=%d\n",a,b);
}
```

A. a=7,b=6   B. a=6,b=6   C. a=7,b=7   D. a=5,b=5

2. 填空题

(1) 下面程序段的输出结果是_____。

```
int x=0,y=0;
if(x=y) printf("AAA");
else printf("BBB");
```

(2) 下面程序段的输出结果是_____。

```
int x=0;
switch(x)
{
    case 0:printf("AAA");
    case 1:printf("BBB");
    case 2:printf("CCC");break;
    default:printf("DDD");
}
```

(3) 以下程序的执行结果是_____。

```
#include <stdio.h>
main()
{
    int a,b,c;
    a=2;b=3,c=1;
    if(a>b)
        if(a>c)
            printf("%d\n",a);
        else
            printf("%d\n",b);
    printf("end\n");
}
```

(4) 以下程序的执行结果是_____。

```
#include <stdio.h>
main()
{
    int a,b,c,d,x;
    a=c=0;
    b=1;
    d=20;
    if(a) d=d-10;
    else if(!b)
        if(!c) x=15;
        else x=25;
    printf("d=%d\n",d);
}
```

(5)以下程序在输入"5,2"之后的执行结果是_____。
```c
#include <stdio.h>
main()
{
    int s,t,a,b;
    scanf("%d,%d",&a,&b);
    s=1;
    t=1;
    if(a>0) s=s+1;
    if(a>b) t=s+t;
    else if(a==b) t=5;
    else t=2*s;
    printf("s=%d,t=%d\n",s,t);
}
```

(6)以下程序的执行结果是_____。
```c
#include <stdio.h>
main()
{
    int x=1,y=0;
    switch(x)
    {
        case 1:
            switch(y)
            {
                case 0:printf("first\n");break;
                case 1:printf("second\n");break;
            }
        case 2:printf("third\n");
    }
}
```

(7)执行以下程序,输入"-10"的结果是_____,输入"5"的结果是_____,输入"10"的结果是_____,输入"30"的结果是_____。
```c
#include <stdio.h>
main()
{
    int x,c,m;
    float y;
    scanf("%d",&x);
    if(x<0)   c=-1;
    else c=x/10;
    switch(c)
    {
```

```
        case -1:y=0;break;
        case 0:y=x;break;
        case 1:y=10;break;
        case 2:
        case 3:y=-0.5*x+20;break;
        default:y=-2;
    }
    if(y!=-2) printf("y=%g\n",y);
    else printf("error\n");
}
```

3. 程序填空题

(1)以下程序实现：输入三个整数，按从大到小的顺序进行输出。请在括号中填写正确内容。

```
main()
{
    int x,y,z,c;
    scanf("%d %d %d",&x,&y,&z);
    if(            )
    { c=y; y=z; z=c; }
    if(            )
    { c=x; x=z; z=c; }
    if(            )
    { c=x; x=y; y=c; }
    printf("%d,%d,%d",x,y,z);
}
```

(2)输入一个字符，如果它是一个大写字母，则把它变成小写字母；如果它是一个小写字母，则把它变成大写字母；其他字符不变。请在括号中填写正确内容。

```
main()
{
    char ch;
    scanf("%c",&ch);
    if(           )     ch=ch+32;
    else if(           ) (           );
    printf("%c",ch);
}
```

(3)根据以下函数关系，对输入的每个 x 值，计算出 y 值。请在括号中填写正确内容。

x	y
$2<x\leq10$	$x(x+2)$
$-1<x\leq2$	$2x$
$x\leq-1$	$x-1$

```
main()
{
```

```
    int x,y;
    scanf("%d",&x);
    if(              )      y=x*(x+2);
    else if(              ) y=2*x;
    else if(x<=-1) y=x-1;
    if(y!=-1) printf("%d",y);
    else printf("error");
}
```

(4)下面的 swap()函数交换变量 x 和 y 的值,并输出交换后的 x 和 y 的值。请在括号中填写正确内容。

```
void swap()
{
    int x=3,y=5;
    int t;
    (              );
    (              );
    (              );
    printf("After swap %d,%d",x,y);
}
```

4. 项目训练题

(1)输入三个整数 x、y、z,请把这三个数由小到大输出。

(2)某学校毕业设计成绩评定等级的规则如下:

a. 成绩≥90 分,为优秀。

b. 80 分≤成绩<90 分,为良好。

c. 70 分≤成绩<80 分,为中等。

d. 60 分≤成绩<70 分,为及格。

e. 成绩<60 分,为不及格。

编写程序,根据输入成绩,计算并输出成绩评定等级。

(3)给出一个不多于 4 位的正整数,要求:

a. 求出它是几位数。

b. 按照该数的逆序输出各位数字,如原数是 1234,则应输出 4321。

(4)输入一个整数,判断它能否被 3、5 和 7 整除,并输出以下信息之一:

a. 能同时被 3、5 和 7 整除。

b. 能被其中两数(要指出哪两个)整除。

c. 能被其中一个数(要指出哪一个)整除。

d. 不能被 3、5 和 7 中任一个数整除。

(5)某市不同车型的出租车 3 公里的起步价和计费分别为:夏利 7 元/公里,3 公里以外 2.1 元/公里;富康 8 元/公里,3 公里以外 2.4 元/公里;桑塔纳 9 元,3 公里以外 2.7 元/公里。编程:从键盘输入乘车的车型及公里数,输出应付的车资。

（6）如图 4-19 所示是根据输入的三个边长 a、b 和 c，判断它们能否构成三角形；若能构成三角形，继续判断该三角形是等边、等腰还是一般三角形的程序流程图。请参考程序流程图编写相应的程序。

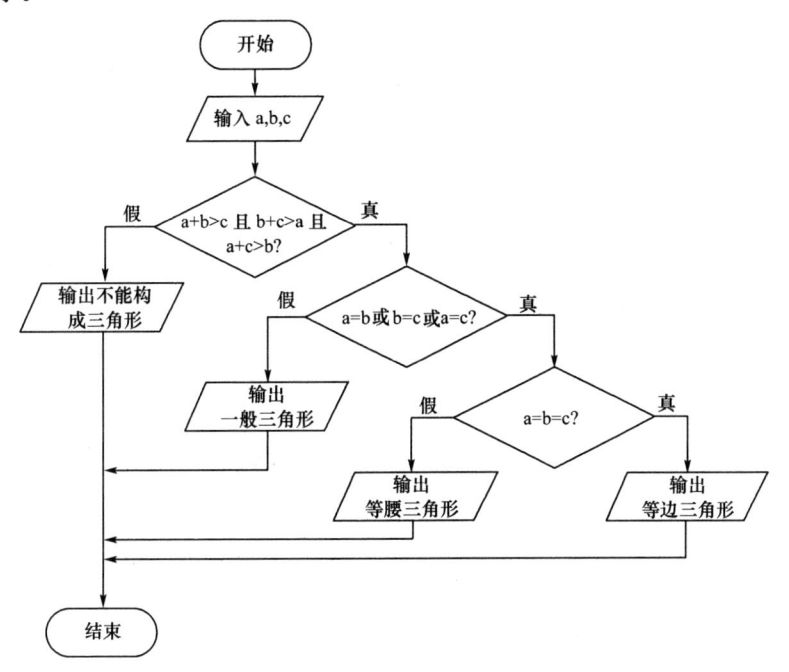

图 4-19 三角形问题的程序流程图

项目 5　进一步完善计算器的设计

5.1　项目目标

本项目将在上一项目的基础上,利用循环结构完善计算器项目,完善或增加以下功能:
(1)改进 main()函数,实现主菜单的多次选择功能。
(2)实现累加求和。
(3)实现求阶乘。

5.2　项目分析与设计

在项目 3 实现了显示菜单函数 displayMenu()、加法函数 add()、减法函数 sub()和乘法函数 multi(),在项目 4 中实现了除法函数 divide()、求余函数 arith_compliment()。本项目我们编写累加求和函数 sum_n()和求阶乘函数 factorial(),并完善主函数 main(),用户可以控制程序何时结束。至此我们将完成一个较为完整的计算器程序。如图 5-1 所示。

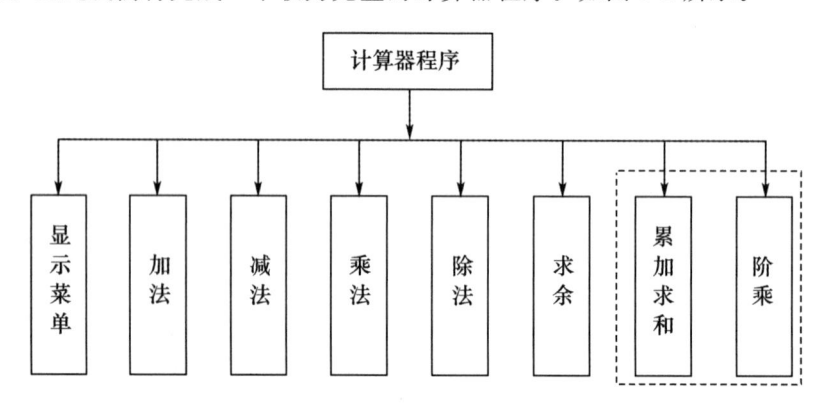

图 5-1　计算器功能模块

5.2.1　计算器程序的完整流程图

计算器程序的完整流程如图 5-2 所示。

5.2.2　累加功能的设计

任务描述:编写 sum_n 函数,计算从 1 到 n 的整数之和。
任务要求:
(1)从键盘输入任意一个整数 n。
(2)要求输出 1 到 n 的和。

项目 5　进一步完善计算器的设计

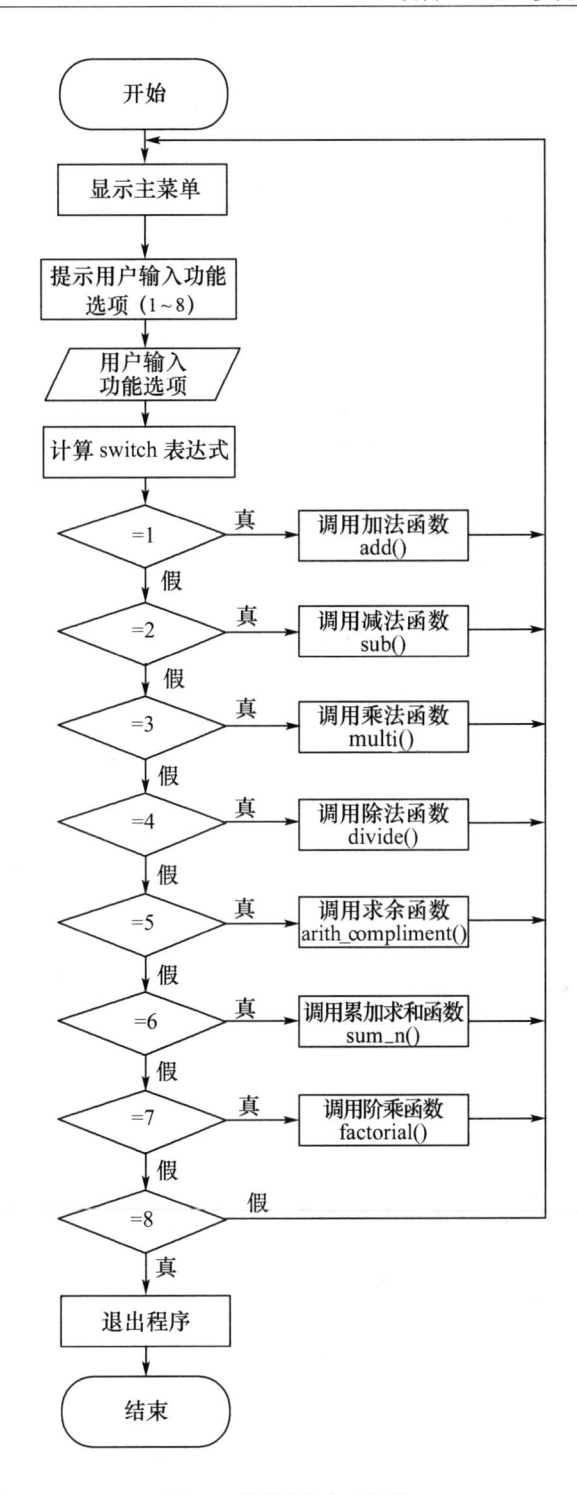

图 5-2　计算器程序流程图

整个函数的思路就可以描述如下：

(1)定义一个整型变量 n,用于输入一个整数,准备做加法;然后定义一个整型变量 result,用于保存累加的结果;再定义一个用于计算整数个数的变量 i。

(2)在没有任何数加入前,先将累加求和变量(result)赋值为 0。

(3)整数个数变量i赋值为1。

(4)如果i≤n,result=result+i,否则转到步骤(7)。

(5)数的个数(i)增1。

(6)转到步骤(4)。

(7)输出累加结果(result)的值。

在以上步骤中,第(1)到第(3)与第(7)步我们均已在前面学过了,第(4)至第(6)步很明显是一个重复过程,这种过程在C语言中需要用一种新的程序设计结构——循环结构来实现。

C程序中,循环结构有三种,分别为while语句、for语句和do...while语句,它们均可以实现循环过程,只是在语句写法上有些区别,具体我们将在本项目5.3节进行详细讲解。

根据上面的分析,累加模块的N-S图如图5-3所示。

定义整型变量n,用于输入累加到的数
定义整型变量result,用于累加求和
定义整型变量i,用于计数
变量赋初值 result=0,i=1
当i<=n
result=result+i
i++
输出结果

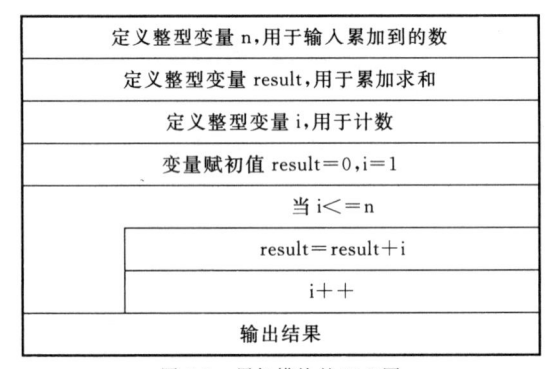

图5-3 累加模块的N-S图

5.2.3 阶乘功能的设计

任务描述:编写factorial函数,计算n的阶乘。

任务要求:

(1)从键盘输入一个任意整数n。

(2)要求输出n的阶乘。

整个函数的思路就可以描述如下:

(1)定义一个整型变量n,用于求它的阶乘;然后定义一个长整型变量result,用于保存阶乘的结果;再定义一个循环控制变量i。

(2)在没有任何运算之前,先将阶乘变量(result)赋值为1(因为阶乘运算是乘法,不改变乘法结果的初值为1)。

(3)循环控制变量i赋值为1。

(4)如果i≤n,result=result*i,否则转到步骤(7)。

(5)循环控制变量i增1。

(6)转到步骤(4)。

(7)输出阶乘结果(result)的值。

以上所有步骤都和累加模块很相似,这里不再重复说明。

根据上面的分析,阶乘模块的N-S图如图5-4所示。

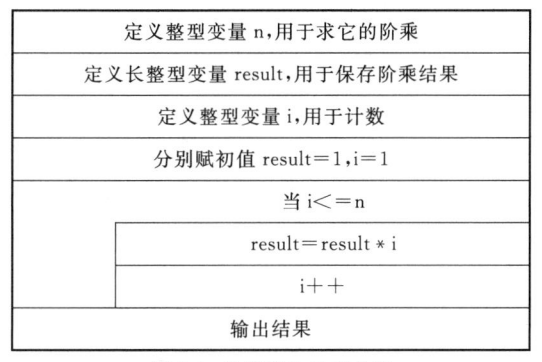

定义整型变量 n,用于求它的阶乘
定义长整型变量 result,用于保存阶乘结果
定义整型变量 i,用于计数
分别赋初值 result＝1,i＝1
当 i＜＝n
result＝result*i
i＋＋
输出结果

图 5-4　阶乘模块的 N-S 图

5.3　知识准备

5.3.1　while 语句

while 语句也称为"当"型循环控制语句,直观地讲就是根据条件表达式的值,决定循环体内语句的执行次数。其语句的一般形式如下:

```
while(表达式)
{
    语句 1;
    语句 2;
    ……
    语句 n;
}
```

其中,"表达式"是循环条件,可以是任何类型的表达式,常用的是关系表达式或逻辑表达式。"语句 1;语句 2;……;语句 n"是 while 语句的循环体。

while 语句的执行过程如下:

(1)计算 while 后面的表达式的值,如果其值为真(非零)则执行步骤(2);否则,执行步骤(4)。

(2)执行 while 循环体语句。

(3)转步骤(1)。

(4)循环结束,执行 while 语句后面的语句。

上述过程简单说,就是当循环条件满足时,反复执行循环体语句,直到条件不再满足时循环结束。while 语句的程序流程图如图 5-5 所示。

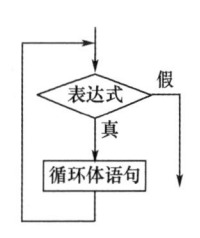

图 5-5　while 语句流程图

【说明】

(1)循环体中做要重复执行的操作,同时要保证使循环倾向于结束。循环的结束由 while 中的表达式(循环条件)控制。

(2)循环体如果包含一条以上的语句,应该用大括号括起来,以复合语句的形式出现,如果循环体中只有一条语句,大括号可以省略。循环体可以是空语句。

(3) 注意符号,如下所示:

```
while(表达式) ←这里没有分号
{
    ……
} ←这里没有分号
```

【例 5.1】 使用 while 语句计算 sum＝1＋2＋3＋…＋100 的值。

表达式 1＋2＋3＋…＋100 从数学上看是一个迭代问题,其思想就是把已经计算出来的部分和下一个整数相加,直到这个整数为 100,按照这个思想,该表达式可以改写为:(((1＋2)＋3)＋…＋100),每一步都是两个数相加,被加数总是上一步加法运算的和,加数总是比上一步加数增加 1 后参与本次加法运算,这就需要不断重复执行的部分(循环体),直到加数超出 100,即循环条件不再满足,重复计算结束。

我们用变量 i 存放加数,变量 sum 存放上一步加法运算的结果。程序实现的流程图如图 5-6 所示。

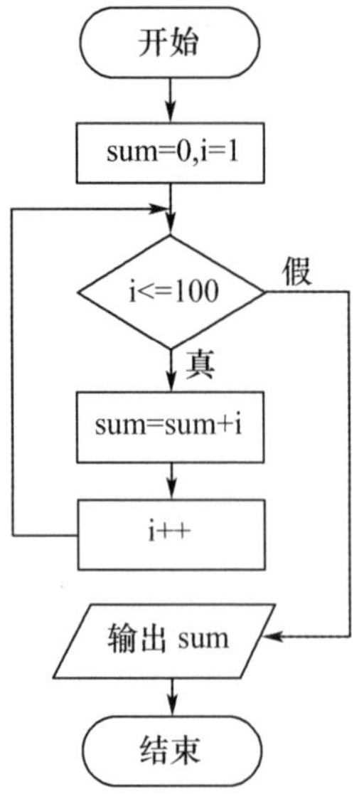

程序代码如下:

```c
#include <stdio.h>
main()
{
    int sum=0;      /*累加器变量初始化*/
    int i=1;        /*循环控制变量赋初值*/
    while(i<=100)
    {
        sum=sum+i;
        i++;        /*改变循环控制变量(加数)的值*/
    }
    printf("\n sum=%d",sum);
}
```

图 5-6 例 5.1 的程序流程图

程序运行结果为:sum＝5050。

上述程序在第 1 次循环时,将 i 初始化为 1;然后判断循环体的执行条件是否满足 i<＝100,如果满足条件,则执行 sum＝sum＋i,然后将 i 加 1。当循环执行完第 100 次的时候,i 的值已经是 101 了,再次进行循环条件判断时,不再满足条件,从而退出循环,执行 while 语句后面的输出语句。

建议刚刚学习循环结构的读者利用 Visual C++ 6.0 中的"单步"调试工具,跟踪程序的执行过程,观察变量值的变化。

为了使读者尽快掌握循环结构的编写,我们总结出以下四个在编写循环语句时需要考虑的要素:

要素 1:循环控制变量赋初始值。
要素 2:循环条件的设置。
要素 3:循环语句的编写。
要素 4:循环控制变量的改变。

其中,循环控制变量是指控制循环次数的变量,该变量非常重要,如果不能合理设置,容易造成"死循环",即循环永无休止地执行下去。循环控制变量的改变在循环体中进行。

例 5.1 的循环四要素如下:

循环控制变量赋初始值	i=1
循环条件的设置	i<=100
循环语句的编写	sum=sum+i
循环控制变量的改变	i++

建议读者在编写循环语句之前,考虑好这四个要素。

【例 5.2】 使用 while 语句计算 5!,5!=1*2*3*4*5。

本例中,设累乘器变量为 fac,初值为 1,循环控制变量有 1 个:代表乘数的变量 i。i 从 1 开始,当 i 不超过 5 时,将 i 累乘到 fac。本例的循环四要素如下:

循环控制变量赋初始值	i=1
循环条件的设置	i<=5
循环语句的编写	fac=fac*i
循环控制变量的改变	i++

例 5.2 的流程图如图 5-7 所示。

例 5.2 的程序代码如下:

```
#include <stdio.h>
main()
{
    int i=1;
    int fac=1;
    while(i<=5)
    {
        fac=fac*i;
        i++;
    }
    printf("5!=%d\n",fac);
}
```

程序运行结果为:5!=120。

【思考】 修改例 5.2 的程序,实现 n!,再进一步,实现 1!+2!+3!+…+n!,n 从键盘输入。

【例 5.3】 从键盘连续输入若干个字符,并且以"#"作为结束标记,统计字符个数(不包括"#")。

本例中,循环控制变量有 1 个:标记输入的字符是否为"#"的变量 end,end 值为 1 表示是"#",值为 0 表示不是"#"。当输入的字符不是"#"时,将重复接收键盘输入。

循环控制变量赋初始值	end=0
循环条件的设置	!end
循环语句的编写	接收键盘输入的字符,累计输入的字符个数递增 1
循环控制变量的改变	若输入的字符等于'#',则给 end 赋值为 1,否则 end 的值不变

我们用变量 count 存放输入字符的个数,例 5.3 的流程图如图 5-8 所示。

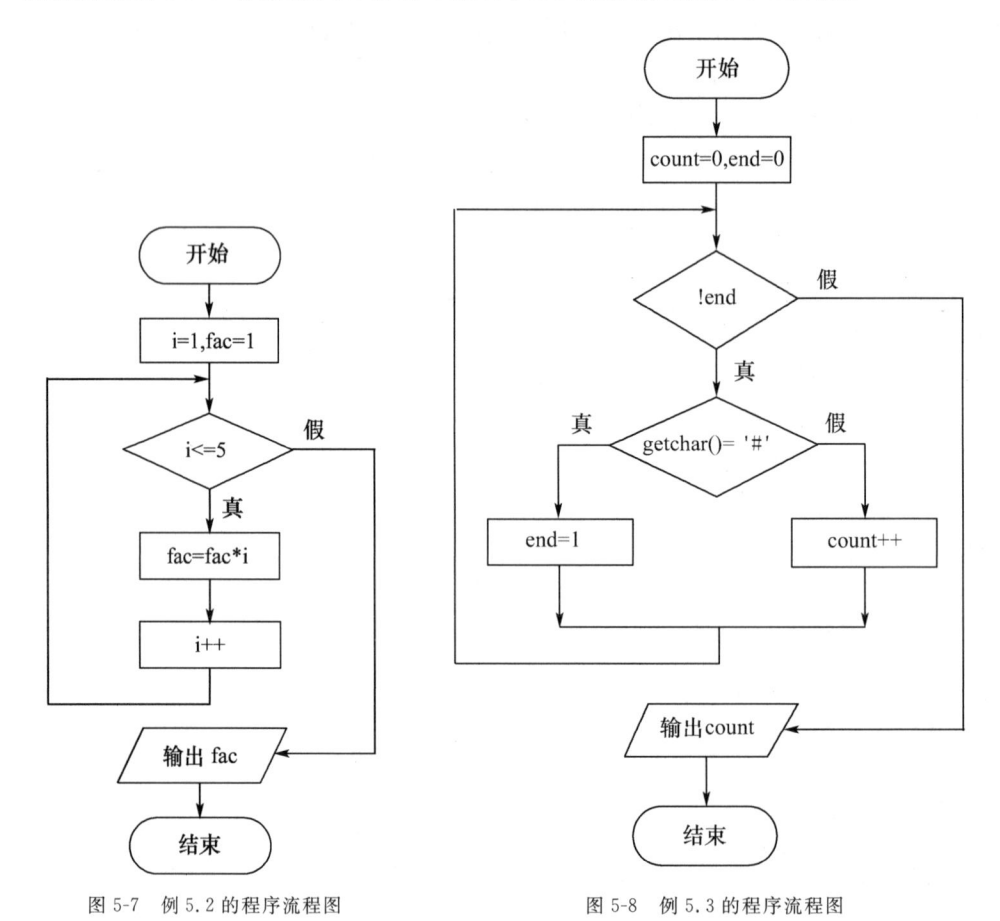

图 5-7 例 5.2 的程序流程图

图 5-8 例 5.3 的程序流程图

例 5.3 的程序代码如下：

```
#include <stdio.h>
main()
{
    int count=0;
    int end=0;
    printf("Please input a string：");
    while(!end){
        if(getchar()=='#')
            end=1;
        else
            count++;
    }
    printf("count=%d\n",count);
}
```

程序运行结果如图 5-9 所示。

图 5-9　例 5.3 的运行结果

【例 5.4】 编写程序模拟验证用户密码的过程,判断用户输入密码的次数,若三次输入的密码都错误,则不再允许输入,否则提示密码验证成功。假设用户密码为 1321。

本例中,循环控制变量有两个:记录输入密码次数的变量 i 和标记密码验证是否成功的变量 success。success 值为 1 表示成功,值为 0 表示未成功。当输入密码的次数不超过三次并且密码没有验证成功的情况下,允许用户再次输入密码进行匹配。本例的循环四要素如下:

循环控制变量赋初始值	i=0; success=0
循环条件的设置	i<3 && !success
循环体语句的编写	输入密码
循环控制变量的改变	判断密码是否等于 1321,若相等,则给 success 赋值为 1,否则 success 的值不变;i++

例 5.4 的流程图如图 5-10 所示。

例 5.4 的程序代码如下:

```c
#include <stdio.h>
main()
{
    int pwd;
    int i=0;
    int success=0;
    while(i<3 && !success)  {
        printf("please input the password:");
        scanf("%d",&pwd);
        if(pwd==1321)
            success=1;
        i++;
    }
    if(success)
        printf("The password is right!\n");
    else
        printf("Over three times! The password is wrong!\n");
}
```

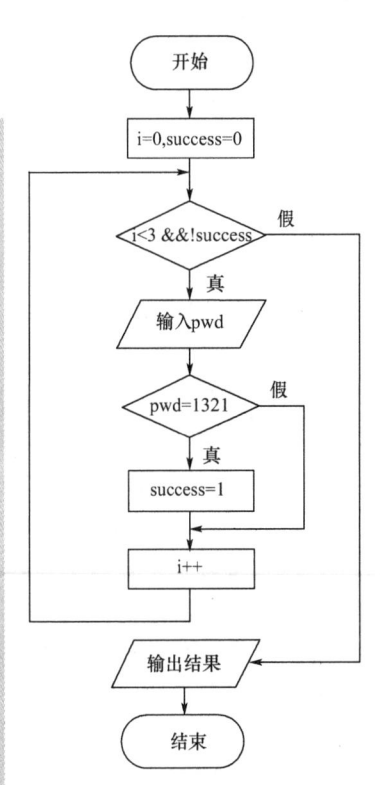

图 5-10　例 5.4 的程序流程图

程序运行结果如图 5-11 所示。

图 5-11　例 5.4 的运行结果

5.3.2 for 语句

for 语句是最常使用的"计数"型循环,不仅能用于循环次数已知的情况,还能用于循环次数未知的情况,完全可以代替 while 语句,使用灵活方便。其语句格式如下:

```
for(表达式1;表达式2;表达式3)
{
    语句 1;
    语句 2;
    ……
    语句 n;
}
```

其中,"表达式 1"用于设置循环控制变量初始值,"表达式 2"用于循环条件判断,"表达式 3"用于设置循环控制变量的增或减。

也可以把 for 语句写成如下形式,方便阅读和理解。

```
for(设置循环控制变量初始值;循环条件判断;设置循环控制变量增/减)
{
    循环体语句;
}
```

for 语句的执行过程如下:

(1)计算表达式 1 的值。

(2)计算表达式 2 的值,若值为真(非 0),则执行后面的循环体语句,否则转步骤(5)。

(3)计算表达式 3。

(4)转步骤(2)。

(5)循环结束,执行 for 语句后面的语句。

for 语句的流程图如图 5-12 所示。

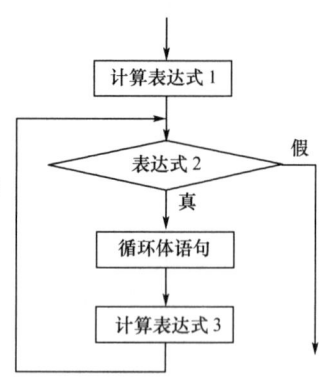

图 5-12 for 语句流程图

【说明】

(1)for 语句中条件测试总是在循环开始时进行;如果循环体部分是由多条语句组成的,则必须用大括号括起来,使其成为一条复合语句。

(2)for 语句中的表达式 1 和表达式 3 既可以是一个简单的表达式,也可以是逗号表达式,此表达式可以是与循环控制变量无关的表达式。表达式 2 可以是任何类型的表达式,但一般是关系表达式或逻辑表达式。

(3)for 语句中的表达式可以全部省略,但";"不能省略,如 for(;;),相当于 while(1)。

(4)注意符号,如下所示:

```
for(表达式1;表达式2;表达式3)←这里没有分号
{
    …
}←这里没有分号
```

【例 5.5】 使用 for 语句计算 sum=1+2+3+…+100 的值。

问题分析的过程参见例 5.1。无论用 for 循环结构还是用 while 循环结构实现,要考虑的循环四要素都是一样的,只是设置这四个要素的语句放置的位置不同。

本例的循环四要素如下:

循环控制变量赋初始值　　i=1
循环条件的设置　　　　　i<=100
循环语句的编写　　　　　sum=sum+i
循环控制变量的改变　　　i++

为便于读者比较,分别将使用 for 语句和 while 编写的程序列出如下:

```
/*使用 for 语句实现*/
#include <stdio.h>
main()
{
    int i,sum=0;
    for(i=1;i<=100;i++)
    {
        sum=sum+i;
    }
    printf("sum=%d",sum);
}
```

```
/*使用 while 语句实现*/
#include <stdio.h>
main()
{
    int sum=0,i=1;
    while(i<=100)
    {
        sum=sum+i;
        i++;
    }
    printf("\n sum=%d",sum);
}
```

【说明】

(1)for 语句中的表达式 1,一般用于给循环控制变量赋初值(超过一个语句用逗号间隔)。省略"表达式 1",表示不对循环控制变量赋初值,这种情况在 C 语言中也是允许的,但是,必须在 for 语句之前给循环控制变量赋初值,并且其后的分号不能省略。例 5.5 中 for 语句可以改写如下:

```
sum=0;i=1;
for(; i<=100; i++)
    sum=sum+i;
```

或者

```
for(i=1,sum=0; i<=100; i++)
    sum=sum+i;
```

(2)表达式 2 用于判断循环条件,如果值为真,执行循环体,如果值为假,退出循环。当表达式 2 省略时,不判断条件,成为死循环。

```
for(sum=0,i=1;;i++)
    sum=sum+i;
```

(3)表达式 3 用于修改循环变量,确保循环在某一时刻可以结束,省略"表达式 3",则不能对循环控制变量进行操作,此时为了保证循环正常结束,需要在语句体中加入修改循环控制变量的语句,注意表达式 3 前面的分号不能省略。本例 for 语句可以变换如下:

```
for(sum=0,i=1; i<=100;)
{
    sum=sum+i;
    i++;
}
```

(4)可以省略"表达式1"和"表达式3",只有表达式2,即只给出循环条件。此种情况下,完全等同于while语句,例如,本例for语句可以变换如下:

```
i=1;
sum=0;
for(;i<=100;)
{
    sum=sum+i;
    i++;
}
```

【例5.6】 使用for语句计算5!,5!=1*2*3*4*5。

问题分析的过程参见例5.2,程序代码如下:

```
#include <stdio.h>
main()
{
    int i=1;
    int fac=1;
    for(i=1;i<=5;i++)   {
        fac=fac*i;
    }
    printf("5!=%d\n",fac);
}
```

【思考】 修改例5.6的程序,实现n!,再进一步,实现1!+2!+3!+…+n!,n从键盘输入。

【例5.7】 使用for语句,编写程序输出斐波那契(Fibonacci)级数1,1,2,3,5,8,13,…的前30项。此级数的规律是:前两个数的值各为1,从第3个数开始,每个数都是前两个数的和。

本例的分析见表5-1。

表5-1　　　　　　　　　　Fibonacci级数分析表

序号	第一个数 last1	第二个数 last2	下一个数 next
1	1	1	2(=1+1)
2	1	2	3(=1+2)
3	2	3	5(=2+3)
4	3	5	8(=3+5)
5	5	8	13(=5+8)
…	…	…	…

表5-1中,我们用last1和last2这两个变量分别代表第一个数和第二个数,这两个变量的初始值都为1,每次通过计算前两个数的和都能得到下一个数。本例中,循环控制变量为i,代表计算的是第几个斐波那契数。循环四要素设置如下:

循环控制变量赋初始值	i=3
循环条件的设置	i<=30
循环语句的编写	next=last1+last2;输出 next; last1=last2;last2=next;
循环控制变量的改变	i++

例 5.7 的流程图如图 5-13 所示。例 5.7 的程序代码如下：

```c
#include <stdio.h>
main()
{
    int i;
    long last1,last2,next;      /*避免数据溢出现象*/
    last1=1;
    last2=1;                    /*前两项都为1*/
    printf("%10ld%10ld",last1,last2);
    for(i=3;i<=30;i++) {
        next=last1+last2;       /*计算下一项*/
        printf("%10ld",next);
        last1=last2;            /*第二项变为第一项*/
        last2=next;             /*下一项变为第二项*/
    }
    printf("\n");
}
```

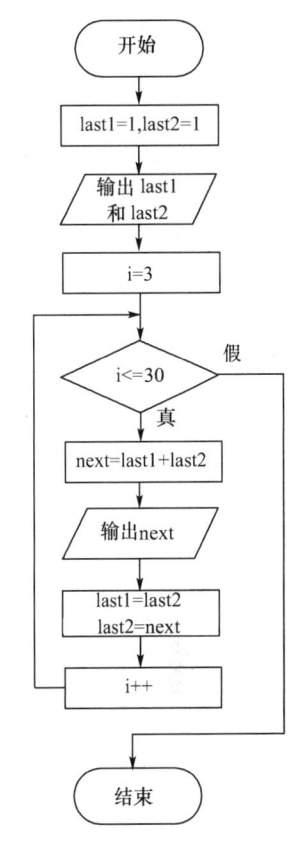

图 5-13 例 5.7 的程序流程图

程序运行结果如图 5-14 所示。

图 5-14 例 5.7 的运行结果

【思考】 修改例 5.7 的程序，实现每行输出 6 个斐波那契数。

5.3.3 do...while 语句

do...while 语句也可以实现循环结构，它和 while 语句很相似，所不同的是：while 语句是先判断表达式的值，后执行循环体语句，而 do...while 语句是先执行循环体语句，再判断表达式。do...while 语句格式如下：

```
do
{
    语句 1；
    语句 2；
    ……
```

do...while 语句

语句 n;
} while(表达式);

其中,表达式可以是任何类型,常用的是关系表达式或逻辑表达式。

do...while 语句的执行过程如下。

(1)执行循环体语句。

(2)计算 while 后面表达式的值,若值为真(非 0)时,转步骤(1),否则转步骤(3)。

(3)结束 do...while 语句,继续执行循环体后的语句。

上述过程简单地说,就是反复执行循环体语句直到表达式不再成立,则循环结束。do...while 语句先执行循环体中的语句,然后判断表达式的值。do...while 语句的流程图如图 5-15 所示。

图 5-15 do...while 语句流程图

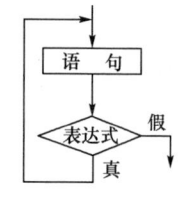

【说明】

(1)do...while 语句由于是先执行循环体语句再判断表达式的值,因此循环体至少执行一次,而 while 循环可能一次也不执行。

(2)循环体如果包含一条以上的语句,应该用大括号括起来,以复合语句的形式出现,循环体可以是空语句(;)。

(3)在循环体中应有使循环趋向结束的语句,即有修改循环条件的语句,否则会造成死循环。

(4)do 必须和 while 一起使用。

(5)注意符号,如下所示:

do
{
 ……
} while(表达式);←此处必须有分号

【例 5.8】 使用 do...while 语句计算 sum=1+2+3+…+100 的值。

问题分析的过程参见例 5.1,例 5.8 的流程图如图 5-16 所示。

例 5.8 的程序代码如下:

```
#include <stdio.h>
main()
{
    int sum=0;     /*累加器变量初始化*/
    int i=1;       /*循环控制变量赋初始值*/
    do
    {
        sum=sum+i;
        i++;       /*改变循环控制变量的值*/
    } while(i<=100);
    printf("\n sum=%d",sum);
}
```

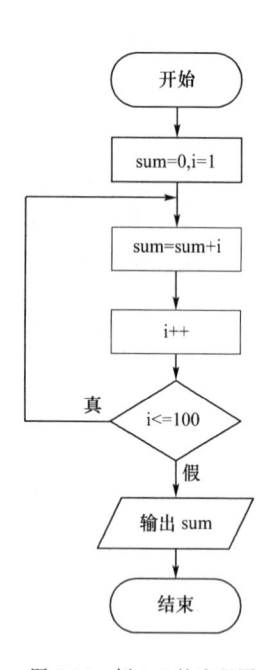

图 5-16 例 5.8 的流程图

【例 5.9】 用 do...while 语句求 n!，n 由键盘输入。

程序代码如下：

```c
#include <stdio.h>
main()
{
    int n;
    long fac=1;         /*阶乘的值可能很大,因此定义成 long 型*/
    printf("\n Please input a number:");
    scanf("%d",&n);
    do{
        fac=fac*n--;
    }while(n>0);
    printf("\n fac=%d\n",fac);
}
```

程序运行结果如图 5-17 所示。

```
Please input a number:8
fac=40320
Press any key to continue
```

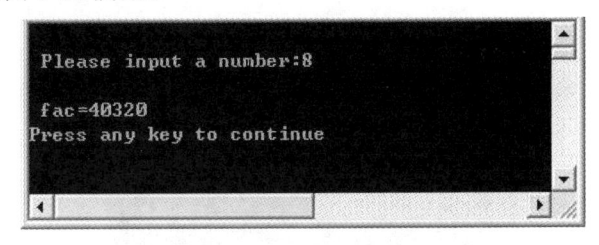

图 5-17 例 5.9 的运行结果

5.3.4 循环辅助控制语句

1. break 语句

在项目 4 中曾经介绍过 break 语句可以使程序跳出 switch 结构，继续执行 switch 语句下面的语句。除此之外，break 语句还可以用在循环结构中，用来跳出循环体，即提前终止循环，接着执行循环结构下面的语句。

格式：break；

功能：使程序运行时中途退出一个循环体或 switch 结构。

【说明】

(1) break 语句不能用在除了 switch 语句和循环语句以外的任何其他语句。

(2) 在多重循环的情况下，使用 break 语句时，仅仅退出包含 break 语句的那层循环体，即 break 语句不能使程序控制退出一层以上的循环。

(3) 当需要直接退出多层循环时，可通过增加 break 语句的方法逐层退出。

(4) 当 break 处于循环体内的 switch 结构中时，break 只是强迫程序流程退出 switch 结构，而不是退出 switch 所在的循环体。

上面提到的多重循环涉及循环嵌套，参见 5.3.5 循环嵌套。

【例 5.10】 从键盘输入一个整数,判断此数是否为素数。程序代码如下:

```c
#include <stdio.h>
main()
{
    int i,m;
    printf("\n Please input the number to m:");
    scanf("%d",&m);
    for(i=2;i<m;i++)
    {
        if((m%i)==0)
            break;    /*有一个数能整除,说明不是素数,提前退出循环*/
    }
    if(i<m)           /*说明提前退出情况,不是素数*/
        printf("\n %d 不是素数,能被%d 整除\n",m,i);
    else
        printf("\n %d 是素数\n",m);
}
```

程序运行结果如图 5-18 所示。

```
Please input the number to m:127
127是素数
Press any key to continue
```

图 5-18 例 5.10 的运行结果

2. continue 语句

格式:continue;

功能:提前结束本次循环,即跳过 continue 语句下面尚未执行的语句,继续进行下一次循环。

【例 5.11】 编程输出 100~200 不能被 9 整除的数。程序代码如下:

```c
#include <stdio.h>
main()
{
    int i;
    for(i=100;i<=200;i++)
    {
        if((i%9)==0)
            continue;
        printf("%d ",i);
    }
}
```

【说明】

(1)continue 语句通常和 if 语句连用,只能提前结束一次循环,不能使整个循环终止。

(2)continue 语句只对循环起作用。

(3)continue 语句用在 while、do...while 中与用在 for 语句中有些不同。在 for 语句中终止本次循环时,要计算表达式 3 的值。

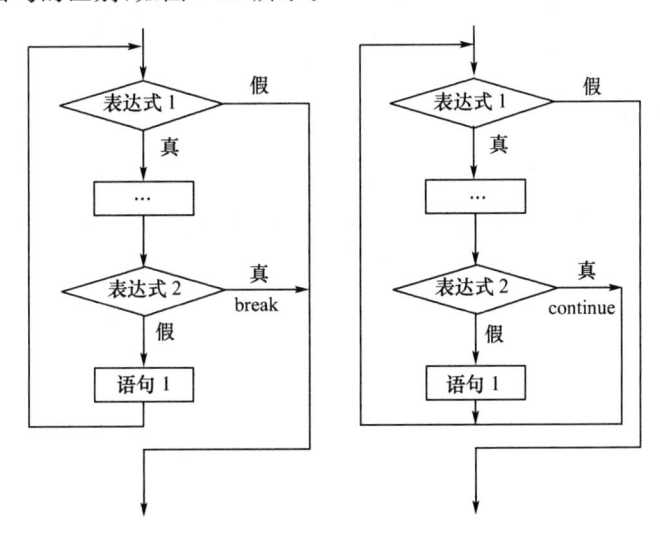

3. break 语句和 continue 语句的区别

break 语句和 continue 语句都可以用在 while、do...while 和 for 循环体中,都有控制功能,但是有本质的区别。break 语句用来退出循环体,执行循环体后面的第 1 条语句;而 continue 语句用来提前结束本次循环,进入下次循环。下面用程序流程图的形式来说明 break 语句和 continue 语句的区别,如图 5-19 所示。

图 5-19 break 语句和 continue 语句的区别

4. goto 语句和语句标号

多年来 goto 语句一直受到很大的争议,基于结构化程序设计的思想要求我们编程时不能使用 goto 语句,但有时 goto 语句也会给编程带来方便。在这里只简单介绍 goto 语句的用法,但不建议读者使用 goto 语句。

格式:goto 语句标号;

功能:当程序执行 goto 语句时,转到语句标号指定的语句去执行。

【说明】

(1)"语句标号"必须用标识符表示,不能用整数作为标号,在使用时在语句标号后跟冒号(:),与其标识的语句分隔开。

(2)goto 语句可以与 if 语句一起构成循环结构。

(3)在程序中从循环体跳到循环体外,可以用 break 语句和 continue 语句来替代 goto 语句,如果使用 goto 语句是不符合结构化原则的,一般不使用。

【例 5.12】 用 if 语句和 goto 语句构造循环,计算 sum=1+2+3+…+100 的值。程序代码如下:

```
# include <stdio.h>
main()
{
    int sum=0,n=1;
loop:
    if(n<=100)
    {
        sum=sum+n;
        n++;
        goto loop;
    }
    printf("\n sum=%d",sum);
}
```

5.3.5 循环嵌套

如果一个循环中又包含另一个完整的循环结构,则称为循环的嵌套。当内嵌的循环中含有另一个嵌套的循环时,称为多重循环。例如以下这些形式都是合法的循环嵌套。

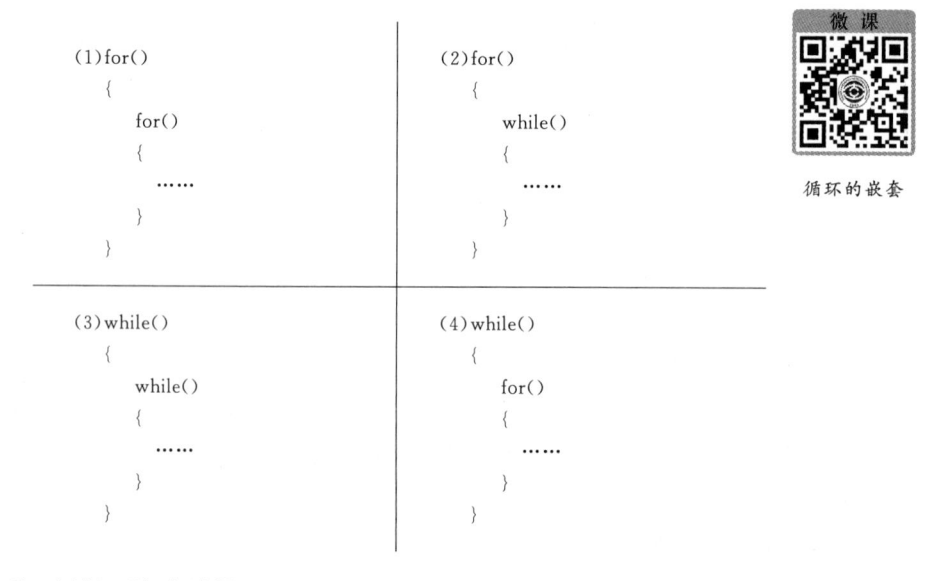

```
(1) for()
    {
        for()
        {
            ……
        }
    }
```

```
(2) for()
    {
        while()
        {
            ……
        }
    }
```

```
(3) while()
    {
        while()
        {
            ……
        }
    }
```

```
(4) while()
    {
        for()
        {
            ……
        }
    }
```

循环的嵌套

【例5.13】 用循环嵌套计算 1!+2!+3!+…+10!。程序代码如下:

```
# include <stdio.h>
main()
{
    int i,k;
    long fac,sum=0;            /* 值可能很大,因此定义成 long 型 */
    for(i=1;i<=10;i++)         /* 外层循环控制阶乘累加到几的阶乘 */
    {
        fac=1;
        for(k=1;k<i;k++)       /* 内层循环计算 i! */
```

```
            fac=fac*k;
        sum=sum+fac;          /*将 i!累加到变量 sum 中*/
    }
    printf("\n sum=%d",sum);
}
```

程序运行结果:sum=409114。

【注意】

(1)while 循环、do...while 循环和 for 循环三种结构可以相互嵌套。

(2)外层循环一次,内层循环一轮(执行完自己的循环)。

(3)内层循环控制可直接引用外层循环的相关变量。

(4)内层循环不要轻易改变外层循环控制变量的值。

【思考】

(1)如果上述程序的内层循环中的 k<i 改为 k<10,那么程序将得到什么结果?

(2)能否将语句 fac=1;移到 for 循环之前?

【例 5.14】 用循环嵌套打印下面图形。

```
*
**
***
****
*****
```

程序代码如下:

```
#include <stdio.h>
main()
{
    int i;                    /*行的循环控制变量*/
    int j;                    /*列的循环控制变量*/
    for(i=1;i<=5;i++)         /*外层循环控制打印到第几行*/
    {
        for(j=1;j<=i;j++)     /*内层循环输出第 i 行的 i 个"*"*/
            printf("*");      /*输出第 i 行第 j 列的"*"*/
        printf("\n");         /*换行*/
    }
}
```

5.3.6 几种循环的比较

(1)以上介绍的 while 循环结构、for 循环结构、do...while 循环结构、goto 型循环结构可以用来处理同一问题,一般情况下它们可以互相代替。需要注意的是,一般不提倡使用 goto 型循环。

(2)while 循环和 do...while 循环,只在 while 后面指定循环条件,在循环体中包含反复执行的操作语句,包括使循环趋向结束的语句(如 n++、n−−等)。for 循环可以在表达式 3 中包含使循环趋于结束的语句,甚至可以将循环体中的操作全部放到表达式 3 中。因此 for 语句的功能更强,凡能用 while 循环完成的功能,都能用 for 循环实现。

(3)用 while 循环和 do...while 循环,循环变量初始化的操作应在 while 语句和 do...while 语句之前完成。for 语句可以在表达式 1 中实现循环控制变量的初始化。

(4)while 循环和 for 循环是先判断表达式的值,后执行循环体各语句,而 do...while 循环是先执行循环体各语句,后判断表达式的值,因此必然执行一次循环体。while 循环和 for 循环可以一次也不执行循环体。

(5)对 while 循环、do...while 循环和 for 循环,可以用 break 语句跳出循环,用 continue 语句结束本次循环,而对 goto 语句和 if 语句构成的循环,不能用 break 语句和 continue 语句进行控制。

5.3.7 应用举例

【例 5.15】 用循环嵌套打印下面图形。

```
    *
   ***
  *****
 *******
*********
```

程序代码如下:

```c
#include <stdio.h>
main()
{
    int i;                      /*行的循环控制变量*/
    int j;                      /*列的循环控制变量*/
    for(i=1;i<=5;i++)           /*外层循环控制打印到第几行*/
    {
        for(j=1;j<6-i;j++)      /*内层循环输出第i行开始的6-i-1个空格*/
            printf(" ");
        for(j=1;j<2*i;j++)      /*内层循环输出第i行的2*i-1个"*"*/
            printf("*");
        printf("\n");
    }
}
```

【思考】 模仿本例,打印倒三角形、菱形、平行四边形等。

【例 5.16】 请编写程序解答"百钱买百鸡"问题。问题如下:"鸡翁一,值钱五;鸡母一,值钱三;鸡雏三,值钱一。百钱买百鸡,问鸡翁、鸡母、鸡雏各几何"。

本例采用"枚举法"逐一检查所有可能的方案,如有合理的方案即输出。程序代码如下:

```
#include <stdio.h>
main()
{
    int cock,hen,chick;           /*用这三个变量分别记录鸡翁、鸡母、鸡雏的数量*/
    for(cock=0;cock<=20;cock++)
        for(hen=0;hen<33;hen++)
            for(chick=0;chick<=100;chick++)
                if(cock*5+hen*3+(int)(chick/3)==100 && cock+hen+chick==100)
                    printf("cock=%d,hen=%d,chick=%d\n",cock,hen,chick);
}
```

程序运行结果如图 5-20 所示。

```
cock=0,hen=25,chick=75
cock=3,hen=20,chick=77
cock=4,hen=18,chick=78
cock=7,hen=13,chick=80
cock=8,hen=11,chick=81
cock=11,hen=6,chick=83
cock=12,hen=4,chick=84
Press any key to continue
```

图 5-20　例 5.16 的运行结果

【例 5.17】 编写程序实现一个可重复计算的简单计算器。要求多次从键盘输入两个数和一个运算符，输出用此运算符计算的结果，输入"#"程序结束。程序代码如下：

```
#include <stdio.h>
main()
{
    float Operator1,Operator2,Result;
    char Sign;
    while(1)
    {
        printf("\n Please input two operators and the sign:");
        scanf("%f%f %c",&Operator1,&Operator2,&Sign);
        if(Sign=='#')   break;
        switch(Sign)
        {
            case '+':Result=Operator1+Operator2;
                break;
            case '-':Result=Operator1-Operator2;
                break;
            case '*':Result=Operator1*Operator2;
                break;
            case '/':Result=Operator1/Operator2;
                break;
        }
        printf("\n %f%c%f=:%f",Operator1,Sign,Operator2,Result);
    }
}
```

程序运行结果如图 5-21 所示。

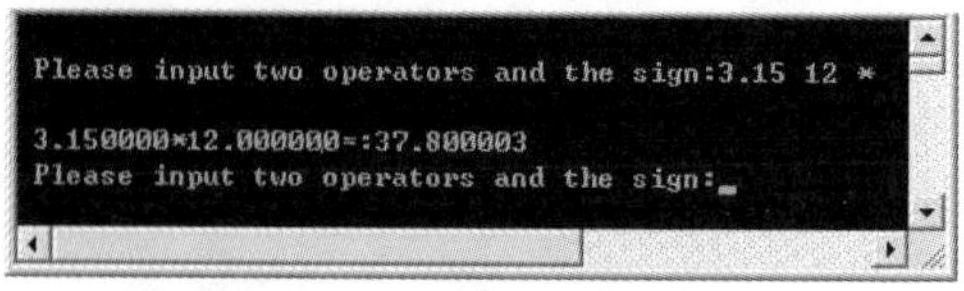

```
Please input two operators and the sign:3.15 12 *
3.150000*12.000000=:37.800003
Please input two operators and the sign:_
```

图 5-21 例 5.17 的运行结果

5.4 项目实现

5.4.1 累加求和功能的实现

```c
/************************ sum_n() ************************
功能:计算从 1 到 n 的整数之和
***********************************************************/
void sum_n()
{
    int result=0;
    int i,n;
    printf("请输入 n:\n");
    printf("n=");
    scanf("%d",&n);
    for(i=1;i<=n;i++)              /*计算 1+2+3+…+n*/
        result=result+i;
    printf("\n1+...+%d=%ld\n",n,result);
}
```

5.4.2 阶乘功能的实现

```c
/************************ factorial() ************************
功能:计算某个整数的阶乘
***************************************************************/
void factorial()
{
    long int result=1;
    int i,n;
    printf("请输入 n:\n");
    printf("n=");
    scanf("%d",&n);
    for(i=1;i<=n;i++)              /*计算 n!*/
        result=result*i;
    printf("\n%d!=%ld\n",n,result);
}
```

5.4.3 主函数功能的实现

```c
/ * * * * * * * * * * * * * * * * * * * main() * * * * * * * * * * * * * * * *
功能：主函数
 * * * * * * * * * * * * * * * * * * * * * * * * * * * * * * * * * * * * * * /
void main()
{
    int choice=0;
    while(1)
    {
        displayMenu();
        printf("\n 请选择运算类型(1,2,3,4,5,6,7,8)? \n");
        scanf("%d",&choice);
        switch(choice)
        {
            case 1:add();
                break;
            case 2:sub();
                break;
            case 3:multi();
                break;
            case 4:divide();
                break;
            case 5:arith_compliment();
                break;
            case 6:sum_n();
                break;
            case 7:factorial();
                break;
            case 8:exit(0);
        }
    }
}
```

5.5 项目小结

本项目主要讨论了程序的循环控制及其使用方法。C 语言提供了 while 语句、for 语句、do...while 语句实现循环操作的功能。在编写循环语句时注意处理好四个要素，即循环控制变量赋初始值、循环条件的设置、循环语句的编写、循环控制变量的改变。在设置循环条件时一定要仔细、谨慎，以免造成死循环。

在编写程序时,有时要根据程序流程的需要采用不同的方式离开循环结构。C语言提供了这类用于转移控制的语句,包括break语句、continue语句和goto语句,这里需要特别注意break语句和continue语句的异同,比较其不同的特点与作用。虽然这些转移控制语句可以中断程序的执行,但程序的流程结构也随之发生改变。因此,能找到其他方法时最好不要使用,因为它会增加程序阅读和理解的难度。

一个循环语句的语句体里又包含另一个完整的循环语句,称为循环嵌套。内嵌的循环中还可以嵌套循环,这就是多重循环。本项目学习过的所有类型的循环语句都可以相互嵌套。注意,外层循环一次,内层就要循环一轮,即执行完自己的循环。

本项目对while循环结构、for循环结构、do...while循环结构、goto型循环结构进行了比较,面对具体问题,选择哪种循环语句是建立在对各种循环的深刻理解之上的。goto型循环一般不提倡使用;for循环和while循环都是在循环体执行之前进行循环条件的判断;而do...while循环是在循环体执行之后检查循环条件。在有些情况下,do...while循环是很有用处的。for循环中可以使用逗号运算符来完成更多的初始化或者更新操作,给操作带来方便,同时通过变形可以充分体现它的灵活性。

习题 5

1. 选择题

(1) C语言用( )表示逻辑"真"的值。
A. true　　　　　　B. t 或 y　　　　　　C. 非零值　　　　　　D. 整数 0

(2) 以下 for 循环是( )。
```
for(x=0,y=0;(y!=123)&&(x<4);x++);
```
A. 无限次循环　　　B. 循环次数不定　　　C. 执行 4 次　　　　　D. 执行 3 次

(3) 执行下面程序段后,k 的值是( )。
```
int k=1,n=263;
while(n)
{
    k=k*n%10;
    n/=10;
}
```
A. 4　　　　　　　　B. 5　　　　　　　　C. 6　　　　　　　　D. 7

(4) 以下程序段( )。
```
x=-1;
do{x=x*x;}while(!x);
```
A. 是死循环　　　　B. 循环执行三次　　　C. 循环执行一次　　　D. 有语法错误

(5) 以下程序的输出结果为( )。
```
#include <stdio.h>
main()
{
    int i,b,k=0;
```

```
for(i=1;i<=5;i++)
{
    b=i%2;
    while(b-->=0) k++;
}
printf("%d,%d",b,k);
}
```

A. 0,6　　　　　　B. -1,7　　　　　　C. -2,7　　　　　　D. -2,8

2. 填空题

(1)以下 do...while 语句中循环体的执行次数是_____。

```
a=10; b=0;
do
{
    b+=2; a-=2+b;
} while(a>=0);
```

(2)能正确表示"当 x 的值在[1,10]和[200,210]范围内为真,否则为假"的表达式是_____。

(3)语句 while(!e)中的条件 !e 等价于_____。

(4)以下 for 语句构成的循环执行了_____次。

```
#include <stdio.h>
#define N 2
#define M N+1
#define NUM (M+1)*M/2
main()
{
    int i,n=0;
    for(i=1;i<=NUM;i++)
    {
        n++;
        printf("%d",n);
    }
    printf("\n");
}
```

(5)设 i、j、k 均为 int 型变量,则执行完 for 循环 for(i=0,j=10;i<=j;i++,j--) k=i+j; 后,k 的值为_____。

3. 读程序题

(1)下面程序的运行结果是_____。

```
#include <stdio.h>
main()
{
    int a=0,i;
```

```
    for(i=0;i<10;i+=2)
    {
        a+=i;
    }
    printf("%d,%d",a,i);
}
```

(2)以下程序的运行结果是_____。

```
#include <stdio.h>
main()
{
    int y=9,s=0;
    while(y>0)
    {
        s=s+y;
        y=y/2;
    }
    printf("%d,%d",s,y);
}
```

(3)下面程序的运行结果是_____。

```
#include <stdio.h>
main()
{
    int i;
    for(i=7;i>0;i--)
    {
        if(i%3==1) printf("%d",i);
        else if(i%3==2) printf("A");
        else continue;
        printf("B");
    }
    printf("C");
}
```

(4)下面程序的运行结果是_____。

```
#include <stdio.h>
main()
{
    int i;
    for(i=1;i<=5;i++)
    {
        if(i%2) printf("A");
        else continue;
```

```
        printf("B");
    }
    printf("C");
}
```

(5)下面程序的运行结果是_____。

```
#include <stdio.h>
main()
{
    int i,j,k;
    char space=' ';
    for(i=0;i<=3;i++)
    {
        for(j=1;j<=i;j++)
            printf("%c",space);
        for(k=0;k<=5;k++)
            printf("%c",'*');
        printf("\n");
    }
}
```

4. 程序填空题

(1)下面程序的功能是将从键盘输入的两个数,由小到大排序输出。当输入的两个数相等时结束循环,请填空。

```
#include <stdio.h>
main()
{
    int a,b,t;
    scanf("%d%d",&a,&b);
    while(              )    /*填空*/
    {
        if(a>b) {
            t=a;a=b;b=t;
        }
        printf("%d,%d",a,b);
        scanf("%d%d",&a,&b);
    }
}
```

(2)下面程序的功能是计算正整数2345的各位数字平方和,请填空。

```
#include <stdio.h>
main()
{
    int n,sum=0;
```

```
        n=2345;
        do
        {
            sum=sum+(n%10)*(n%10);
            n=(           );           /*填空*/
        }while(n!=0);
        printf("sum=%d",sum);
}
```

(3)下面程序的功能是在输入的一批正整数中求出最大者,输入0结束循环,请填空。

```
#include <stdio.h>
main()
{
    int a,max=0;
    scanf("%d",&a);
    while(a!=0)
    {
        if(max<a) max=a;
        (           );           /*填空*/
    }
    printf("%d",max);
}
```

5. 程序改错题

求满足 1!+2!+3!+…+n!<=50000 的最大正整数 n。

(1)main()
(2){int n;
(3)int fac=sum=1;
(4)for(n=2;;n++)
(5){ fac=fac*n;sum+=fac;
(6)if(sum>=50000) break;
(7)}
(8)if(sum==50000) printf("n=%d\n",n);
(9)else printf("n=%d\n",n-1);
(10)}

错误行_____改为_____。

6. 项目训练题

(1)输入一行字母,分别统计其中的英文字母、空格、数字和其他字符的个数。

(2)把一张100元人民币兑换成若干20元和10元人民币,要求两种面值各至少有1张,请编写程序统计并输出所有的兑换方法。

(3)已知 xyz+yzz=532,其中 x,y,z 都是数字,编写一个程序求出 x,y,z 分别代表什么数字。

(4) 编写程序打印如下图形：

```
      *
     * * *
    * * * * *
   * * * * * * *
    * * * * *
     * * *
      *
```

(5) 某个公司采用公用电话线传递数据，数据是四位的整数，在传递过程中是加密的。加密规则如下：每位数字都加上5，和该位的原始数求和，然后用得到的和除以10的余数代替该数字，再将第一位和第四位交换，第二位和第三位交换。若原文是3271，编程求加密后的密文，并输出。

项目 6 计算器高级版本的设计

6.1 项目目标

本项目在上一项目的基础上,完成一个高级版本的计算器项目。高级版本的计算器与简单版本的计算器最大的区别是将无参数无返回值的函数改为有参数有返回值的函数,计算器仍然具有以下七个功能:

(1)实现加、减、乘、除、求余运算。

(2)实现累加、求阶乘运算。

6.2 项目分析与设计

6.2.1 低版本计算器回顾

在项目 3~项目 5 中,使用无参数无返回值的函数编写了一个简单计算器程序,这让读者初步领略到了 C 语言解决问题的思路。

在简单计算器中,具体的做法是用不同的无参数无返回值函数分别实现单个的功能,然后在主函数中根据菜单的选择情况分别调用不同的函数来实现。每个函数的基本思路如下(以除法功能为例,只写出思路):

```
void divide()     /*除法函数的首部*/
{
    /*第一步:定义变量(用于输入运算数和保存结果)*/
    /*第二步:从键盘上输入两个运算数*/
    /*第三步:计算两个数的除法(要用 if 语句考虑除数为 0 的特殊情况)*/
    /*第四步:输出计算结果*/
}
```

其他功能也类似采用上述四步分别编写出来,即可得到一个简单的计算器程序。

6.2.2 高级版本计算器的功能分析

通过上述分析,我们发现,可以用一个无参数无返回值函数完成各种不同的操作,每种操作均可以(如果必要的话)输入数据、处理数据、输出数据。如果对任何情况都用无参数无返回值的函数来解决,似乎不太妥当。因此,在编写程序时,要根据实际情况利用不同的函数区别处理。

举个简单的例子:C 公司是一家大型公司,聘请了很多优秀的员工,m 是这家公司的最高领导,由它发出一切工作指令。只要 m 在位,则这家公司的所有员工都能够根据指令安排,按部就班完成各自的工作。但请读者思考一下:一家公司再强势,也不应该强迫所有员工自己准备办公场所并携带办公设备,当然也不应该允许所有的员工在完成自己的工作后随意向外界公布自己所做的一切。如果真是这样,恐怕这家公司的员工很快就会流失,即便不流失,公司的秘密也会暴露,从而使公司在竞争中处于不利境地。正常情况下应该是由公司为员工准备工作环境及办公设备,员工处理完自己的事情后,将结果汇报给其上级,由上级来决定如何进一步处理。

这里的 C 公司,可以比拟为一个 C 程序,每位员工即是一个函数。办公环境或办公设备是由公司为每位员工顺利工作准备的,它就是 C 程序中函数的参数;而将处理的结果汇报给上级,即是 C 程序中函数的返回值。

因此,在 C 程序中(其实,其他程序设计语言也类似)很多函数都遵循这样的工作原理:从外面接收一个或多个参数,根据算法规则,对参数进行相应处理后,将处理结果以某种形式返回。

当然,有些函数也会不严格遵循这个规则,比如,某些函数可能接收了领导给的参数,干完活后,却私自公布结果(员工这样干的后果可想而知)。

高级版本计算器具体功能模块如图 6-1 所示,和简单版本的计算器没有区别,但内部实现改为用有参数有返回值的函数来重新实现。

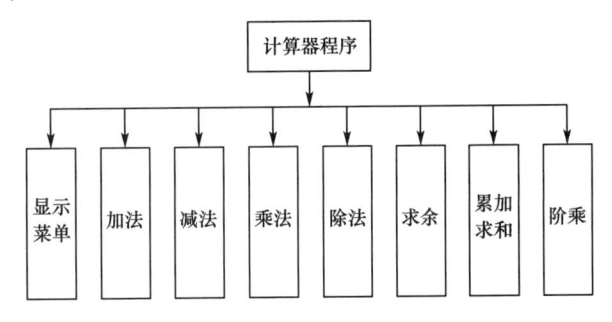

图 6-1　高级版本计算器功能模块

6.2.3　高级版本计算器函数原型设计

我们以加法模块为例,将其修改为用有参数有返回值的函数 newAdd 来实现,并在主函数中调用该函数。

任务描述:编写加法函数 newAdd,能够实现两个实型数据的加法。

任务要求:

(1)加数和被加数都要从外部接收(函数需要使用参数)。

(2)能够正确返回接收到的两个数的和。

要想用有参数有返回值的函数来实现加法功能,需要在程序中进行如下处理:

(1)首先声明一个有参数有返回值的函数的原型。

(2)编写这个函数的代码,它可以将传递过来的参数相加得到结果,并将结果返回。

(3)在 int main 函数中修改调用加法函数的代码,以完成加法调用。

以上三个解题步骤分别对应函数应用中的一个新知识,下面将一一介绍。

1. 声明一个有参数有返回值的函数的原型

在程序中,声明一个函数原型,实际上就是向本程序的所有函数公告某个函数需要什么样的参数才能正常工作,在完成它的正常工作后能够得到什么样的可报告给调用者的结果。

本项目中,假定加法针对两个实型数据来进行,因此,函数需要宣告:我需要两个实型数值才能进行加法。两个实型数相加后仍然得到实型值,因此,它又宣告:我工作完成后,可以返回一个实型数值。

C语言规定:参数其实也是某个函数可以处理的变量,参数要在函数的"()"间定义;返回值需要在函数名前用相应的数据类型表示。

声明一个有两个实型参数,能够返回一个实型值的函数的原型为"double newAdd(double num1,double num2);"。

以上声明形式宣告了 newAdd 函数有两个实型参数 num1 和 num2,同时,它还能够返回一个实型值。

2. 编写有参数有返回值函数的代码

前面已经讲到,无参数无返回值的函数的编写思路为:

(1)定义变量。

(2)输入需要的变量。

(3)处理相关变量。

(4)输出处理结果。

有参数有返回值的函数有下列特点:因为参数即是别的函数传递过来的要该函数处理的对象,因此,有参数有返回值函数通常是不需要输入变量的值(习惯上,要输入的变量被定义为参数了)。所以,只要是带参数的函数,(1)(2)两步通常省略,而在第(3)步中直接把参数当成已知量来处理。另外,有返回值的函数一般是不输出处理结果的,而是将结果用 return 语句返回。

return 语句的形式为:

return 结果表达式;

小结一下有参数有返回值函数的编写步骤:

(1)定义变量(不是指参数,而是指函数处理过程中需要用到的其他变量)。

本项目中,需要补定义一个求和变量 result:"double result;"。

(2)处理相关变量(参数可以直接使用)。

本项目中,利用参数计算和的处理为:"result=num1 + num2;"。

(3)用 return 语句返回处理结果(一般没有输出语句)。

本项目中,返回结果变量的形式为:"return result;"。

3. 调用有参数有返回值函数的代码

调用有参数有返回值函数相当于一个领导(主调函数)吩咐下属(被调函数)去完成他的工作。为了让领导与下属之间协作配合,领导需要为员工准备好必要的工作条件(准备好要传递参数的值),同时,还要准备听取下属完成工作后的汇报(接收返回值),然后再根据自己的职能,对汇报结果进行下一步处理(程序中通常是输出结果)。

因此,调用有参数有返回值函数的步骤通常如下:

(1)定义为输入被调用函数的参数的变量,并定义为接收被调用函数的返回值的变量。

本项目中,需要定义两个为输入被调用函数的参数的实型变量"double para1,double para2;",还需要定义一个接收被调用函数返回值的实型变量"double result;"。

(2)输入参数的值。

本项目中,输入变量 para1 和 para2 的值的语句为"scanf(″%lf%lf″,&para1,&para2);"。

（3）调用有参数有返回值函数。

本项目中，调用 newAdd 函数的形式为："result＝newAdd(para1,para2);"。

（4）处理返回结果。

本项目中，将加法的结果按照项目 1 中的样式输出在屏幕上，输出语句为"printf("%lf＋%lf＝%lf\n",para1,para2,result);"。

4. 算法设计

如图 6-2 所示为有参数有返回值的加法模块 newAdd 函数的 N-S 图。

定义实型变量 result
result＝num1＋num2
返回 result

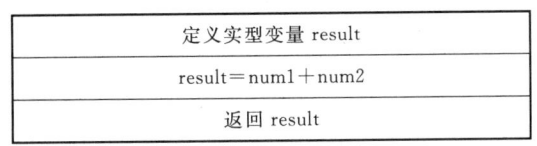

图 6-2　newAdd 函数的 N-S 图

5. 算法实现

```c
#include <stdio.h>                              //包含所需要的预编译头文件 stdio.h
double newAdd(double num1,double num2);         //声明有参数有返回值的加法函数
void displayMenu();                             //声明主菜单函数
int main()                                      //主函数(在项目 4 中主函数的基础上修改)
{
    double para1,para2;                         //定义两个实型变量，为传递参数做准备
    double result;                              //定义一个实型变量，为接收返回值做准备
    int select;                                 //定义菜单选项变量
    displayMenu();                              //调用主菜单函数显示主菜单
    printf("请输入菜单选项:");                  //输入菜单选项的语句
    scanf("%d",&select);                        //接收用户的选择
    switch(select)                              //根据输入的菜单选项，用 switch 语句判断
    {
        case 1:                                 //加法模块对应的 case 分支
            printf("请输入两个实数:");          //提示输入的语句
            scanf("%lf%lf",&para1,&para2);      //输入变量的值
            result=newAdd(para1,para2);         //调用有参数有返回值的加法函数，接收返回值
            printf("%lf+%lf=%lf\n",para1,para2,result);   //输出加法的结果表达式
            break;                              //加法分支结束
        /* case 2:                              //后续其他功能分支
        ... */
    }                                           //switch 语句结束
    return 0;                                   //main 函数结束
}
double newAdd(double num1,double num2)          //定义(编写)有参数有返回值的加法函数
{
    double result;                              //定义实型变量，用于保存和值
    result=num1+num2;                           //用＋运算计算和值，存储到 result 中
    return result;                              //返回计算结果
}
void displayMenu() {...}                        //displayMenu 函数的具体代码
```

6. 程序运行

程序在显示菜单后,输入 1,代表选择了加法模块,然后根据系统提示继续操作:
请输入两个数:12 34
12+34=46

其他功能模块的函数原型见表 6-1。

表 6-1　　　　　高级计算器各模块函数原型的说明及功能

序号	函数原型说明	功能说明
1	void displayMenu()	显示菜单
2	double newAdd(double num1,double num2)	加法运算
3	double newSub(double num1,double num2)	减法运算
4	double newDivide(double num1,double num2)	除法运算
5	double newMulti(double num1,double num2)	乘法运算
6	int newArith_Compliment(int num1,int num2)	求余运算
7	double addFromNToM(int n,int m)	累加运算
8	int newFactorial(int n)	阶乘运算

6.3　知识准备

6.3.1　函数定义和返回值

函数一般的定义格式为:
返回值的数据类型 函数名(数据类型 参数名1,数据类型 参数名2)
{
　　/* 函数的功能代码部分 */
　　/* 用 return 语句返回结果值 */
}

函数的定义与调用

在上面的定义格式中,函数名、参数名1、参数名2等是标识符,与我们前面学过的函数名和变量名的命名方法是一样的。

返回值的数据类型:即 int、float、double、char 等关键字,根据函数的具体功能及其要返回的数值的类型而定。

每个参数名前面的"数据类型"也是关键字。

要注意的一点是,"数据类型 参数名 1"或"数据类型 参数名 2"分别是一个参数的定义。(想一想,这与普通变量的定义格式是不是有点类似?)

另外,函数可以是一个参数,也可以是多个参数。上面的格式中,就描述了一个具有两个参数的"有参数有返回值函数"。

在函数中,返回结果值需要用 return 语句。return 语句的格式为:
return 表达式;

在 return 语句中,"表达式"通常是计算结果或由结果构成的表达式,当然也可以是我们想让函数返回的任意值(但要注意,表达式的值最好与返回值类型相匹配)。

【注意】 上面的函数定义中,每个参数相当于定义了一个特定的变量,由函数来使用,但与前面普通变量定义不同的是,参数通常不需要我们输入(或者赋值),而是在函数被调用时得到。因此,我们也通常把函数定义中的参数称为形式参数,意即只有在这个函数被调用时,该参数才会具有实际的值,否则只是形式上对参数的一种使用。

6.3.2 函数的调用

与函数定义类似,在调用函数时也需要考虑被调用的函数有无返回值及有无参数这两个问题。调用函数时,不需要考虑被调用函数能不能完成任务这种问题(这是基于一个假设,即所有函数功能代码都能够完成其设计功能),只需要根据函数的原型声明来写出调用语句即可。

1. 无返回值无参数的函数调用

例如:调用 6.3.3 节中的 fun1 函数,其调用语句为:

fun1();   /* 无返回值无参数的函数的调用语句 */

即不需要为调用无返回值无参数的函数做任何其他的额外准备,直接调用即可。

2. 无返回值有参数的函数调用

例如:调用 6.3.3 节中的 fun2 函数,其调用语句为:

fun2(c);   /* 无返回值有参数的函数的调用语句 */

由于 fun2 函数有一个参数,故在调用前需要额外准备一个与参数一样类型的变量 c,并要输入(或赋值)c,然后才能用上面的形式调用 fun2。

这里,变量 c 被称为"实际参数"。

3. 有返回值无参数的函数调用

例如:调用 6.3.3 节中的 fun3 函数,其调用语句为:

re=fun3();   /* 有返回值无参数的函数的调用语句 */

由于 fun3 函数有返回值,故在通常情况下,在调用前需要额外准备一个用来保存函数返回值的变量(如 re),然后才能用上面的形式调用 fun3。

4. 有返回值有参数的函数调用

例如:调用 6.3.3 节中的 fun4 函数,其调用语句为:

re2=fun4(dx,cy,iz); /* 有返回值有参数的函数的调用语句 */

由于 fun4 函数既有返回值又有三个参数,在调用前要先准备一个用来保存函数返回值的变量(如 re2),同时还要再定义三个变量,且这三个变量要分别与三个参数的类型一致(如 dx 是 double 类型,cy 是 char 类型,iz 是 int 类型),然后分别输入(或赋值)这三个变量,最后才能用上面的形式调用 fun4。

6.3.3 函数原型声明

在 C 语言程序中,函数的原型声明通常放在一个程序的最开头(当然也可以把一个程序所有的自编写函数的原型都在一个.h 头文件中声明,然后在程序中包含该头文件)。

声明自编写函数的原型是一种好的编程习惯。

函数的原型声明格式如下:

函数返回值类型 函数名([参数类型 参数名[,参数类型 参数名]]);

其中，函数返回值类型是 C 语言提供的数据类型或用户自定义的各种构造类型。函数名即是一个标识符。"[ ]"并不是函数声明的必要部分，在这里只是表示被其括住的内容是可选的，即函数参数可以没有，也可以有一个或多个。若没有函数参数，则函数原型的那对圆括号"( )"中就空着。若是有一个参数，则该参数必须由两部分组成，即参数的类型和参数名（标识符）。若是有多个参数，则每个参数都应该包含参数的类型和参数名这两部分，且参数之间用逗号","分隔。

根据函数声明时有无返回值及有无参数，可将函数分为四大类：

(1) 无返回值无参数的函数。

例如：void fun1( )；，返回值类型关键字为 void，表示函数 fun1 无返回值。圆括号"( )"中空着，表示函数 fun1 无参数。

(2) 无返回值有参数的函数。

例如：void fun2(char ch)；，返回值类型关键字为 void，表示函数 fun2 无返回值。圆括号"( )"中仅有一个"参数类型 参数名"的组合，故函数 fun2 只有一个参数，且该参数是 char 类型的。

(3) 有返回值无参数的函数。

例如：double fun3( )；，返回值类型为 double，表示函数 fun3 将返回一个 double 类型的值给调用它的函数。圆括号"( )"中空着，表示函数 fun3 无参数。

(4) 有返回值有参数的函数。

例如：int fun4(double x,char y,int z)；，返回值类型为 int，表示函数 fun4 将返回一个 int 类型的值给调用它的函数。圆括号"( )"中有三个"参数类型 参数名"的组合，故函数 fun4 有三个参数，且第一个参数是 double 类型，第二个参数是 char 类型，第三个参数是 int 类型。每两个参数之间必须用一个逗号","来分隔。

虽然说函数有上述四种不同的组合类型，但在实际编写函数代码及调用函数时，只需要我们考虑两点：一是有无返回值，二是有无参数。

6.3.4 函数举例

1. 无返回值无参数函数举例

【例 6.1】 编写一个无返回值无参数函数，并在主函数中调用它。函数的功能为：求三个整数的平均值，并在屏幕上输出。

程序思路：

由于是使用无返回值无参数的函数，故函数原型可声明为：

　　void average1( )；

程序代码如下：

```
#include <stdio.h>
void average1();              /*声明无返回值无参数的求平均值函数*/
main()
{
    average1();               /*直接调用无返回值无参数的函数，无须额外准备*/
}
void average1()               /*average1 函数的定义*/
```

```
{
    int x,y,z;                          /*定义保存三个整数的变量*/
    printf("请输入三个整数(用空格分隔):");
    scanf("%d%d%d",&x,&y,&z);           /*输入三个整数*/
    printf("平均值为:%lf\n",(x+y+z) / 3.0);  /*计算并输出平均值*/
}
```

程序说明:

(1)由于是无返回值无参数的函数,故在average1函数中,只需要按照顺序结构程序设计的过程(定义变量,输入变量,计算结果,输出结果)编写完函数代码即可。

(2)在main函数中调用average1时,无须额外的调用前准备。

运行结果如图6-3所示。

```
请输入三个整数(用空格分隔): 5 3 8
平均值为: 5.333333
Press any key to continue_
```

图6-3 例6.1的运行结果

2. 无返回值有参数函数举例

【例6.2】 编写一个无返回值有参数的函数,并在主函数中调用它。函数的功能为:根据传递过来的三个整数,计算并输出它们的平均值。

程序思路:

由于是无返回值有参数的函数,故函数原型可声明为:

```
void average2(int x,int y,int z);
```

在main函数中要调用average2函数,需要提前为它准备好三个整数变量,并给它们输入值,然后才能调用。

程序代码如下:

```
#include <stdio.h>
void average2(int x,int y,int z);       /*声明无返回值有三个参数的求平均值函数*/
main()
{
    int a,b,c;                          /*定义三个整型变量(为调用average2做准备)*/
    printf("请输入三个整数(用空格分隔):");
    scanf("%d%d%d",&a,&b,&c);           /*输入三个整数(为调用average2做准备)*/
    average2(a,b,c);  /*调用average2函数,并将三个整型变量的值传递给三个形参*/
}
void average2(int x,int y,int z)        /*average2函数的定义*/
{
    printf("平均值为:%lf\n",(x+y+z) / 3.0);   /*直接引用参数求平均值,并输出*/
}
```

程序说明:

(1)由于average2是无返回值有参数的函数,故其参数在average2内不需要输入,直接引用即可(因为参数的值是在average2被调用时由main函数传递过来的,只要调用格式正确,参数就一定会有相应的值)。

(2) 在 main 函数中,要调用 average2,就要先为其准备好三个变量的值,故需要先定义三个整型变量且给它们输入值,然后才能调用 average2。

运行结果如图 6-4 所示。

图 6-4　例 6.2 的运行结果

3. 有返回值无参数函数举例

【例 6.3】　编写一个有返回值无参数的函数,并在主函数中调用它。函数的功能为:输入三个整数,计算它们的平均值,并将计算结果返回给调用它的函数。

程序思路:

由于是要声明为有返回值无参数的函数,故函数原型声明为:

double average3();

函数无参数,所以需要在 average3 内先输入三个整数,然后才可能进行平均值的计算。

程序代码如下:

```
#include <stdio.h>
double average3();                /*声明有返回值无参数的求平均值的函数*/
main()
{
    double result;                /*定义一个与 average3 返回值类型一致的变量
                                    (为调用 average3 做准备)*/
    result=average3();            /*调用 average3,并将函数的返回值赋值给变量 result*/
    printf("平均值为:%lf\n",result);  /*输出从 average3 函数得到的平均值*/
}
double average3()                 /*average3 函数的定义*/
{
    int x,y,z;                    /*定义三个整型变量*/
    printf("请输入三个整数(用空格分隔):");
    scanf("%d%d%d",&x,&y,&z);     /*输入三个整数*/
    return (x+y+z)/3.0 ;          /*求三个数的平均值,并返回该值*/
}
```

程序说明:

(1) 由于 average3 是一个无参数的函数,故它用来计算平均值的三个变量需要自己定义并从键盘上输入值。

(2) 由于 average3 是一个有返回值的函数,故在计算出平均值后,需要用 return 语句将计算后的表达式结果返回给主调函数(本例中是 main 函数)。

(3) 在 main 函数中,由于 average3 是有返回值无参数的函数,故只需要准备一个与 average3 返回值类型一致的变量来保存其返回结果就行,不需要准备参数。

运行结果如图 6-5 所示。

图 6-5 例 6.3 的运行结果

4. 有返回值有参数函数举例

【例 6.4】 编写一个有返回值有参数的函数,并在主函数中调用它。函数的功能为:根据传递过来的三个整型数据计算其平均值,并将计算结果返回给主调函数。

程序思路:

由于要定义为有返回值有参数的函数,故函数原型可声明为:

double average4(int x,int y,int z);

在 average4 函数中,直接引用参数计算平均值,然后用 return 语句返回即可。

程序代码如下:

```c
#include <stdio.h>
double average4(int x,int y,int z);        /*声明有返回值有参数的求平均值函数*/

main()
{
    int a,b,c;                             /*定义三个整型变量(为调用 average4 做准备)*/
    double result;                         /*定义保存返回值的变量(为调用 average4 做准备)*/
    printf("请输入三个整数(用空格分隔):");
    scanf("%d%d%d",&a,&b,&c);              /*输入三个整数(为调用 average4 做准备)*/
    result=average4(a,b,c);                /*调用 average4 函数,将三个整型变量的值传递给三个形
                                              参,并把函数的返回值赋值给 result 变量*/
    printf("平均值为:%lf\n",result);        /*输出 average4 函数得到的平均值*/
}
double average4(int x,int y,int z)         /*average4 函数的定义*/
{
    return (x+y+z)/3.0;                    /*计算并返回平均值*/
}
```

程序说明:

(1)在 average4 函数中,直接引用参数来计算三个数的平均值,并用 return 语句将计算后的平均值返回给主调函数。

(2)在 main 函数中,为了调用 average4 函数,必须先为其三个参数准备好值,故需要先定义三个整型变量,再给它们输入值。

(3)另外,在 main 函数中,为了调用 average4 函数,还需要为其准备一个与返回值类型一致的变量,用来保存函数的返回值。

(4)调用函数 average4 获得了返回值并赋值给变量 result 后,将 result 输出到屏幕上以确定计算结果是否正确。

运行结果如图 6-6 所示。

图 6-6　例 6.4 的运行结果

6.3.5　递归函数

C 语言中，main 函数可以调用其他函数，其他函数相互之间也可以调用。有时候函数还可以自己调用自己，这类函数称为递归函数。

递归函数通常用来解决可以用数学递推公式或逻辑递推出来的问题。递归函数中必须有一个递归终止的条件。

函数的嵌套调用

【例 6.5】　用递归函数来求 n!。

程序思路：

由于 n!=n*(n−1)!，因此，若要求 n!，可以先求(n−1)!，要求(n−1)!，又要先求(n−2)!，……，最后递推到必须先求出 1!，才可以得出其他的阶乘。因此，n=1 就是这个递归函数的终止条件。

其递推公式为：

$$n! = \begin{cases} n*(n-1) & (n>1) \\ 1 & (n=1) \end{cases}$$

函数原型可以声明为：

long fac(int n);

程序代码如下：

```
#include <stdio.h>
long fac(int n);
main()
{
    long f;                   /*定义保存阶乘结果的变量*/
    int n;                    /*定义变量 n,以备求 n! */
    printf("请输入一个整数 n:");
    scanf("%d",&n);
    f=fac(n);                 /*调用函数 fac 求 n! */
    printf("%d! = %ld\n",n,f); /*输出结果*/
}
long fac(int n)
{
    if(n==1)                  /*递归函数的结束条件*/
        {return 1;}
    else    /*不是终止条件,则按递推公式继续调用递归函数 fac*/
```

```
    {return n * fac(n-1);}
}
```

程序说明：

当 n=5 时，fac 函数的递归调用过程如图 6-7 所示。

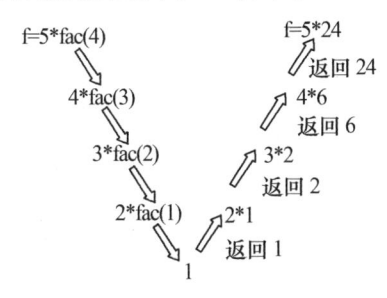

图 6-7 求 n! 递归函数的调用及返回过程

运行结果如图 6-8 所示。

图 6-8 例 6.5 的运行结果

【例 6.6】 编写递归函数，求 fibonacci 数列的第 n 项的值。

程序思路：

先弄清楚 fibonacci 数列的数学递推公式：

$$fib(n) = \begin{cases} fib(n-1) + fib(n-2) & (n \geq 3) \\ 1 & (n=1 \text{ 或 } n=2) \end{cases}$$

根据递推公式，可将函数声明为：int fib(int n);

程序代码如下：

```
#include <stdio.h>
int fib(int n);
main()
{
    int n;
    int result;                         /* 保存 fibonacci 数列第 n 项的值 */
    printf("请输入一个整数 n:\n");
    scanf("%d",&n);
    result=fib(n);                      /* 调用 fib 函数求 fibonacci 数列的第 n 项 */
    printf("fib(%d)=%d\n",n,result);    /* 输出第 n 项的值 */
}
int fib(int n)
{
    if(n==1 || n==2)                    /* 递归终止条件 */
        {return 1;}
```

```
        else    /*运用递归公式,调用递归函数计算前一项的值*/
        {return fib(n-1)+fib(n-2);}
}
```

程序说明:

本例仍然是根据数学递推公式来进行递归函数的编写。

运行结果如图 6-9 所示。

```
请输入一个整数n:
15
fib( 15 ) = 610
Press any key to continue
```

图 6-9   例 6.6 的运行结果

一般情况下,能够用数学递推公式推导出来的问题都可以用循环来解决,并且用循环解决问题时耗费的资源较少且运行速度更快,以上所举例子只是为了说明一个递归函数的编写方法。但有的逻辑推理问题只能用递归问题求解。例如汉诺(Hanoi)塔问题。

汉诺塔(Tower of Hanoi)是一个流传在 Brahma 庙内的游戏,庙内的和尚相信完成这个游戏是一件不可能的任务。汉诺塔问题描述:有三根木桩,共有 n(如图 6-10 所示,n=4)个盘子套放在 A 木桩上,汉诺塔问题是将盘子从木桩 A 移到木桩 C,同时符合以下规定:

(1)每次只能移动一个盘子,而且只能从最上面的盘子搬动。

(2)任何盘子可以搬到任何一根木桩上。

(3)必须维持每根木桩上盘子的大小是由上而下依次递增。

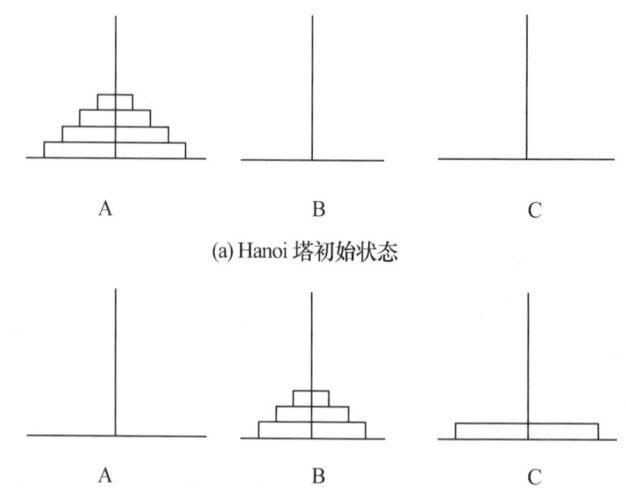

(a)Hanoi 塔初始状态

(b)借助木桩 B 移动上面的 3 个盘子,第 4 个盘子直接移动到 C 上

图 6-10   Hanoi 塔问题

【例 6.7】 用递归函数来求解汉诺塔问题。

程序思路:

要将 A 木桩上的 n 个盘子移放到 C 木桩上,则需要先将上面的 n-1 个盘子移到木桩 B 上,然后把最后一个盘子移到木桩 C 上即可(这个过程需要借助木桩 B 来完成)。而要把 n-1

个盘子从 A 木桩上移到 B 木桩上,又要借助于 C 木桩先将上面的 n－2 个盘子移到 C 木桩上。这就要使用递归来实现。

函数声明为:void hanoi(int dishs, char peg1, char peg2, char peg3);

其中参数 dishs 表示盘子的个数,后三个参数分别表示在某一步中,要将 dishs 个盘子从 peg1 上移动到 peg3 上,要借助于 peg2 来先移动上面的 dishs－1 个盘子。

程序代码如下:

```c
#include <stdio.h>
void hanoi(int dishs,char peg1,char peg2,char peg3);
main()
{
    int n;
    printf("请输入 Hanoi 塔的盘子个数:");
    scanf("%d",&n);
    hanoi(n,'A','B','C');          /*将 n 个盘子从 A 木桩移到 C 木桩(要借助 B 木桩)*/
}
void hanoi(int dishs,char peg1,char peg2,char peg3)
{
    if(dishs==1)                   /*如果仅剩下一个盘子*/
    {   /*则直接将盘子从 peg1 上移动到 peg3 上*/
        printf("盘子从%c 移动到 %c \n",peg1,peg3);
    }
    else                           /*否则,如果有多个盘子*/
    {
        hanoi(dishs-1,peg1,peg3,peg2); /*①先借助 peg3 把 dishs-1 个盘子从 peg1 上移到 peg2 上*/
        printf("盘子从%c 移动到 %c \n",peg1,peg3); /*②把最后一个盘子直接从 peg1 上移到 peg3 上*/
        hanoi(dishs-1,peg2,peg1,peg3); /*③再借助 peg1 把 dishs-1 个盘子从 peg2 上移到 peg3 上*/
    }
}
```

程序运行结果如图 6-11 所示。

图 6-11 例 6.7 中 4 阶 Hanoi 塔的移动过程

程序说明:

(1)程序中关键的语句为 else 语句中的①②③处,如图 6-10(b)中所示,它是先将 3(4−1)个盘子借助于 C 移到 B 上,然后执行②。接下来要将 3 个(B 上的)盘子借助于 A 移动到 C 上才算全部移完。

(2)3 个盘子的移动又可以类似于上面 4 个盘子的移动方法。

6.3.6 变量的作用域和存储类别

在一个程序中可能会有很多变量,这些变量根据其在文件中定义的位置,可分为内部变量和外部变量。如果在变量声明前加上说明符,还能进一步说明其是动态存储变量还是静态存储变量。

1. 内部变量和外部变量

C 语言中规定,变量必须先定义,然后才可以引用。变量可以定义在函数内部、复合语句内部,也可以定义在函数外部。如果某变量定义在函数内部或复合语句内部,则称该变量为"内部变量",也称"局部变量";如果某变量定义在所有函数的外部,则称该变量为"外部变量",也称"全局变量"。前面各项目我们所涉及的变量均是内部变量。

【例 6.8】 编写一个使用内部变量和外部变量的程序。

程序代码如下:

```
1    #include <stdio.h>
2    int m=5,n=6;            /*m、n 定义在所有函数外部,是外部变量*/
3
4    main()
5    {
6        int m=2,k=0;        /*定义了两个 main 函数的内部变量 m 和 k*/
7                            /*m 与外部变量重名,在 main 函数内部外部变量 m 即被屏蔽了*/
8
9        k=m+n;              /*内部变量 m 与外部变量 n 的和赋值给内部变量 k*/
10       printf("内部变量 k=%d\n",k);
11       {
12           int m=1,n=2;    /*定义在复合语句中的内部变量*/
13
14           k=m+n;          /*复合语句中的内部变量相加*/
15           printf("复合语句中输出内部变量 k=%d\n",k);
16       }
17       k=m+n;              /*退出复合语句后,内部变量 m 与外部变量 n 相加*/
18       printf("退出复合语句后内部变量 k=%d\n",k);
19   }
```

程序运行结果如图 6-12 所示。

程序说明:

(1)一开始在函数的外部定义了两个变量 m 和 n(外部变量),它们从定义的位置开始,到程序的结束为止,一直占有存储单元。从定义位置后开始的所有函数均可引用这两个变量(若某个函数内部又定义了重名的变量 m 或 n,则在这个函数内部,m 或 n 引用的是内部的,而不是外部的)。

```
内部变量k=8
复合语句中输出内部变量k=3
退出复合语句后内部变量k=8
Press any key to continue
```

图 6-12 例 6.8 的运行结果

(2) 在 main 函数内部一开始定义了内部变量 m 和 k,这两个变量从定义位置开始,直到 main 函数结束一直占有存储单元(其中 m 与外部变量的 m 占有的存储单元是不同的)。这个 m 和 k 的可引用范围是 main 内部,但不包括与它们重名的复合语句内部。

(3) 在复合语句内部,定义两个内部变量 m 和 n,它们的作用范围是本复合语句内部。在这个区域内 m 会屏蔽 main 中的内部变量 m 及 main 函数的外部变量 m。n 会屏蔽外部变量 n。

(4) 退出复合语句后,其内部定义的 m 和 n 变量失效,此时再引用 m 则又是引用 main 函数中的内部变量 m,再引用 n 则又是引用外部变量 n。

从上面的分析可以看出:

(1) 外部变量 m 的有效区域是 2~19 行,但因为 main 函数内部定义了与之同名的变量 m,故外部变量 m 的实际有效区域不包括 6~19 行(或者说因为重名变量的关系,外部变量在整个 main 函数内是无效的)。外部变量 n 的有效区域是 2~19 行,但因为在复合语句中定义了重名变量 n,故外部变量 n 在 12~16 行是无效的。

(2) main 中的内部变量 k 的有效区域是 6~19 行。main 中的内部变量 m 的有效区域是 6~19 行,但因为在复合语句中定义了重名变量,故内部变量 m 在 12~16 行是无效的。

(3) 复合语句中的内部变量 m 和 n,只在 12~16 行有效,且在 12~16 行间会使之前定义的同名变量 m 和 n 均失效。从 17 行开始,复合语句中的内部变量 m 和 n 均失效。

2. 动态存储变量和静态存储变量

"动态存储变量"指那些当包含该变量的函数被调用时,才给变量分配内存单元,当函数调用结束后,又立即释放其占有的内存单元的变量,又称"自动类变量"。"静态存储变量"则是指在整个程序运行期间一直占有着固定内存单元的变量。

动态存储变量在变量的声明前加"auto"关键字来修饰(auto 关键字可以省略不写);静态存储变量则在变量的声明前加"static"关键字来修饰。

【例 6.9】 编写使用动态存储变量和静态存储变量的程序。

程序代码如下:

```
#include <stdio.h>
void func();              /*定义一个函数来应用动态存储变量和静态存储变量*/
main()
{
    int m=0,i;
    for(i=0;i<3;i++)      /*三次调用*/
    {
        func();
    }
```

```
void func()
{
    auto   int a=1;        /*定义动态存储变量a(与int a=1效果一样)*/
    static int b=2;        /*定义静态存储变量b*/
    a+=3;
    b+=3;
    printf("a=%d,b=%d\n",a,b);
}
```

程序运行结果如图 6-13 所示。

```
a= 4, b= 5
a= 4, b= 8
a= 4, b= 11
Press any key to continue_
```

图 6-13　例 6.9 的运行结果

程序说明：

（1）main 函数中总共调用了三次 func 函数，但三次的输出结果却各不相同。

（2）观察图 6-13 中的输出结果，我们发现，每次调用 func 函数后，a 的值是一样的，均为 4。这是因为 a 定义为动态存储变量，当 func 函数被调用时，a 被分配一个单元，当 func 函数调用结束后，分配给 a 的单元就被释放了。因此，每次调用 func 函数时，a 都会被重新分配单元，并赋值为 1，然后再进行增 3 的运算。所以每次输出 a 的值均为 4。

（3）b 的值却越来越大。这是因为 b 被定义为静态存储变量，它是在程序编译时就分配好了一个固定的存储单元，并且在整个程序运行期间一直占据这个固定单元，不会被释放，直到程序运行结束才被释放。由于每次调用函数 func 时，b 均未被释放，因此，第一次调用时，b 的初始值为 2，增 3 后变为 5，故第一次输出 b 的值为 5。第二次再调用 func 函数时，b 的存储单元并未释放，因此，其初值保留为第一次调用后的结果（5），再做增 3 的运算，得到 b 的值为 8，因此第二次调用输出 b 的值是 8。第三次调用时，b 的初值保留为第二次调用的结果（8），故增 3 后得 b 值为 11。

关于动态存储变量和静态存储变量的分析结论：

（1）动态存储变量（用 auto 修饰，也可以省略）在其所在函数被调用时，才会被分配内存单元，当其所在的函数调用结束后，动态存储变量即被释放。

（2）静态存储变量（用 static 修饰，不可省略）在程序编译时被分配内存单元并赋初始值，并且静态存储变量整个程序运行期间其所占据的内存单元不会被释放。这就导致一种后果，即：若多次调用包含静态存储变量的函数，则后一次调用时，静态存储变量的初值是上一次调用结束前该变量的计算值（如例 6.9 中的变量 b，三次调用其初始值分别是 2（编译时赋的）、5（第一次调用函数后计算到的）、8（第二次调用函数后计算到的））。

（3）静态存储变量若未被显式赋初始值，则系统会自动为其赋初始值 0。

3. 变量的其他存储类别

除了 auto 和 static 存储类别的变量外，还有另外两类存储类别，即 extern 和 register 变量。

extern 说明符修饰的变量是外部变量,它只是说明变量是在外部定义的,并不真正定义变量。

【例 6.10】 编写一个用 extern 说明变量的程序。

程序代码如下:

```
#include <stdio.h>
void func();
main()
{
    extern  int a;            /*说明 a 是在外部定义的变量,本函数只是要用到它*/
    printf("初始时 a=%d\n",a);
    func();                   /*调用 func 函数修改外部变量 a 的值*/
    printf("修改后 a=%d\n",a);
}
void func()
{
    extern  int a;            /*说明 a 是在外面定义的变量,本函数也要使用到它*/
    ++a;                      /*修改外部变量 a 的值*/
}
int a=15;                     /*真正定义(外部)变量 a,并赋初值*/
```

程序运行结果如图 6-14 所示。

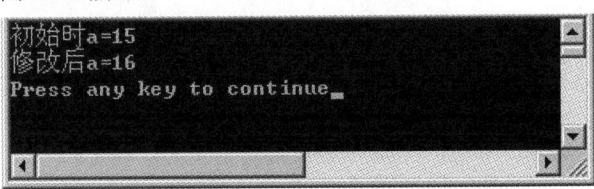

图 6-14 例 6.10 的运行结果

程序说明:

(1)本程序中,将变量 a 定义在所有函数之后,故变量 a 是外部变量,但对于变量 a 的使用却要发生在变量定义之前。C 语言规定,若是外部变量使用在前,定义在后,可在其使用位置用 extern 来说明该变量。在本程序中,main 函数和 func 函数中都需要使用变量 a,但变量 a 的定义却在所有函数之后,因此在使用时均用到 extern 来说明变量 a。

(2)extern 说明变量时只是声明本函数要使用的是外部变量,它并不真正定义一个新的变量,因此,也就不会为变量重新开辟内存空间。

register 修饰的变量是寄存器变量。寄存器变量的值保存在 CPU 的寄存器中,访问速度比普通内存变量快,因此对频繁使用的变量适合用 register 进行说明。

【例 6.11】 编写一个用 register 说明变量的程序。

程序代码如下:

```
#include <stdio.h>
void registerPrint(register int n);    /*形参 n 定义为寄存器变量*/
main()
{
    int x=10000;
```

```
        registerPrint(x);
    }
    void registerPrint(register int n)
    {
        while(n>0)
        {
            printf("%d ",n--);
        }
    }
```

程序说明:

(1) register 说明的变量是向系统申请将其驻留在 CPU 的寄存器中,由于寄存器数量有限,系统不一定会将所有用 register 说明的变量都保留在寄存器中。当 CPU 中没有足够寄存器时,系统会自动把其认为不适合存放在寄存器中的变量按 auto 变量来处理。

(2) 寄存器变量的使用与 auto 变量完全一样,只是寄存器变量没有地址,不能在其前用取地址符,例如,在本例中,&n 是错误的使用形式。

程序运行结果(部分)如图 6-15 所示。

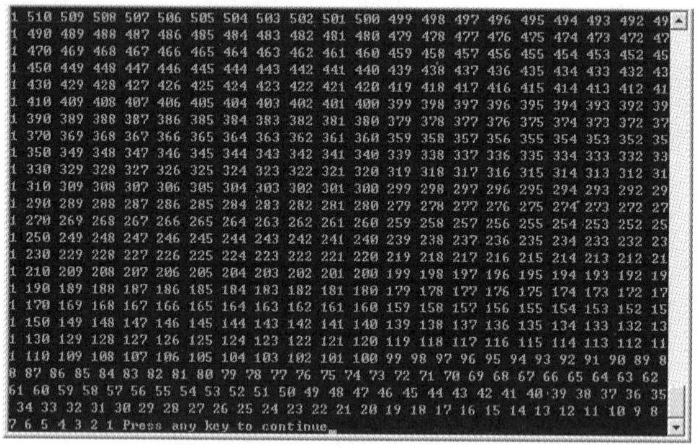

图 6-15 例 6.11 的运行结果(部分)

6.4 项目实现

6.4.1 典型函数功能的实现

接下来,将用几个函数分别编写出加法、除法和累加的功能代码。全部功能函数的代码将在后续项目中给出。

1. 编写加法函数代码

加法需要有两个运算数来参与,相加后将得到一个结果,假设所有的数据都为 double 类型,则可将加法函数定义为如下形式:

【例 6.12】 加法函数的代码。

```
double newAdd( double num1, double num2)
{ /*加法函数的定义,num1,num2 作为加法的两个运算数,都定义为 double 型*/
    double result;              /*再定义一个用来保存加法结果的变量*/
```

```
        result = num1 + num2;        /*不需要输入两个参数的值,直接将两个参数进行加运算*/
        return result;                /*使用return语句返回结果值*/
}
```

2. 编写除法函数代码

除法也是需要两个运算数,得到一个相除后的结果,同时我们还需要考虑除数是否为 0 的特殊情况,同样我们也把所有的数据都为 double 类型。

【例 6.13】 除法函数的代码。

```
double newDivide( double num1, double num2)
{ /*除法函数的定义,num1,num2 作为除法的两个运算数,都定义为 double 型*/
        double result;                /*再定义一个用来保存除法结果的变量*/
        if ( fabs( num2-0 )<1e-6 )    /*判断除数 num2 是否为 0。可否用 num2==0 做条件?*/
        {                             /*如果为 0,则提示除数为 0 的错误*/
                printf("错误:除数为 0! \n");
        }
        else                          /*除数不为 0,才可以计算相除的结果*/
        {
                result = num1 / num2;  /*直接将两个参数进行除运算*/
                return result;         /*使用return语句返回结果值*/
        }
}
```

3. 编写累加函数代码

我们要实现的累加功能是从 n 累加到 m(n<m),如求 50+51+52+53+…+121 的值,因此需要两个参数,即 n 和 m,得到的累加结果将被返回。由于都是整型数据,因此参数都定义为 int 类型,为保证累加后结果不溢出,将返回值用更大的数据类型来表示,我们选择 double 类型。

【例 6.14】 累加函数的代码。

```
double addFromNToM( int n, int m)
{
        double result=0.0;            /*保存结果的变量,并赋初值 0.0*/
        int tmp;                      /*用来交换的临时变量*/
        int index;                    /*定义一个从 n 变化到 m 的循环变量*/
                                      /*先确保 n<m*/
        if (n > m)                    /*如果 n 不是小于 m,则将它们交换*/
        {
                tmp = n; n = m; m = tmp;
        }
                                      /*从 n 累加到 m*/
        for( index = n; index<= m; index++)
        {
                result += index;      /*累加每个值到结果变量中*/
        }
        return result;                /*返回累加后的结果*/
}
```

其他几个功能的函数代码与上面的类似,我们将在后续项目中直接给出。

6.4.2　计算器高级版本的部分实现

在本节中,将展示一个计算器的完整的执行流程,并给出部分功能函数定义及调用的代码,其他函数的相关代码则需要读者自己参照我们给出的代码来完成,并在计算机上调试通过。

在本例中,只给出加法、除法、从 n 累加到 m 这三个函数的定义和调用代码。

计算器部分代码如下:

【例 6.15】 加法、除法、累加三个函数的调用示例。

```c
/***************************************************
 *   功能:这是利用一个带参数有返回值函数实现的计算器程序,  *
 *        目前只实现了加法、除法和从 n 到 m 的累加功能       *
 *        读者可以在本程序中添加许多其他的功能             *
 ***************************************************/
#include <stdio.h>          /*为了能够调用标准输入输出函数*/
#include <math.h>           /*为了能够调用某些数学函数*/
/*各函数的声明区*/
void displayMenu();                              /*主菜单函数*/
double newAdd( double num1, double num2 );       /*加法函数*/
double newDivide( double num1, double num2);     /*除法函数*/
double addFromNToM( int n, int m );              /*从 n 累加到 m 的函数*/
/*此处再继续声明其他功能函数(需要读者自己补全)*/
/* main 函数定义区*/
main()
{
    /*定义相关变量(定义变量要放在函数最前面)*/
    double para1, para2;      /*用作加法和除法的参数值准备*/
    int toN, toM;             /*用来给累加函数的 n 和 m 两个参数准备值*/
    double result;            /*可用来保存加法、除法、累加函数的返回值*/
    int item;                 /*用于保存用户在菜单中选择的菜单项*/
    /*计算器程序的主要执行流程*/
    while( 1 )                /*一直重复执行下面的代码,直到用户选择 0 才退出*/
    {
        displayMenu();        /*显示计算器的主菜单,便于用户选择功能*/
        printf("请选择一项功能:");
        scanf("%d", &item);   /*选择后存储到 item 变量中*/

        switch( item )        /*对用户的选择进行判断,以调用不同的函数*/
        {
            case 1 :                          /*加法函数的调用*/
                printf("请输入两个加数:");
                scanf("%lf%lf", &para1, &para2);
                result = newAdd( para1, para2 );   /*调用加法函数*/
                printf(" %lf + %lf 结果为:%lf\n", para1, para2, result );
                break;                        /*加法分支处理完毕*/
```

```c
        case 2 :                             /*除法功能的调用*/
            printf("请输入被除数和除数:");
            scanf("%lf%lf", &para1, &para2);
            result = newDivide( para1, para2 );   /*调用除法函数*/
            printf(" %lf / %lf 结果为:%lf\n", para1, para2, result );
            break;                            /*除法分支处理完毕*/
        case 3 :                              /*从 n 累加到 m 函数的调用*/
            printf("请输入整数 n 和 m(n<m):");
            scanf("%d%d", &toN, &toM);
            result = addFromNToM( toN, toM );  /*调用累加函数*/
            printf(" %ld 到%ld 累加结果为:%lf\n", toN1, toM2, result );
            break;                            /*累加分支处理完毕*/
        case 4 :                              /*减法函数的调用*/
                                              /*减法函数调用的详细代码(请自行补充完整)*/
            break;   /*减法分支处理完毕*/
            /*…其他功能的 case 分支(请自行补充完整)*/
        case 0 :                              /*退出计算器*/
            exit( 0 );   /*通过系统函数 exit 结束程序的运行*/
        default :                             /*默认分支(可以用作选择错误选项的处理分支)*/
            printf("您输入的选项有误,重新输入\n");
        }                                     /*end of switch*/
        while ( getchar( ) != "\n");  /*清除错误的输入内容*/
    }                                         /*end of while*/
}                                             /*end of main function*/
/*各功能函数定义区*/
/*加法函数定义*/
double newAdd( double num1, double num2)
{   /*加法函数的定义,num1,num2 作为加法的两个运算数,都定义为 double 型*/
    double result;                   /*再定义一个用来保存加法结果的变量*/
                                     /*不需要输入两个参数的值*/
    result = num1 + num2;            /*直接将两个参数进行加运算*/
    return result;                   /*使用 return 语句返回结果值*/
}
/*除法函数定义*/
double newDivide( double num1, double num2)
{   /*除法函数的定义,num1,num2 作为除法的两个运算数,都定义为 double 型*/
    double result;                   /*再定义一个用来保存除法结果的变量*/
                                     /*不需要输入两个参数的值*/
    if ( fabs( num2-0 )<1e-6 )       /*判断除数 num2 是否为 0*/
    {                                /*如果为 0,则提示除数为 0 的错误*/
        printf("错误:除数为 0! \n")
    }
    else                             /*除数不为 0,才可以计算相除的结果*/
    {
        result = num1 / num2;        /*直接将两个参数进行除运算*/
```

```c
        return  result;              /*使用return语句返回结果值*/
    }
}

/*从n累加到m的函数定义*/
double addFromNToM( int n, int m)
{
    double result=0.0;                /*保存结果的变量,并赋初值0.0*/
    int  tmp;                         /*用来交换的临时变量*/
    int  index;                       /*定义一个从n变化到m的循环变量*/

    /*先确保n<m*/
    if(n>m)                           /*如果n不是小于m,则将它们交换*/
    {
        tmp=n;n=m;m=tmp;
    }
    /*从n累加到m*/
    for( index = n; index<= m; index++)
    {
        result += index;              /*累加每个值到结果变量中*/
    }
    return  result;                   /*返回累加后的结果*/
}
/*主菜单函数定义*/
void  displayMenu( )
{
    printf("=====计算器程序主菜单====\n");
    printf("|     1     加法              |\n");
    printf("|     2     除法              |\n");
    printf("|     3     从n到m累加        \n");
    printf("|     4     减法              |\n");
    /*…其他功能的菜单项(请自己补充)*/
    printf("|     0     退出              |\n");
    printf("==================  \n");
}
/*其他功能函数定义(需要读者补充完成)*/
```

6.5　项目小结

　　函数是完成某个独立功能的一段代码。C语言中函数是相互独立的,函数之间可以根据需要相互调用,主函数是程序的控制中枢。

　　函数根据有无参数、有无返回值,共分为四种不同类型。分别为:无参数无返回值、无参数有返回值、有参数无返回值和有参数有返回值类型。编写函数时,若有参数,则参数不需要重新输入,直接引用即可;若有返回值,则需要用return语句来返回一个(表达式的)值。

调用函数时需要清楚函数的功能及函数的原型,根据函数原型来决定调用形式。如果函数原型中有参数,则需要在调用前准备好各项参数的值(输入或赋值),若函数有返回值,则还需要在调用前准备好如何保存该返回值。

变量存储类别及变量的生命周期能够帮助我们更好地理解程序中的变量,有利于我们根据实际需要来使用不同类别的变量。

习题6

1. 填空题

(1)只在函数内部定义和访问的变量(包括参数)称为_____变量。

(2)C语言中,函数首部用关键字_____来说明某函数无返回值。

(3)C语言中,存储类型说明符有_____、_____、_____和_____。

(4)C语言中,存储类型说明符_____说明的变量省略掉存储类型说明符后,效果一样。

(5)在C语言中,被调函数用_____语句将表达式的值返回给调用函数。

(6)直接(或间接)调用自己的函数是_____函数。

(7)若有函数原型声明形式为:"void f1();",则它是一个_____类型的函数。

(8)若有函数原型声明形式为:"double fun(int n,int m);",则它是一个_____类型的函数,该函数共有_____个参数。

(9)请说明下面程序代码中各变量的作用域、生存周期及程序的功能。

```
#include <stdio.h>
double fac(int n);
main()
{
    double s=0.0;
    int i;
    for(i=1; i<=5; i++)
    {s+=fac(i);}
    printf("s=%lf\n",s);
}
double fac(int n)
{
    static double f=1.0;
    f *=n;
    return f;
}
```

(10) 请说明下面程序代码中各变量的作用域、生存周期。

```
#include <stdio.h>
int a=3,b=6;
int func(int a,int b)
{
    b+=a;
```

```
        a=b+3;
        return b;
}
main()
{
        int b=8,c;
        c=func(a,b);
        printf("%d,%d,%d\n",a,b,c);
}
```

(11) 下面程序在执行时输入 10,则输出结果是_____。

```
#include <stdio.h>
void func(int n);
main()
{
        int x;
        scanf("%d",&x);
        func(x);
}
void func(int n)
{
        int in=0;
        while(in<n)
        {
                if(in % 3 !=0)
                {continue;}
                printf("%5d",in);
        }
}
```

(12) 下面程序在执行时输入 6,则输出结果是_____。

```
#include <stdio.h>
int fac2(int n);
main()
{
        int y,result;
        scanf("%d",&y);
        result=fac2(y);
        printf("result=%d\n",result);
}
int fac2(int n)
{
        int in,f=1;
        for(in=1; in<=n; in++)
        {
                if(in)
                {f *=in;}
```

```
    }
    return f;
}
```

2. 项目训练题

(1) 编写函数 print1,输出如下的图形(要求输出的行数从键盘上输入)。

♯
♯♯
♯♯♯
♯♯♯♯
……

【提示】 print1 的函数原型可声明为:"void print1(int n);",参数 n 表示输出 n 行。

(2) 编写函数 print2,输出如下的图形(要求输出行数从键盘上输入)。

@
@@@
@@@@@
@@@@@@@
……

【提示】 print2 的函数原型可声明为:"void print2(int n);",参数 n 表示输出 n 行。

(3) 编写函数 yearOld,根据传递过来的出生日期和现在的日期,计算出某人的岁数,并将该岁数返回。然后在主函数中调用该函数。yearOld 函数的原型定义为:"int yearOld(int byear,int bmonth,int bday,int nyear,int nmonth,int nday);",其中,参数 byear、bmonth 和 bday 分别表示某人的出生日期,nyear、nmonth 和 nday 分别表示输入的当前日期。函数 yearOld 的流程图如图 6-22 所示。

(4) 编写函数 sum,求任意一个整型数据的各位数字之和。然后在主函数中调用它。函数 sum 原型定义为"int sum(int n);",其中参数 n 为待求各位数字之和的那个整型数。函数 sum 的流程图如图 6-23 所示。

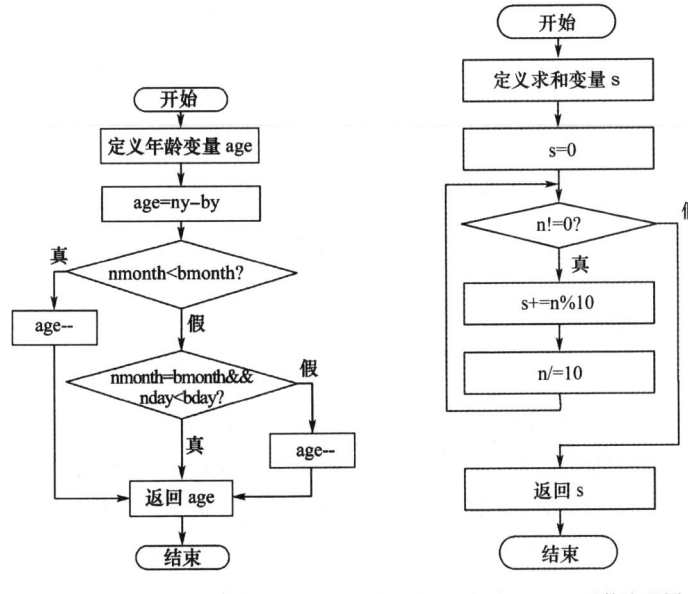

图 6-22　yearOld 函数流程图　　　图 6-23　sum 函数流程图

(5) 编写函数 sumfac,求 1!＋2!＋3!＋…＋n!。然后在主函数中调用它。函数 sumfac 原型定义为:"double sumfac(int n);",参数 n 表示要累加到 n!,返回值定为 double 类型,是为了能够保存更大的结果(在这道题中,整型很容易就会溢出)。函数 sumfac 的流程图如图 6-24 所示。

(6) 编写函数 gcd,求任意两个正整数的最大公约数。然后在主函数中调用它。函数原型定义为:"int gcd(int m,int n);",参数 m、n 为两个整数,返回值为 m 和 n 的最大公约数。gcd 函数的流程图如图 6-25 所示。

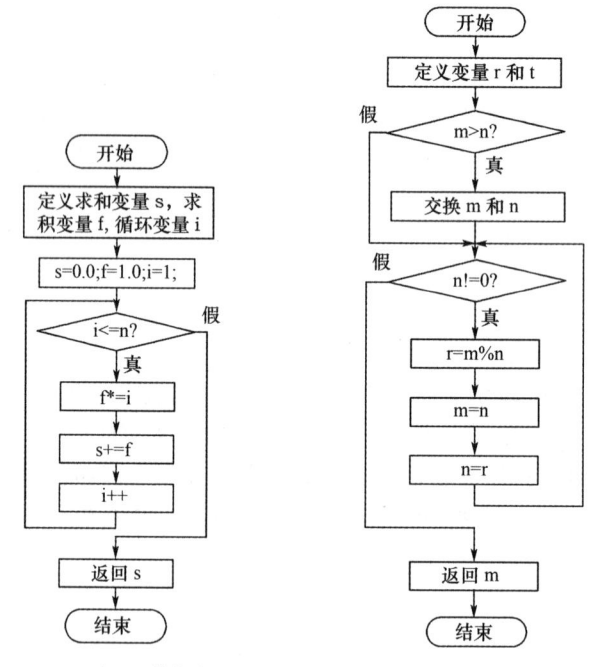

图 6-24　sumfac 函数的流程图　　　图 6-25　gcd 函数的流程图

(7) 编写一个函数 mypower,计算 x^y。然后在主函数调用它。函数原型定义为:"double mypower(double x,int y);",参数 x 是底,参数 y 是幂,返回值即是计算后的 x^y。

(8) 定义一个函数,用勾股定理来求直角三角形的弦长。函数原型可声明如下:"double xc(double x,double y);",参数 x 和 y 是直角三角形的两直角边长,返回值是弦长。

(9) 编写一个函数,将时间分为时、分、秒三个整数,计算某一时刻到离最近的整数 12 点的秒数。例如:三个参数分别为 2、5、30,则返回值应为 30＋5＊60＋2＊60＊60,即 7530。函数原型可声明为:"long seconds(int hour,int minute,int second);",参数分别为输入的时、分、秒的值,返回值为计算后的秒数。

(10) 编写一个函数,判断某一个整数 n 是否为质数,若是,返回 1;若不是,则返回 0。质数即是只能被 1 和自身整除的整数,例如 2、3、5、7、11、13、17 等。函数原型可声明为:"int fun(int n);",参数 n 是被判断的整数,若 n 是质数,则返回 1,若不是,则返回 0。

(11) 利用上题的函数 fun,打印输出 2～1000 所有的质数,要求每行打印 10 个数。

(12) 已知某数列的第 1 项为 3,其后每一项可由通式 $a_n = 2 * a_{n-1} - 1$ 来确定。请编写一个递归函数 func 来计算该数列的第 n 项的值。函数原型可声明如下:"int func(int n);",参数 n 表示要求第 n 项的值,返回值即计算后的结果。

(13)编写一个递归函数 gcd,求解两个整数 m 和 n 的最大公约数。函数原型可声明如下:"int gcd(int m,int n);",返回值为 m 和 n 的最大公约数。

【提示】 整数 m 和 n 的最大公约数的递归定义如下:如果 n 等于 0,则返回 m;否则返回值为 gcd(n,m%n)。

项目 7 简单成绩管理系统的设计

7.1 项目目标

利用一维数组来实现一个简单学生成绩管理系统,它具有以下功能:
- 实现单门成绩的输入、储存
- 实现单门成绩的输出
- 实现查询最高分和最低分
- 实现对单门成绩的排序
- 实现对用户身份的验证

开发项目所需学习的知识:
- 数组的概念
- 一维数组的定义和初始化
- 一维数组的常见操作
- 用一维数组实现一个只有单门成绩的简单成绩管理系统
- 字符串的概念
- 字符串的常用库函数
- 如何让简单成绩管理系统增加密码验证功能
- 二维数组的概念
- 二维数组的定义和初始化
- 数组应用举例

7.2 一维数组引例

在前几个项目中给出的程序都是通过一个或几个变量来存储数据,然后进行计算或处理。但当要处理的数据量很大时,如果还直接以变量的形式来存储数据,就会带来很大的麻烦。

假设要处理一个年级学生的某门课程的成绩,学生人数可能上千,这时候如果定义上千个变量来分别存储,是不现实的。

这就要利用 C 语言中提供的另一种数据结构来存储数据,这就是"数组"。

【案例构思】

张老师在学期结束后,需要计算全班 32 名同学 C 语言的平均成绩,他需要先将 32 名同学的 C 语言成绩保存到计算机中,然后让计算机自动计算出平均分。你能帮忙实现吗?

【案例分析】

需要先定义能够存储 32 名同学 C 语言成绩的变量及存储平均分的变量。如果直接定义 32 个 float 类型的变量,不利于程序的扩展和维护,为了简单,可采用"数组"来存储成绩,然后用循环来累加数组所有元素,最后计算出平均分。

【案例实施】

解决该案例的程序代码如下:

```c
#include <stdio.h>
main()
{
    float s[32];              //定义能够存储32个成绩的"数组"
    float sum=0.0;            //定义存储总分的变量
    float avg=0.0;            //定义存储平均分的变量
    int i;                    //定义一个访问数组元素的循环变量
    for(i=0;i<32;++i)         //32个同学,需要循环32次
    {
        scanf("%f",&s[i]);    //输入第i名同学的成绩
        sum +=s[i];           //将成绩累加到总分中
    }
    avg= sum / 32;            //计算平均分
    printf("平均分:%.2f\n",avg);  //输出平均分(只显示2位小数)
}
```

【案例说明】

本案例的解决涉及同一类型的大量数据的处理,故采用一维数组来存储数据,并通过循环遍历数组的每个元素,从而使问题快速得到解决,而且程序的扩展和维护也很容易,只需要修改循环的终止值即可。

【案例运行】

本案例运行结果如图 7-1 所示(运行时,为了输入简单,修改了程序,只计算 5 名学生的平均分)。

图 7-1　求平均分案例运行结果

7.3　项目分析与设计

7.3.1　简单成绩管理系统功能分析

本项目将利用一维数组来实现一个简单的学生成绩(一门课程的)管理系统,称之为"学生成绩管理系统 V1.0"。系统的主要功能包括:成绩输入、成绩输出、成绩查询、成绩排序,以及显示功能主菜单和用户登录等功能。其中用户登录功能将在 7.2 节讲完后再添加进来。

系统中的每个功能将分别用一个函数独立实现,然后在主函数中进行调用。

系统的功能结构如图 7-2 所示。

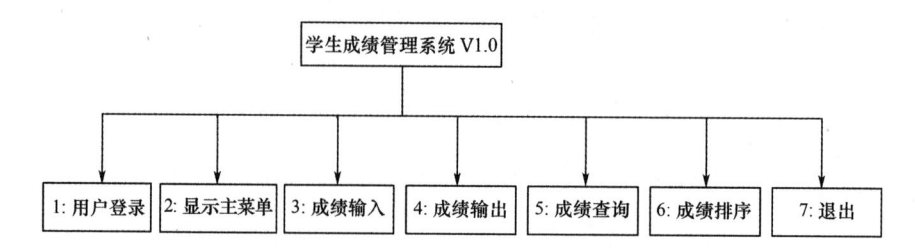

图 7-2 学生成绩管理系统 V1.0 功能结构

各功能简介如下：

(1) 用户登录：用户输入口令，如果与系统内保存的密码相一致，则登录成功；否则重新输入口令，直至输入口令正确才可以登录系统。本功能将在 7.2 节讲完后实现。

(2) 显示主菜单：用户登录成功，系统显示图形界面，显示系统功能的提示信息。

(3) 成绩输入：用户输入成绩，逐个保存。当用户输入成绩为 -1 时，输入结束。

(4) 成绩输出：将输入的成绩输出到屏幕上。

(5) 成绩查询：用户输入要查询的成绩，系统查询该成绩是否存在，若存在，则输出该成绩在数组里的下标；否则，输出 not found。

(6) 成绩排序：对数组中的所有学生成绩按从高到低的顺序排序，用选择法来实现。

(7) 退出：程序运行结束。

7.3.2 系统主函数的流程

学生成绩管理系统 V1.0 的主函数流程可以用流程图来描述，如图 7-3 所示。

7.3.3 函数功能分析与原型设计

学生成绩管理系统 V1.0 中的各功能函数原型声明见表 7-1。

表 7-1 学生成绩管理系统 V1.0 的功能函数原型

序号	函数原型说明	备注
1	void displayMenu()	显示菜单
2	int login(char password[])	验证口令，返回 1 或 0
3	int inputScore(int score[],int length)	输入学生成绩到数组中
4	void outputScore(int score[],int length)	输出数组中的学生成绩
5	int queryScore(int score[], int length, int xScore)	查询成绩，成功返回下标；否则返回 -1（不可能出现的数组下标，已作为错误标志）
6	void sortScore(int score[],int length)	排序学生的成绩，按照从大到小排序

函数原型说明：

(1) displayMenu 函数：显示本系统主菜单的函数，主要的显示项有"1 输入成绩""2 输出成绩""3 查询成绩""4 降序排序成绩"和"5 退出系统"。

(2) login 函数：用户登录函数。在函数中要验证用户输入的密码是否有效，如果有效将返回整数 1，否则将返回整数 0。参数是一个字符串，本函数将在 7.5.6 节完成。

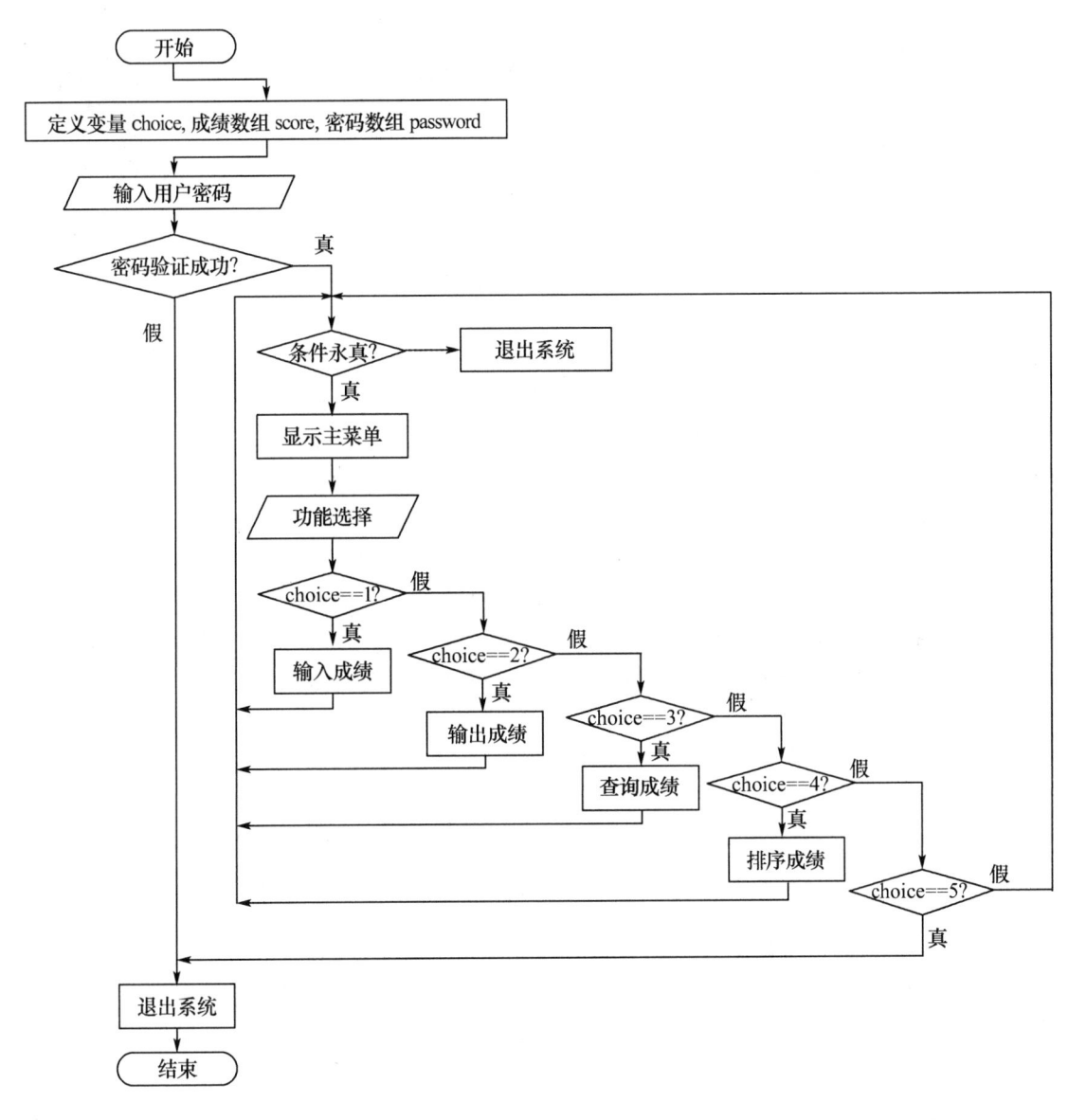

图 7-3　学生成绩管理系统 V1.0 的主函数流程图

（3）inputScore 函数：输入成绩函数。与前面我们所讲的数组元素输入函数稍有不同，就是本系统中输入函数设计成了有返回值的函数，该返回值是用户最终输入数组中的成绩的个数（当然，它不能超越程序中定义好的数组的最大长度）。具体在输入成绩时，可以考虑用一个不可能出现的成绩（如 -1）来结束成绩输入。两个参数分别表示成绩数组的名和元素的个数。

（4）outputScore 函数：输出成绩函数。参数的理解同 inputScore 函数。

（5）queryScore 函数：查询指定成绩的函数。前两个参数的意义同 inputScore 函数，xScore 参数代表的是被查询成绩。查询到了指定成绩，则输出该成绩的下标，否则输出不成功的信息。

（6）sortScore 函数：用选择排序法对数组元素进行降序排序。参数意义同 inputScore 函数。

7.4 知识准备

7.4.1 一维数组

"数组",顾名思义,即一组数。在 C 语言中,数组规定了一组相同类型的数,这一组数在内存中是顺序存储的。因此,对于一个数组而言,只需要知道这个数组的第一个数据的位置和这个数组中共有多少个数据,就能一一访问这个数组的所有数据。在数组中,每一个数据称为一个元素。

对于数组的这种机制,可以举一个类似的例子来帮助读者理解:假设要通过学号来点名一个班的每个人(假设是点名 5 班,共有 30 人),则我们可以这样点名:5 班的 1 号、5 班的 2 号、……、5 班的 30 号。

在上面这个简单的例子里,其实就有类似于数组的这种用法。首先用一个班号(5 班)来表示整个班级,再用最大的人数值(30)来约束点名的人不要点超过 30 的学号,对于班级内部的人,是从 1 号、2 号,依次递增 1 的编号来表示,这里的每个人是班级中的一员,也就相当于数组中的一个元素。

一个一维数组的数组名既是整个数组所有元素的统一名称,又代表该数组所有元素最开头那个元素的位置。

"数组"分为一维数组和多维数组。上面描述的是对一个一维数组的理解。

1. 一维数组的定义

根据上面的描述,要定义一个一维数组,其实就是要指定一个名字,用它来表示一组数,同时还要指出这组数中共有多少个元素,另外还要指出这组数是什么样类型的数据。

一个一维数组的定义格式如下:

数据类型 数组名[整数值];

在这个定义格式中,"数组名"就是一个标识符,与前面所讲的"变量"起名规则是一样的;"数据类型"即是指明数组中数据是哪种类型,也就是我们熟悉的 int、float、double 和 char 等关键字;"整数值"用来指出这个数组中最多能够存储的数据个数(元素个数)。

【注意】

(1)在定义时,一定不要忘掉那对[]号。

(2)[]号中的值只能是整型的"常量",不允许用浮点型数据,也不允许是 0 或负数。因为[]号中的这个值是用来表示能够存储的数的最大个数,很显然,不会出现 3.5 个数,也不会出现 0 个数或-12 个数。

数组定义举例如:

【例 7.1】 定义一个整型数组,用来存储一个班级(假设有 60 人)学生的 C 语言课程成绩,则可定义如下(假设成绩为整数):

```
int score_C[60];
```

score_C 是整个数组的名字,这样一来,我们接下来就可以依次将 60 人的成绩分别存储到每个元素中去。

【例 7.2】 定义一个字符型数组,用来存储 26 个英文字母,则可定义如下:

```
char alpha[26];
```

alpha 是整个数组的名字,26 个英文字母可以分别存储在这 26 个元素中。
试试理解下面几个数组定义的含义:
(1)double high[20];
(2)int temperate[5];
(3)char test['A'];
读者可以在计算机上试试,(3)这种形式的定义可以吗? 如果可以,该怎样理解?

【例 7.3】 利用符号常量来定义数组。形式如下:

```
#define N 20        /*定义一个符号常量 N*/
main()
{
    float m[N];     /*定义了一个具有 N 个元素的数组*/
    /*…其他代码*/
}
```

本例定义了一个符号常量 N,方便了程序的修改。如果要将数组的元素个数修改为 60,只需要将"#define N 20"中的 20 改为 60 即可,其他的程序代码不用改变。

2. 一维数组的图形化理解

在分析程序时,通常会用图形化的形式来帮助理解数组。为简单起见,用下面的语句定义一个数组:"int fx[10];"。在这个数组中,只能存储整型数据,数组名为 fx,合法元素最多只能有 10 个。图形化分析形式如图 7-4 所示。

fx[0]	fx[1]	fx[2]	fx[3]	fx[4]	fx[5]	fx[6]	fx[7]	fx[8]	fx[9]
25	0	-7	15	7	6	2	11	101	999

↑
fx

图 7-4 一维数组存储情况图形化理解

在图 7-4 中,用一个箭头指向了数组的最开头一个元素,并在箭头上标明数组的名称,用一系列顺序排列的方框表示数组中的每个元素,方框中的值(如 25、0 和 -7 等)是数组中某个元素的值,最上面一行中的 fx[0]、fx[1]、fx[2] 和 fx[3] 等就表示这是数组 fx 中的第 0 个、第 1 个、第 2 个和第 3 个元素,其他元素也是类似的表示方法。

【注意】

通过上面的图解分析,读者可以发现 C 语言数组的一个特点,即它的元素是从第 0 个开始算的,而不是我们习惯上的从第 1 个开始算。这样一来,最后一个元素当然也不是数组定义中指定的那个值,而是要比那个值小 1。这一点很重要,千万要记住。

例如,上面最开头的元素是 fx[0],然后才是 fx[1],最后是 fx[9]。从 0 到 9 总共 10 个元素。

3. 一维数组元素的引用

前面讲数组概念时已经说到,一个数组其实就是一组数,那么该如何分别引用到每个元素呢? 通过上一小节,读者已经了解到,其实就是要用下面的格式:

数组名[元素在数组中的位置]

例如:fx[0] 表示引用了数组 fx 中的第 0 个元素,即 25,fx[9] 表示引用了数组 fx 中的第 9 个元素,即 999。而 fx[10] 这种形式则是不合法的引用,因为 10 是排在第 11 位的元素,已经超出了数组定义的范围(从图 7-4 中对照着看一看)。

上面格式中的"元素在数组中的位置"通常会用更简单的术语"下标"来说明,因此,数组元素的引用也常描述为下面的格式:

数组名[下标]

两者表示的意思其实是一样的。

【注意】

与定义数组时[]号内的值稍有区别的是,引用数组元素时,[]号中的下标值可以是常量,也可以是由变量构成的表达式,但必须是整型的。

例如:引用数组 fx 中的第 5 个元素,可以用 fx[5],也可以用 fx[3+2],此时系统会自动计算出表达式的值,然后再去引用 fx[5]。

4. 一维数组元素的赋值

在定义完数组后,需要给每个元素赋值。赋值时通常要和循环结合起来。例如对上面定义的数组 fx 重新赋值为 2、4、6、…、20,则程序片段如下:

```
int fx[10];           /*定义一个具有 10 个整型元素的数组 fx*/
int i;                /*定义一个与数组配合使用的循环变量*/
for(i=0;i<10;i++)     /*因为数组元素从第 0 个开始,因此,循环变量初始化为 0*/
{
    fx[i]=(i+1)*2;    /*给 fx 数组的第 i 个元素赋值*/
}
```

上面的循环执行了 10 次,每次给 fx 的一个元素赋值。第一次 fx[0]=2,第二次 fx[1]=4,…,第 10 次 fx[9]=20。

当然,也可以直接写 10 个赋值语句来给 fx 的每个元素分别赋值,但对于元素比较多的数组,这样做似乎显得太麻烦了。

【注意】

试图一次给整个数组赋值的做法是错误的。

例如:不能这样对数组进行赋值:

```
fx=20;        /*错误的赋值方式*/
```

5. 一维数组的初始化

有时,对于元素个数较少的数组或一些具有特定意义的数组,通常会在定义的同时就给出数组每个元素的值,这种做法称为数组的初始化。

数组初始化的语句格式如下:

数据类型 数组名[最大元素个数]={数值1,数值2,…};

一维数组的初始化

【注意】

(1)只能在定义的同时进行初始化。

(2)数组初始化时"="号后面的一对{}号不能省略。

(3){}号中的每个值用","号分隔。

(4){}号中数值的个数不可以多于[]号中指定的最大元素个数。

例如,给 fx 数组的元素分别赋值为 2、4、6、8、10、12、14、16、18、20,则可以用下面的形式对它进行初始化:

```
int fx[10]={2,4,6,8,10,12,14,16,18,20};
```

试图这样初始化是错误的做法:

```
int t[3];
t[3]={1,2,3};  /*或者 t={1,2,3}*/
```

下面我们来看一下,数组初始化时的几种不同情况:

(1)初始化时赋予的数值个数与数组定义时指定的元素个数一样。

这种情况下,数组的每个元素按顺序依次被赋值。

例如:

```
float a[5]={3.14,1.7,0.618,7.0,10.1};
```

相当于下面几条语句的功能:

```
float a[5];
a[0]=3.14; a[1]=1.7; a[2]=0.618; a[3]=7.0; a[4]=10.1;
```

再例如:

```
char ch[6]={'a','b','c','A','B','C'};
```

相当于下面几条语句的功能:

```
char ch[6];
ch[0]='a'; ch[1]='b'; ch[2]='c';
ch[3]='A'; ch[4]='B'; ch[5]='C';
```

(2)初始化时赋予的数值个数少于数组定义时指定的元素个数。

这种情况下,先按顺序依次给数组前端的若干个元素赋指定值,而对后面的若干个元素则自动赋值为0。

例如:

```
double dd[10]={5,15,20};
```

相当于下面几条语句的功能:

```
double dd[10];
dd[0]=5; dd[1]=15; dd[2]=20;
```

dd[3]到dd[9]均被自动赋值为0。

(3)初始化时省略[]号内的整数值。

这种情况系统会自动计算出后面赋了多少个值,因而系统也就知道了这个数组最多能存储的元素个数。

例如:

```
int x[]={1,3,5,7,9};  //省略掉了[]号中的数值
```

看到这个语句,系统会先计算出{}号内共有5个数值,然后自动将5填充到[]号内。

因而,这条语句经系统自动处理后,实际上就成了:

```
int x[5]={1,3,5,7,9};
```

(4)初始化时赋予的数值个数多于数组定义时指定的元素个数。

这种情况是错误的,不允许这样进行初始化。

例如:

```
char b[3]={'x','y','z','\0'};  //错误
```

(5)先定义数组,然后再赋初始值。

这种做法也是错误的。只能是在定义数组的同时才可以进行数组初始化。

例如:

```
char grade[5];
grade[5]={'A','B','C','D','E'};  //错误
```

接下来的几小节中,将对一个一维数组的相关操作进行讲解,包括:输入/输出数组的元素值、在数组中查询某个值、将数组元素按某种顺序进行排序等。然后综合运用上面几种操作,编写出一个简单的成绩管理系统。

6. 数组元素的输入/输出操作

本节将重点介绍如何利用带参数有返回值的函数来实现数组元素的输入和输出这两个功能。

【例 7.4】 输入输出一个班级(假设共 60 人)的一门课程的学生成绩。

编程基本思路如下:

要想保存 60 个人的成绩,需要定义一个有 60 个元素的数组,然后将每个人的成绩存储到数组中去,最后再依次输出每个数组元素的值。步骤详解如下:

定义数组 score(要能存储 60 个元素);

定义一个与数组操作配合的循环变量 in;

用循环输入数组元素的值;

用循环输出数组元素的值。

(1)直接在 main 函数中实现输入输出

例 7.4 的程序代码可编写如下:

```c
#include <stdio.h>
#define  N  60                      /*定义符号常量 N*/
main()
{
    int score[N];                   /*定义数组*/
    int in;                         /*定义一个循环变量*/
    printf("请输入 60 个学生的成绩,用空格分隔每个成绩\n");
    for(in=0; in<N; in++)           /*循环输入每个学生的成绩*/
    {
        scanf("%d",&score[in]);
    }
    printf("学生成绩为:\n");
    for(in=0; in<N; in++)           /*循环输出每个学生的成绩*/
    {
        printf("%4d",score[in]);
    }
    printf("\n");
}
```

程序运行结果如图 7-5 所示(为输入方便,将 N 修改成为 10)。

```
请输入60个学生的成绩, 用空格分隔每个成绩
75 68 79 98 81 52 64 99 85 80
学生成绩为:
  75  68  79  98  81  52  64  99  85  80
Press any key to continue_
```

图 7-5 例 7.4 的运行结果(N=10 的情况)

【注意】

①一维数组的使用通常用一个循环来与之配合,用循环变量作为数组的下标,通过循环变量的变化(从 0 变到最大元素个数减 1)来引用数组的每个元素。

例如上面的输入和输出分别用了一个循环来处理。

②数组元素的输入与普通变量的输入一样,元素前也需要加取地址符"&"。

例如上面的 &score[in],当 in 变化时,分别对应的是 score[0] 到 score[59] 这 60 个元素的地址。

③当学生人数发生变动时,只需要修改"#define N 60"中的 60 即可。

(2) 函数实现数组的输入/输出

上节的代码乍一看起来挺简洁,那只是因为这个程序的功能很少。如果功能多几个,程序就会变得越来越冗长。

因此,要让 main 函数看起来比较简洁,就要借助于函数,定义若干个函数分别去完成特定功能,main 函数只需要负责调用这些函数即可。

问题来了。因为"函数只可以访问自己定义的变量,不可以跨越函数边界去访问其他函数中的变量",对于 main 函数来说,该如何把一个数组传递给被它调用的函数,从而保证被调用的函数所处理的数组元素就是 main 函数中定义的数组元素呢?

C 语言中用数组名做函数参数可以解决这个问题。

对一个一维数组而言,只要知道其数组名,同时知道数组中共有多少个元素,就可以引用这个数组中的全部元素。

因此,在定义数组操作的函数时,只需要把数组名和数组中的元素个数这两个值做函数参数,那么函数就可以正确引用数组中的每个元素。

这样一来,例 7.4 中的输入操作函数可以声明为如下的形式:

void inputScore(int s[],int length);

输出操作函数可以声明为如下的形式:

void outputScore(int s[],int length);

在这两个函数声明中,都有两个参数,分别是"int s[]"和"int length"。"int s[]"表示的意思是这个参数是一个数组的开头(数组名),且这个数组应该是整型的。"int length"表示的意思是需要一个整数(这个整数就是数组 s 中想要处理的最大元素的个数)。

main 函数(或其他函数)调用 inputScore 和 outputScore 函数时,就需要给它们传递两个值,一个是数组名,另一个是被传递的数组中要处理的最大元素个数。

函数内部的代码编写与 main 函数中的代码类似。

例 7.4 的代码写成函数实现的形式时,代码如下:

```
#include <stdio.h>
/* 函数声明 */
void inputScore(int s[],int length);      /* 输入成绩的函数 */
void outputScore(int s[],int length);     /* 输出成绩的函数 */
/* main 函数定义 */
main()
{
    int score[60];                        /* 定义数组,用于存储 60 人的成绩 */
    printf("请输入 60 人的成绩,用空格分隔每个成绩:\n");
```

```
        inputScore(score,60);            /*将要输入元素的数组名 score 传递给函数,
                                           同时也把要输入的最大元素个数传递给函数*/
        printf("学生成绩为:\n");
        outputScore(score,60);           /*将要输出的数组的名 score 传递给函数,
                                           同时也把最多可输出的元素个数传递给函数*/
}
/* inputScore 函数定义 */
void inputScore(int s[],int length)
{
        int in;                          /*定义一个与数组配合使用的循环变量*/
        for(in=0; in<length; in++)       /*注意条件不要再写成 in<60 */
        {
                scanf("%d",&s[in]);      /*循环输入每个元素的值*/
        }
}
/* outputScore 函数定义 */
void outputScore(int s[],int length)
{
        int in;                          /*定义一个与数组配合使用的循环变量*/
        for(in=0; in<length; in++)       /*注意条件不要再写成 in<60 */
        {
                printf("%4d",s[in]);     /*循环输出每个元素的值*/
        }
        printf("\n");
}
```

【注意】

在以数组名做函数参数的编程中,由于数组是多个函数之间共同操作的数据对象,因此,只能由同时调用这些函数的最高级别函数(例 7.4 中是 main)来定义该数组,然后把该数组名及要处理的元素个数分别传递给不同的函数。这样,实际上所有函数要处理的数组,都是同一个数组。

【例 7.5】 用数组名做函数参数,编写程序,使之能够实现以下功能:从键盘上输入 10 个数(可以是任意数),求其平均值。

程序分析:

(1)数组元素的输入需要用一个函数来实现。该函数可声明为如下形式:

```
void inputTenLength(double aveArray[],int length);
```

其中,aveArray 是将要处理的数组名,即是传递过来的数组首个元素的地址。length 是被处理的数组中元素的个数。

(2)求平均值也可以定义成一个函数来实现。该函数可声明为如下形式:

```
double getAverage(double aveArray[],int length);
```

其中,函数参数的意义与 inputTenLength 函数的参数意义一样,函数的返回值即是计算后的平均值。

(3) 在 main 函数中调用这两个函数,并输出平均值。

程序代码如下:

```c
#include <stdio.h>
/* 函数声明 */
void inputTenLength(double aveArray[],int length);
double getAverage(double aveArray[],int length);
/* main 函数定义 */
main()
{
    double tenLength[10];           /* 定义一个能够保存10个元素的数组 */
    double ave;                     /* 保存函数 getAverage 返回来的平均值 */
    printf("请输入10个数,以求平均值(用空格分隔)\n");
    inputTenLength(tenLength,10);   /* 调用输入函数,并将数组名传递给函数,
                                       同时还把最大要处理的元素个数(10)传递给函数 */
    ave=getAverage(tenLength,10);   /* 把已经输入了数的数组名及要处理的元素个数传递给函
                                       数,求平均值 */
    printf("平均值为:%lf\n",ave);   /* 输出平均值 */
}
/* inputTenLength 函数定义 */
void inputTenLength(double aveArray[],int length)
{
    int in;                         /* 定义一个与数组配合的循环变量 */
    for(in=0; in<length; in++)
    {
        scanf("%lf",&aveArray[in]); /* 循环输入数组的每个元素 */
    }
}
/* getAverage 定义 */
double getAverage(double aveArray[],int length)
{
    int in;                         /* 定义一个与数组配合的循环变量 */
    double sum=0.0;                 /* 定义求总和的变量 */
    double aveResult;               /* 定义保存平均值的变量 */
    for(in=0; in<length; in++)
    {
        sum+=aveArray[in];          /* 循环中求每个元素的累加和 */
    }
    aveResult=sum / length;         /* 求平均值 */
    return aveResult;               /* 用 return 语句返回平均值 */
}
```

程序运行结果如图 7-6 所示。

图 7-6 例 7.5 的运行结果

7. 数组元素的查询操作

在较大规模程序中,数据的输入输出可能是一次性的,更常用的操作是对这些数据进行查询。下面用两个例子来看一看数组中最大值/最小值的查询以及如何在数组中查询一个指定的值。

【例 7.6】 用数组名做函数参数,编写程序,实现以下功能:查询数组中的最大值。

程序分析:

(1)输入函数定义。大家可以参照例 7.4 和例 7.5 中的输入函数代码,本例不再写该函数代码。函数定义形式为:

```
void input(double s[],int length);          /*参数的意义请参照例 7.4 和例 7.5 理解*/
```

(2)查询函数定义。需要传递数组名和要查询元素的个数给函数,同时将返回最大值(有两种返回值的处理,一种是直接返回最大值,另一种是返回最大值的下标,下面将分述之)。

解法一:直接返回最大值。查询函数声明为:

```
double getMaxValue(double s[],int length);
```

解法二:返回最大值所在的下标,在主调函数中,通过下标再引用数组元素,间接得到最大值。查询函数可声明为:

```
int getIDofMaxValue(double s[],int length);
```

下面分别给出两种解法的程序代码。

解法一:直接返回最大值。

程序代码如下:

```
#include <stdio.h>
/*函数声明*/
void input(double s[],int length);              /*输入函数*/
double getMaxValue(double s[],int length);      /*直接返回最大值的函数*/
/*main 函数定义*/
main()
{
    double value[100];              /*假设定义一个能够存储 100 个元素的数组*/
    double max;                     /*保存最大值的变量*/
    printf("请输入数组元素的值:\n");
    input(value,100);               /*输入 100 个元素的值*/
    max=getMaxValue(value,100);     /*从 100 个元素中查询出最大值*/
    printf("最大值为:%lf\n",max);
}
/* input 函数的定义*/
void input(double s[],int length)
```

```
{
    /*代码请大家参照例7.4或例7.5的输入函数,自己补充完善*/
}
/*getMaxValue函数的定义*/
double getMaxValue(double s[],int length)
{
    int in;                          /*定义一个与数组配合的循环变量*/
    double maxValue;                 /*定义保存最大值的变量*/
    maxValue=s[0];                   /*假设最开头的那个元素为最大*/
    /*用循环依次比较每个元素,看假设的maxValue是否真正最大,在比较的过程中,如果发现其不
        是最大,则及时更新为最大值*/
    for(in=1; in<length; in++)       /*从第1个元素开始比较(第0个已经假设为最大了,再比
                                        较一次没意义)*/
    {
        if(maxValue<s[in])           /*如果假设的最大值没有当前数组元素大,则更新*/
        {maxValue=s[in]; }           /*将最大值变量更新为新找到的最大值*/
    }                                /*循环结束后,maxValue中存储的就是真正的最大值*/
    return maxValue;                 /*返回最大值*/
}
```

程序运行结果如图7-7所示。

```
请输入数组元素的值:
25 76 18 47 77 30 93 42 56 70
最大值为: 93.000000
Press any key to continue
```

图7-7 例7.6解法一的运行结果(元素个数为10个)

解法二:通过返回最大值的下标,间接得到最大值。

程序代码如下:

```
#include <stdio.h>
/*函数声明*/
void input(double s[],int length);              /*输入函数*/
int getIDofMaxValue(double s[],int length);     /*返回最大值的下标*/
/*main函数定义*/
main()
{
    double value[100];                          /*假设定义一个能够存储100个元素的数组*/
    int idofMax;                                /*保存最大值所在下标的变量*/
    printf("请输入数组元素的值:\n");
    input(value,100);                           /*输入100个元素的值*/
    idofMax=getIDofMaxValue(value,100);         /*从100个元素中查询出最大值所在的下标*/
    printf("最大值的下标为:%d,最大值为:%lf\n",idofMax,value[idofMax]);
}
/*input函数的定义*/
void input(double s[],int length)
```

```
    {
        /*代码请大家参照例7.4或例7.5的输入函数,自己补充完善*/
    }
/* getIDofMaxValue 函数的定义 */
int getIDofMaxValue(double s[],int length)
{
    int in;              /*定义一个与数组配合的循环变量*/
    int idofMax;         /*定义保存最大值下标的变量*/
    idofMax=0;           /*假设最大值的所在位置为0(表达的意思与解法一完全一样)*/
    /*用循环依次比较每个元素,看哪个位置上的元素值最大。在比较的过程中,如果发现假设位置
      上的值不是最大,则及时更新为最大值的位置*/
    for(in=1; in<length; in++)    /*从第1个元素开始比较(第0个位置上的值已经假设为最
                                    大了,再比较一次没意义)*/
    {
        if(s[idofMax]<s[in])     /*如果假设的位置上的值不是最大,则更新位置*/
            {idofMax=in;}        /*将最大值位置更新为新找到的最大值所在的位置*/
    } /*循环结束后,idofMax 变量中存储的就是真正的最大值的所在位置*/
    return idofMax;              /*返回最大值所在位置*/
}
```

程序运行结果如图 7-8 所示。

图 7-8　例 7.6 解法二的运行结果(元素个数为 10 个)

【问题】

讨论求最小值的方法。可以参照上面的程序得出,请读者自行编写。

【例 7.7】　在数组中查找一个特定值。

假设用例 7.6 的 input 函数从键盘上输入了若干个学生某门课程的成绩,请从这些成绩中查找到第一个不及格的成绩,输出其下标位置及该成绩。例如输入的成绩为 76、65、93、54、88 等,则应该输出位置为 3,值为 54。编写一个函数来实现这个查询功能,然后在主函数中对其进行调用。

程序分析:

首先看函数原型该怎么定义?因为最终要输出两个值,而一个函数通过 return 只能返回一个值,这就需要知道两个值之间的关系是什么。通过例 7.6 的解法二,则可知道,数组中元素的下标决定了一个值,因此,本例中,函数可以先返回被查找到的值的下标,然后通过下标间接得到元素的值(成绩)。如果没找到不及格的成绩,则可以考虑返回一个不可能的下标值(这里我们选择返回一个负数,如-1)。函数可声明如下:

```
int getIDofFirstBadScore(int s[],int length,int searchScore);
```

参数 s 和 length 的意义同例 7.4,参数 searchScore 就是要查找的基准比较成绩(本例中是 60)。返回值为第一个不及格成绩的下标值。

其次我们来看一看查找特定值的基本思路:用依次比较法来完成查找。

(1) 先假设查找不到,即定义一个变量 id,并将其赋值为－1。
(2) 查找位置指向下标为 0 的元素。
(3) 比较,看成绩是否小于 searchScore,如果是,则 id 更新为该下标,否则转第(4)步。
(4) 下标位置加 1,再转第(3)步。
(5) 返回查找到的 id 值。

【注意】 返回的 id 值有两种可能,一种是大于等于 0,表示找到了;一种是－1,表示未找到,这需要在调用的时候进行处理。

程序代码如下:

```c
#include <stdio.h>
/*函数声明*/
void input(int s[],int length);            /*输入函数*/
int getIDofFirstBadScore(int s[],int length,int searchScore);
/*main 函数定义*/
main()
{
    int score[60];                          /*定义成绩数组*/
    int badID;                              /*定义保存返回的第一个不及格成绩的下标*/
    printf("请输入成绩:\n");
    input(score,60);                        /*输入 60 人的成绩。代码请参照上面几个例子*/
    badID=getIDofFirstBadScore(score,60,60); /*三个参数分别是数组名、数组中的元素个数,比
                                               较的基准成绩*/
    if(badID<0)                             /*badID 为－1,则没有查找到*/
    {
        printf("太好了,没有不及格的成绩。\n");
    }
    else                                    /*有不及格成绩*/
    {
        printf("第一个不及格的下标是%d,其成绩是%d\n",badID,score[badID]);
    }
}
/*input 函数定义*/
void input(int s[],int length)
{
    /*input 函数代码请读者自己补充完善*/
}
/*getIDofFirstBadScore 函数定义*/
int getIDofFirstBadScore(int s[],int length,int searchScore)
{
    int id=-1;                              /*定义保存不及格成绩的变量,并赋初值为－1*/
    int in;                                 /*定义与数组配合使用的循环变量*/
    for(in=0; in<length; in++)              /*从第 0 个元素开始查找比较*/
    {
        if(s[in]<searchScore)               /*查找到一个不及格成绩*/
```

```
            {
                id=in;                 /*更新 id*/
                break;                 /*提前结束循环*/
            }
        }
    return id;          /*返回最后的 id(如果一直未找到不及格的成绩,id 仍然是-1)*/
}
```

程序运行结果如图 7-9 所示。

```
请输入成绩:
71 65 70 82 90 94 52 76 69 78
第一个不及格的下标是6,其成绩是52
Press any key to continue
```

图 7-9　例 7.7 的运行结果(元素个数为 10 个)

【问题】

(1)如果要查询的是某个特定成绩,比如,查找第一个成绩为 75 分的,显示其下标。则程序该如何调整?

(2)如果要查找出全部不及格成绩的下标及其成绩,又该怎么处理?

8. 数组元素的排序操作

有时候,需要数组元素具有某种顺序,这样更方便查询操作。排序有很多种不同的方法,本节我们介绍一种较容易理解的"选择排序法",其他的排序方法读者可以参考《数据结构》等相关书籍。

【**例 7.8**】　将某班学生(假设 30 人)的成绩按从高到低的顺序进行排序。

排序采用"选择排序法"进行。基本的思路是:将 30 个元素中的最大值与第 0 个元素值互换,剩余的 29 个元素中的最大值与第 1 个元素值互换,剩下的 28 个元素中的最大值与第 2 个元素互换,……,剩下的 3 个元素中的最大值与第 27 个元素互换,剩下的 2 个元素中的最大值与第 28 个元素互换,这时第 29 个元素自然就是全部元素中的最小值了,即 30 个元素已经按照从大到小的顺序排好序了。

先来看查找剩余若干个元素的最大值的代码片段(详见例 7.6 的解法二):

```
idofMax=i;                         /*i 表示某一次查找的最大值应该处于第 i 个元素*/
for(j=i+1; j<30; j++)              /*j 是本轮查找的每个元素的位置,30 是元素的最大个数*/
{
    if(score[idofMax]<score[j])    /*若本次已经找到的最大值仍然比后面剩余元素中某个值还
                                     小*/
        {idofMax=j;}               /*则将新的最大值的位置替换原来记录的最大值位置*/
}
/*将最大值与第 i 个元素进行互换*/
temp=score[idofMax];
score[idofMax]=score[i];
score[i]=temp;
```

现在只要重复执行上面代码 29 次(i=0,1,2,…,29)就可以实现排序。

写代码之前先将本程序所涉及的函数声明一下：
(1)输入数组元素的函数(与上面的例子中 input 函数相似)

void inputScore(int s[],int length);   //s 是数组名,length 是数组中元素的个数

(2)选择排序的函数

void selectSort(int s[],int length);   /*对数组 s 中的 length 个元素进行排序(按从高到低的顺序)*/

(3)输出数组元素的函数

void outputScore(int s[],int length);   //输出数组 s 的 length 个元素

程序代码如下：

```c
#include <stdio.h>
void inputScore(int s[],int length);    /*声明输入数组元素的函数*/
void selectSort(int s[],int length);    /*声明选择排序的函数*/
void outputScore(int s[],int length);   /*声明输出数组元素的函数*/
main()
{
    int score[30];                      /*定义成绩数组,共有 30 个元素*/
    printf("请输入成绩(用空格分隔)\n");
    inputScore(score,30);               /*调用输入函数*/
    selectSort(score,30);               /*调用排序函数,对 score 中的 30 个元素从高到低排序*/
    outputScore(score,30);              /*输出排序后的成绩*/
    /*上述 3 个函数的调用,在调试程序时,可以将 30 改为 5,这样输入会快些*/
}
void inputScore(int s[],int length)
{
    int in;                             /*循环变量*/
    for(in=0; in<length; in++)          /*重复 length 次*/
    {
        scanf("%d",&s[in]);             /*输入第 in 个元素的值*/
    }
}
void selectSort(int s[],int length)
{
    int idofMax;
    int i,j,temp;                       /*循环变量和临时交换变量*/
    for(i=0; i<length-1; i++)           /*若有 30 个元素,只需要 29 次,故要减掉 1*/
    {
        idofMax=i;                      /*i 表示某一次查找的最大值应该处于第 i 个元素*/
        for(j=i+1; j<length; j++)       /*j 是某轮查找的每个元素的位置*/
        {
            if(s[idofMax]<s[j])         /*若本次已经找到的最大值仍然比后面剩余元素中某个值还
                                          小*/
                {idofMax=j;}            /*则将新的最大值的位置替换原来记录的最大值位置*/
        }
        /*将最大值与第 i 个元素进行互换*/
```

```c
            temp=s[idofMax];
            s[idofMax]=s[i];
            s[i]=temp;
        }
    }
}
void outputScore(int s[],int length)
{
    int in;                          /* 循环变量 */
    for(in=0; in<length; in++)       /* 重复 length 次 */
    {
        printf("%4d",s[in]);         /* 输出第 in 个元素的值 */
    }
    printf("\n");
}
```

程序运行结果如图 7-10 所示。

```
请输入成绩（用空格分隔）
43 69 98 81 67 79 51 92 88 78
  98  92  88  81  79  78  69  67  51  43
Press any key to continue
```

图 7-10 例 7.8 的运行结果(元素个数为 10 个)

对选择法排序的图解(用 10 个数值来说明问题,加框的数字为已经排好序的部分,带下划线的为某轮被交换过的元素):

初始:43 69 98 81 67 79 51 92 88 78

第 0 轮查找最大值的位置,并将其上的元素值与第 0 个元素互换(本轮 idofMax=2),得结果为:

|98| 69 43 81 67 79 51 92 88 78

第 1 轮:在剩余 9 个元素中找最大值,与第 1 个元素互换(本轮 idofMax=7),已排好序的元素不动:

|98| |92| 43 81 67 79 51 69 88 78

第 2 轮:在剩余 8 个元素中找最大值,与第 2 个元素互换(本轮 idofMax=8),已排好序的元素不动:

|98| |92| |88| 81 67 79 51 69 43 78

第 3 轮:(本轮 idofMax=3),实际上,本轮经过一番查找后发现自己(81)就是最大的,因此自己和自己交换一下(好像做了无用功,但这种情形在整个排序过程中是较少出现的)。

|98| |92| |88| |81| 67 79 51 69 43 78

第 4 轮:(本轮 idofMax=5)

|98| |92| |88| |81| |79| 67 51 69 43 78

第 5 轮:(本轮 idofMax=9)

|98| |92| |88| |81| |79| |78| 51 69 43 67

第 6 轮:(本轮 idofMax＝7)

| 98 | 92 | 88 | 81 | 79 | 78 | 69 | 51 | 43 | 67 |

第 7 轮:(本轮 idofMax＝9)

| 98 | 92 | 88 | 81 | 79 | 78 | 69 | 67 | 43 | 51 |

第 8 轮:(本轮 idofMax＝9)

| 98 | 92 | 88 | 81 | 79 | 78 | 69 | 67 | 51 | 43 |

总共 9 轮完成全部成绩的排序,最后一个是自然排好的,不需要再单独去排一次。

9. 数组元素的移动操作

【例 7.9】 将一个有 10 个元素的数组 a 的元素进行如下移动:a[0]移到 a[9],a[1]移到 a[0],a[2]移到 a[1],…,a[8]移到 a[7],a[9]移到 a[8]。

这其实就是让数组元素依次向前移动一个位置,最前面的元素放到最后一个位置上。关键是向前移动时要先把 a[0]的值保存好,否则移动的过程中最先丢掉的就是 a[0]了。

程序思路:

(1)先将 a[0]存储到一个变量中,如变量 b。

(2)再用循环将 a[1]到 a[9]依次向前移动一个位置。

(3)然后将变量 b 的值存储到 a[9]中,即可完成移动。如图 7-11 所示。

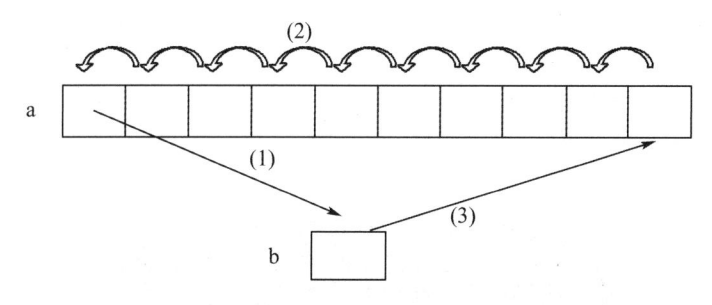

图 7-11 数组元素移动的情况

移动的函数声明为以下形式:

```
void move(int x[],int length);        /*按上面的规则移动 x 数组的 length 个元素*/
void input(int x[],int length);       /*数组元素输入函数*/
void output(int x[],int length);      /*数组元素输出函数*/
```

程序代码如下:

```
#include <stdio.h>
void move(int x[],int length);
void input(int x[],int length);
void output(int x[],int length);
main()
{
    int a[10];                        /*定义数组*/
    printf("请输入 10 个元素\n");
    input(a,10);                      /*输入 a 数组的 10 个元素*/
    move(a,10);                       /*调用函数移动数组的元素*/
    printf("移动后的数组为:\n");
```

```
        output(a,10);                /*输出移动后的元素*/
}
void move(int x[],int length)
{
    int in;                          /*循环变量*/
    int b;                           /*临时存储x[0]的变量*/
    b=x[0];                          /*先将第0个元素暂存起来*/
    for(in=1; in<length; in++)       /*重复移动多次*/
    {
        x[in-1]=x[in];               /*将当前位置的元素向前移动一位*/
    }
    x[length-1]=b;                   /*将暂存的x[0]的值放回到最后一个元素*/
    /*讨论一下:如果用x[length-1]=x[0]替换,会出现什么情况? */
}
void input(int x[],int length)
{
    /*输入数组元素的代码,请自己补全*/
}
void output(int x[],int length)
{
    /*输出数组元素的代码,请自己补全*/
}
```

程序运行结果如图7-12所示。

图7-12 例7.9的运行结果

字符数组

字符串

【问题】

如果要求将数组中的最大元素删除,该怎么实现?

7.4.2 字符串

1. 字符串的概念

用双引号引起来的一串字符称为字符串,如"xyz"。在C语言中,字符串是存储在字符型数组中的。存放字符串时,系统会自动在有效字符(如上面的xyz)后面加上'\0'字符。'\0'是ASCII为0的转义字符,它是字符串的结束标志。

在字符串中,有效字符的个数称为"字符串的长度",但实际上,字符串在内存中所占的字节数会比字符串的长度多1(因为'\0'要占一个字节)。例如字符串"xyz"的长度为3,但它在内存中所占的字节数是4。

假设字符型数组 c 中存储了字符串"xyz",则 c 在内存中的情况如图 7-13 所示。

```
       c[0]   c[1]   c[2]   c[3]
  c  [  x  |  y  |  z  |  \0  ]
```

图 7-13 字符数组 c 的存储情况

2. 字符串的输入输出

【例 7.10】 分别用 scanf 和 gets 编写一个程序,实现字符串的输入和输出。
程序代码如下:
(1)用 scanf 输入一个字符串

```c
#include <stdio.h>
main()
{
    char str[10];              /*要定义足够大的字符数组*/
    printf("请输入一个字符串\n");
    scanf("%s",str);           /*输入 str 字符串*/
    printf("%s\n",str);        /*输出字符串 str*/
}
```

程序运行结果如图 7-14(a)所示。
(2)用 gets 输入一个字符串

```c
#include <stdio.h>
#include <string.h>
main()
{
    char ch[10];               /*要定义足够大的字符数组*/
    printf("请输入一个字符串\n");
    gets(ch);                  /*输入 ch 字符串*/
    puts(ch);                  /*输出字符串 ch*/
}
```

程序运行结果如图 7-14(b)所示。

(a)格式输入输出字符串   (b)字符串操作函数输入输出字符串

图 7-14 例 7.10 的运行结果

程序说明:
(1)用 scanf 和 printf 函数输入输出字符串时,格式修饰符要用%s(如果非要用%c 来输入输出的话,就需要用循环来控制)。
(2)用 scanf 和 printf 函数输入输出字符串时,%s 对应的输出对象只能是用该字符串的首地址,即字符数组的名字。
(3)用 scanf 输入字符串时,遇到空格、跳格符或回车符都认为字符串输入完毕,而 gets 输入字符串时,只有遇到回车符才认为字符串输入完毕。这也是 str 和 ch 的输出结果不一样的原因。如图 7-15、图 7-16 所示。

	0	1	2	3	4	5	6	7	8	9
str	G	o	\0							

图 7-15 str 数组的存储情况

	0	1	2	3	4	5	6	7	8	9
ch	G	o			h	o	m	e	\0	

图 7-16 ch 数组的存储情况

(4) printf 和 puts 在输出字符串时的功能也略有不同,首先都是要遇到'\0'才结束字符串的输出。因此,当字符串末尾没有'\0'时,程序可能会出现问题(输出时可能后面有一长串乱码)。其次,printf 不会在输出字符串后换行(需要在%s 后加'\n'才能产生换行),而 puts 则在输出完字符串后,自动换行。

(5) 要使用字符串处理函数时,程序开头必须用"♯include <string.h>"。

3. 字符串处理函数

C 语言库函数中,除了 gets 和 puts 外,还包括了很多其他的字符串处理函数。下面介绍几个常用的函数,更多的字符串处理函数请参阅 C 语言的联机帮助文档。

【例 7.11】 字符串长度计算函数。编写程序,输入一个字符串,计算该字符串的有效字符个数,即字符串长度。

程序代码如下:

```
♯include <stdio.h>
♯include <string.h>
main()
{
    char s[100]="";       /*定义字符数组,并赋一个空串*/
    int count=0;          /*定义保存字符有效个数的变量*/
    puts("请输入一个字符串");
    gets(s);              /*输入一个字符串*/
    count=strlen(s);      /*求字符串有效长度,参数就是要求的字符串的首地址*/
    printf("字符串长度为:%d\n",count);
}
```

程序运行结果如图 7-17 所示。

```
请输入一个字符串
How long am I?
字符串长度为:14
Press any key to continue
```

图 7-17 例 7.11 的运行结果

程序说明:

(1) 函数 strlen 是求字符串有效元素个数(字符串长度)的函数,字符串的长度不包括'\0'在内。其参数也可以是一个具体的字符串,如 strlen("files")的值为 5。

(2)也可以自己编写程序来实现 strlen 函数的类似功能,程序代码如下:

```c
#include <stdio.h>
main()
{
    char s[100]="";
    int i=0,count=0;          /*i用作循环变量,count 是计数变量*/
    gets(s);
    while(s[i]!='\0')         /*未处理到结束标志,则继续*/
    {
        count++;              /*有效元素个数加 1*/
        i++;                  /*往后移动一个位置*/
    }
    printf("字符串长度为:%d\n",count);
}
```

【例 7.12】 字符串复制函数。编写程序,将输入的一个字符串复制到另一个字符数组中。

程序代码如下:

```c
#include <stdio.h>
#include <string.h>
main()
{
    char source[100]="",target[100]="";   /*定义两个字符数组,用于输入和复制*/
    puts("请输入一个字符串");
    gets(source);                          /*输入一个字符串存储到 source 中*/
    puts("复制后的字符串为:");
    strcpy(target,source);                 /*将 source 字符串复制到 target 数组中*/
    puts(target);                          /*输出复制后的字符串*/
}
```

程序运行结果如图 7-18 所示。

图 7-18 例 7.12 的运行结果

程序说明:

(1)strcpy 是字符串复制函数,它有两个参数,其功能是将第二个参数代表的字符串复制到第一个参数代表的字符数组中。这就要求第一个参数代表的数组的长度要大于第二个的长度,否则会出现"装不下"的情况。第二个参数也可以是具体的字符串,如"strcpy(target,"files")"的功能是将字符串"files"复制到 target 数组中。

(2) 也可以自己编写代码实现 strcpy 的功能,程序代码如下:

```c
#include <stdio.h>
main()
{
    char source[100]="",target[100]="";
    int i=0;                        /*循环变量*/
    gets(source);                   /*输入一个源字符串*/
    while(source[i]!='\0')          /*一一对应复制,见图 7-19 中的步骤(a)*/
    {
        target[i]=source[i];        /*复制一个字符到目标位置*/
        i++;                        /*后移一个位置,准备复制下一个字符*/
    }
    target[i]='\0';                 /*人为存放字符串结束标志。千万不能忘掉这条语句*/
                                    /*见图 7-19 中的步骤(b)*/
    puts(target);                   /*输出复制后的字符串*/
}
```

| source | H | o | w | | l | o | n | g | | a | m | | I | ? | \0 | ... |

(a)

| target | H | o | w | | l | o | n | g | | a | m | | I | ? | | ... |

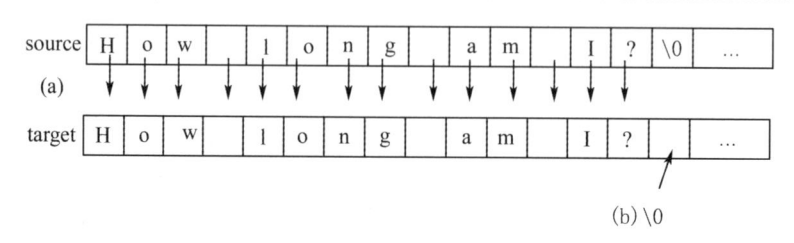

(b) \0

图 7-19 字符串复制过程

(3) 利用 strcpy 函数可以方便地实现字符串交换。交换的程序代码如下:

```c
#include <stdio.h>
#include <string.h>
main()
{
    char str1[5]="abcd",str2[5]="xyz",temp[5]="";
    strcpy(temp,str1);      /*将 str1 复制到 temp 中*/
    strcpy(str1,str2);      /*将 str2 复制到 str1 中*/
    strcpy(str2,temp);      /*将 temp 复制到 str2 中*/
    puts(str1);             /*输出交换后的两个字符串*/
    puts(str2);
}
```

【例 7.13】 字符串连接函数。编写程序,将两个字符串连接起来。

程序代码如下:

```c
#include <stdio.h>
#include <string.h>
main()
{
    char source[100],target[50];    /*准备将 target 字符串连接到 source 中,故 source 要有足够大
                                      的空间能够存储新连接进来的字符*/
```

```
        puts("请输入两个字符串(用回车分隔)");
        gets(source);
        gets(target);
        strcat(source,target);          /*将target字符串连接到source字符串的末尾,形成新串*/
        puts("连接后的字符串为:");
        puts(source);                   /*输出连接后的新字符串source*/
}
```

程序运行结果如图7-20所示。

图7-20 例7.13的运行结果

程序说明:

(1) strcat函数是将第2个参数代表的字符串连接到第1个参数代表的字符串的末尾,形成一个新的字符串(该函数会自动在新串的末尾添加上'\0')。strcat的第2个参数也可以是具体的字符串,如source原来是"abcd",则执行"strcat(source,"ABCD")"后,source就是字符串"abcdABCD"了。

(2) 使用strcat函数时一定要注意,第1个参数代表的字符数组一定要有足够的空间能够容纳新连接进来的字符串。

(3) 也可以不使用strcat函数,自己实现字符串连接的功能。程序代码如下:

```c
#include <stdio.h>
main()
{
    char source[100],target[50];
    int i=0,j=0;                    /*i指示source中的位置,j指示target中的位置*/
    gets(source);
    gets(target);
    while(source[i]!='\0')
    { i++; }                        /*在source中一直向后移,直到碰到结束标志'\0'为止*/
    while(target[j]!='\0')          /*target字符串中还有有效字符*/
    {
        source[i]=target[j];        /*把一个有效字符复制到source的当前位置上*/
        i++;                        /*source中存储字符的位置向移一个*/
        j++;                        /*target中指向下一个准备复制的字符*/
    }
    source[i]='\0';                 /*在新串的末尾人为加上结束标志'\0'*/
    puts(source);                   /*输出连接后的新串*/
}
```

连接前的存储情形如图7-21所示。连接后source的存储情形如图7-22所示。

| source | N | e | w | \0 | | | | ... |

| target | B | o | o | k | \0 | | | ... |

图 7-21 连接前的存储情形

| source | N | e | w | B | o | o | k | \0 | ... |

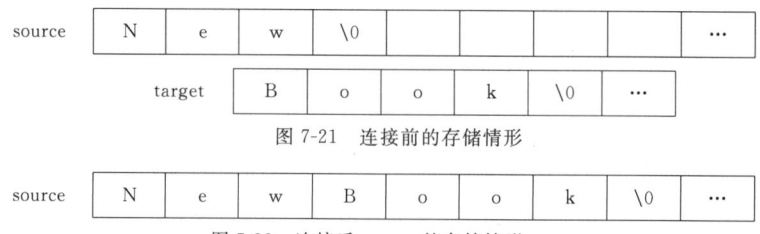

图 7-22 连接后 source 的存储情形

【例 7.14】 字符串比较函数。编写程序,比较两个字符串的大小。

程序代码如下:

```c
#include <stdio.h>
#include <string.h>
main()
{
    char comp1[50],comp2[50];   /*定义两个待比较的字符数组*/
    int re;                     /*定义一个保存比较结果的变量,整型的*/
    puts("请输入两个字符串(用回车分隔)");
    gets(comp1);
    gets(comp2);
    re=strcmp(comp1,comp2);     /*比较两个字符串,将比较结果赋给变量*/
    /*判断比较结果*/
    if(re<0)                    /*第1个字符串小于第2个字符串*/
    { puts("第1个字符串小于第2个字符串");}
    else if(re>0)               /*第1个字符串大于第2个字符串*/
    { puts("第1个字符串大于第2个字符串");}
    else                        /*两个字符串相等,即一样*/
    { puts("两个字符串相等");}
}
```

程序运行结果如图 7-23 所示。

```
请输入两个字符串(用回车分隔)
book
boom
第1个字符串小于第2个字符串
Press any key to continue_
```

图 7-23 例 7.14 的运行结果

程序说明:

(1)strcmp 的功能是比较两个字符串的大小。比较的过程是从两个字符串的起始位置开始,依次比较对应位置上的字符的 ASCII 码的大小。如果 ASCII 码值相等,则继续比较下一个字符,否则,ASCII 码大的,字符串就大,ASCII 码小的字符串就小。如上面输入中,'k' 的 ASCII 码小于 'm' 的 ASCII 码,所以字符串"book"就小于"boom"。字符串的比较过程如图 7-24 所示。

(2)可以不用变量 re,而直接使用 if(strcmp(comp1,comp2)<0) {…} 这种形式,但不可以写成 if(comp1<comp2) {…} 这种形式。

```
comp1  | b | o | o | k | \0 |
         ‖   ‖   ‖   ∧
comp2  | b | o | o | m | \0 |
```

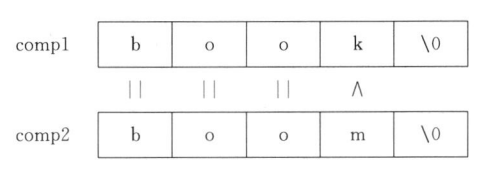

图 7-24　字符串比较过程

(3) strcmp 的两个参数均可以是具体的字符串,如"strcmp("abc100","abc99")"的比较结果为小于,即字符串"abc100"小于字符串"abc99"。

(4) 也可以自己编写程序,实现 strcmp 函数的功能。

程序代码如下:

```c
#include <stdio.h>
#include <string.h>
main()
{
    int i=0;                /*定义循环变量*/
    char comp1[100],comp2[100];
    gets(comp1);
    gets(comp2);
    while(comp1[i]==comp2[i]  && comp1[i]!='\0')
    /*如果两个串对应位置元素一样,且某个串未到串尾*/
    {
        i++;
    }/*此循环结束后,i 即指向第一个不相同的元素位置*/
    if(comp1[i]  <  comp2[i])
    { printf("第一个串小于第二个串\n"); }
    else if(comp1[i]  >  comp2[i])
    { printf("第一个串大于第二个串\n"); }
    else
    { printf("两个串相等\n"); }
}
```

7.4.3　二维数组

1. 二维数组的概念

如果要处理 30 个学生 5 门课程的成绩,首先要解决的问题是如何在计算机中表示这些成绩数据。我们可以使用 5 个一维数组,每个数组包含 30 个元素,但是这样一来每个学生的成绩处于分隔状态,很难理清同一个学生 5 门课程的位置,程序处理起来很复杂。

更好的方法是采用数组的数组,即主数组包含 30 个元素,每个元素代表一个学生成绩。代表一个学生成绩的数组是包含 5 个元素的数组。这种数组的数组,称之为二维数组。

2. 二维数组的定义

二维数组定义的格式如下:

数据类型　数组名[第 1 维长度][第 2 维长度];

其中,第 1 维长度指定了主数组中元素的个数,第 2 维长度指定了第 1 维数组的每个元素中包含几个数组元素。

例如，30个学生的5门课程成绩可以用一个二维数组来存储，形式如下：
int s[30][5];   /*定义了一个数组能够存储30个学生成绩，并且每个学生又有5门课程*/

二维数组在内存中的存储情形可以用一个二维表格来帮助理解，如图7-25所示。

s[0][0]	s[0][1]	s[0][2]	s[0][3]	s[0][4]
s[1][0]	s[1][1]	s[1][2]	s[1][3]	s[1][4]
s[2][0]	s[2][1]	s[2][2]	s[2][3]	s[2][4]
…	…	…	…	…
s[29][0]	s[29][1]	s[29][2]	s[29][3]	s[29][4]

图7-25 二维数组

从图7-25中，我们可以看出，"int s[30][5];"相当于定义了能存储30行(行号从0~29)，每行能存储5个元素(元素的下标从0~4)的数组。引用二维数组元素时，需要指定引用的维度(行号和列号)，如s[0][0]表示第0行的第0个元素，s[25][4]表示第25行的第4个元素，依此类推。

3. 二维数组的初始化

二维数组的初始化与一维数组类似，只不过现在对每个元素的初始值要给的是一个一维数组的所有元素值。

例如，为了简单起见，定义一个能够存储5个学生3门课程的数组m，并对它进行初始化，形式如下：

int m[5][3]={{ 75,69,88 },{ 66,78,86 },{ 67,56,89 },{ 70,69,76 },{ 77,89,65 }};
           /*主数组是能够存储5个学生，每个学生又有3门课程*/

【注意】 初始化时，主数组的每个元素必须用一对"{}"号括起来。

4. 二维数组的输入与输出

【例7.15】 编写程序，输入一个二维数组的元素值，然后在屏幕上分行显示该二维数组的元素值。

程序代码如下：

```c
#include <stdio.h>
main()
{
    int m[5][3];     /*定义能存储5行3列元素的二维数组*/
    int row,col;     /*定义用于行循环和列循环的循环变量*/
    /*用双重循环输入二维数组的元素值*/
    printf("请输入5行3列二维数组元素\n");
    for(row=0;row<5;row++)        /*行循环,变量值从0~4(最大行)*/
    {
        for(col=0;col<3;col++)    /*在每行上都要处理多列元素*/
        {
            scanf("%d",&m[row][col]);  /*输入一个元素的值*/
        }
    }
```

```
        /*输出元素的值*/
        printf("数组 m 的元素值为:\n");
        for(row=0;row<5;row++)
        {
            for(col=0;col<3;col++)
            {
                printf("%5d",m[row][col]);
            }
            printf("\n");         /*输出完一行元素后,在该行末尾加一个回车换行符*/
        }
    }
```

程序运行结果如图 7-26 所示。

图 7-26 例 7.15 的运行结果

程序说明：

(1)二维数组的输入、输出等操作需要用一个双重循环来处理。通常外层循环是对应行的(处理的是二维数组的第 1 维)，内层循环是对应列的(处理是二维数组的第 2 维)。循环变量分别对应的是行下标和列下标。

(2)以行列阵列式输出二维数组的元素值时，每输出完一行的元素值后，要输出一个回车换行符。

5. 更多维的数组

关于二维数组的概念可以扩展到三维及以上维的数组。例如，可以用下面的形式定义一个三维数组：

```
int b[10][20][30];
```

可以这样来理解它，b 是包含 10 个元素的数组，每个元素是一个二维数组，二维数组中有 20 行，每行可以存放 30 个元素。

更高维的数组的意义可以依此类推。

二维数组应用举例见下面几节。

6. 二维数组的应用

【例 7.16】 编写程序，打印如下的杨辉三角形。

```
1
1   1
1   2   1
1   3   3   1
1   4   6   4   1
1   5  10  10   5   1
```

程序思路：

分析杨辉三角形的特点，第 1 列和对角线上的值均为 1，其他元素值均是其前一行同一列元素与前一行前一列元素值之和。另一特点是最大行数等于最大列数（例图中都是 6）。

程序代码如下：

```c
#include <stdio.h>
#define  N  6                    /*定义需要打印的杨辉三角的最大行数与列数*/
main()
{
    int yh[N][N];                /*定义保存杨辉三角的值的数组*/
    int row,col;                 /*定义行循环变量和列循环变量*/
    for(row=0; row<N; row++)
    {
        yh[row][0]=1;            /*每行的最开头一列均赋值为 1*/
        yh[row][row]=1;          /*每行对角线上的元素均赋值为 1*/
    }
    /*从 row=2 行开始,中间的元素需要计算*/
    for(row=2; row<N; row++)
    {
        for(col=1; col<row; col++)    /*第 row 行上最多只有 row+1 列*/
        /*且第 0 列和第 row 列已经被赋值为 1 了*/
        {
            yh[row][col]=yh[row-1][col]+yh[row-1][col-1];
        }/*当前位置的值是其前一行同一列元素与前一行前一列元素值之和*/
    }
    /*输出计算完毕的杨辉三角形*/
    printf("%d 阶杨辉三角:\n",N);
    for(row=0; row<N; row++)     /*行循环*/
    {
        for(col=0; col<=row; col++)
        {
            printf("%4d",yh[row][col]);
        }
        printf("\n");            /*输出一行完毕后,加回车换行符*/
    }
}
```

程序运行结果如图 7-27 所示。

程序说明：

(1)第 1 个 for 循环用来将第 0 列和第 row 行的 row 列置为 1，即将杨辉三角的两条边给计算出来了。

(2)第 2 个 for 循环用来计算杨辉三角内部的每一个值，采用的公式为：yh[row][col]＝yh[row－1][col]＋yh[row－1][col－1]。

(3)第 3 个 for 循环是嵌套循环，用来按行输出杨辉三角。

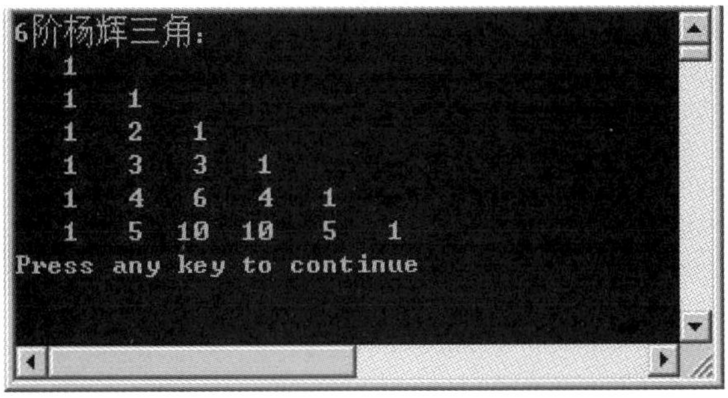

图 7-27 例 7.16 的运行结果(阶数为 6)

【问题】

(1)如果要输出根据某个变量 n 来控制杨辉三角形的行数，n 从键盘上输入，该如何修改程序？

(2)如果要将杨辉三角形输出为一个等腰三角形的样式(如下)，该如何修改程序(主要是输出部分的代码)？

```
            1
           1 1
          1 2 1
         1 3 3 1
        1 4 6 4 1
       1 5 10 10 5 1
```

【例 7.17】 定义一个 6×5(6 行 5 列)的二维数组，求每一行的最小值。

程序思路：

数据是 6 行 5 列的，最小值总共有 6 个(每行一个)，一种办法是定义一个具有 6 个元素的一维数组来存储最小值，另一种是把数据数组定义大一些(6 行 6 列)，这样就可以把每一行的最小值放在最后一列了。

程序代码如下：

```c
#include <stdio.h>
main()
{
    int data[6][6];     /*定义数组(比要求的数组多定义了一列，用来存储最小值)*/
    int row,col;        /*行循环变量和列循环变量*/
    int min;            /*用来暂存每一行的最小值，最后要将它赋给每行的最后一列*/
    printf("请输入6行5列元素值\n");
    for(row=0; row<6; row++)
    {
        for(col=0; col<5; col++)             /*注意哟，这里特意少输入了一列*/
        {
            scanf("%d",&data[row][col]);     /*输入元素的值*/
        }
    }
    for(row=0; row<6; row++)                 /*每一行都要求最小值*/
```

```
        { /* 循环体用来求第 row 行上的最小值 */
            min=data[row][0];              /* 先假设第 row 行最开头的那个元素最小 */
            for(col=1; col<5; col++)       /* 在第 row 行的所有元素中查找最小值 */
            {
                if(data[row][col]<min)     /* 假如有更小的值出现了 */
                {
                    min=data[row][col];    /* 更新最小值 */
                }
            }/* 此循环结束后,第 row 行的最小值在 min 中 */
            data[row][col]=min;            /* 将第 row 行的最小值放到本行最后一列中 */
        }
        /* 输出全部最小值 */
        for(row=0; row<6; row++)
        {
            printf("第%d 行的最小值为:%d\n",row,data[row][5]);
        }
}
```

程序运行结果如图 7-28 所示。

图 7-28 例 7.17 的运行结果

程序说明:

本程序主要使用了一个技巧,即把某行的最小值存储在同一行的特定位置(本例是每行的最后一个位置),这使得程序处理起来更加方便。

【例 7.18】 编写程序,统计一个字符串中 26 个大小写字母出现的次数。

程序思路:

一种比较直观的方法是定义 26 个统计变量,分别用来统计字母 a~z 及 A~Z 出现的次数,但这得使用一个长长的 switch 或 if…else 语句,程序显得太冗长。更简洁的一种方法是用数组来代表这 26 个统计变量,过程如下:

(1)定义可以存储 26 个元素的数组 count,初始值均为 0。

(2)采用 count[0]来存储字符′a′或′A′出现的次数,count[1]存储字符′b′或′B′出现的次数,……,count[25]存储字符′z′或′Z′出现的次数。那么问题的关键就转换为字符串中的某个字符(如 str[i])如何与 count 数组的下标对应起来？

具体实现使用的表达式为：str[i]－'a'(当 str[i]为小写字母时)和 str[i]－'A'(当 str[i]为大写字母时)。

这样一来，若 str[i]是字符'a'，则其计算出的下标为'a'－'a'，刚好为 0，其他情况也类似。这与我们当初的想法正好一致。

(3)声明一个 countAlpha 函数来实现统计功能。函数原型为：

```
void countAlpha(char s[],int count[]);
```

其中字符数组 s 是被处理的字符串，数组 count 是用来存储 s 中各字母出现次数的。

程序代码如下：

```
#include <stdio.h>
#include <string.h>
void countAlpha(char s[],int count[]);        /*声明统计字母个数的函数*/
main()
{
    char str[100];                             /*定义字符数组*/
    int count[26]={ 0 };                       /*定义统计各字母出现次数的数组*/
    int in;                                    /*用以输出统计后的各字母出现次数*/
    puts("请输入一个字符串");
    gets(str);                                 /*输入字符串*/
    countAlpha(str,count);                     /*调用统计函数*/
    for(in=0; in<26; in++)                     /*循环输出各个字母的出现次数*/
    {
        if(count[in]!=0)                       /*只输出出现过的字母的次数，没出现过的不输出*/
        {
            printf("字母%c 或%c 出现的次数为：%d\n",in+'a',in+'A',count[in]);
        }
    }
}
void countAlpha(char s[],int count[])
{
    int in=0;                                  /*定义循环变量,用来处理字符串 s*/
    while(s[in]!='\0')
    {
        if(s[in]>='a'&&s[in]<='z')             /*s[in]是小写字母*/
        { count[s[in]-'a']++; }
        else                                   /*s[in]是大写字母*/
        { count[s[in]-'A']++; }
        in++;
    }
}
```

程序运行结果如图 7-29 所示。

图 7-29　例 7.18 的运行结果

【例 7.19】　编写程序,输入一个字符串 str,统计其中单词的个数。约定单词之间用空格隔开。

程序思路:

用一个变量 count 来统计单词个数。步骤如下:

(1)在字符串 str 中找出第 1 个非空格字符,如图 7-30(a)所示。

(2)如果第 1 个非空格字符为有效字符(不是'\0'),count 增加 1,开始处理第 1 个单词,如图 7-30(b)所示。

(3)在字符串中继续查找,只要一个空格和一个非空格字符(不能是'\0')相继出现,则表示找到了一个新单词,count 增加 1,如图 7-30(c)所示。

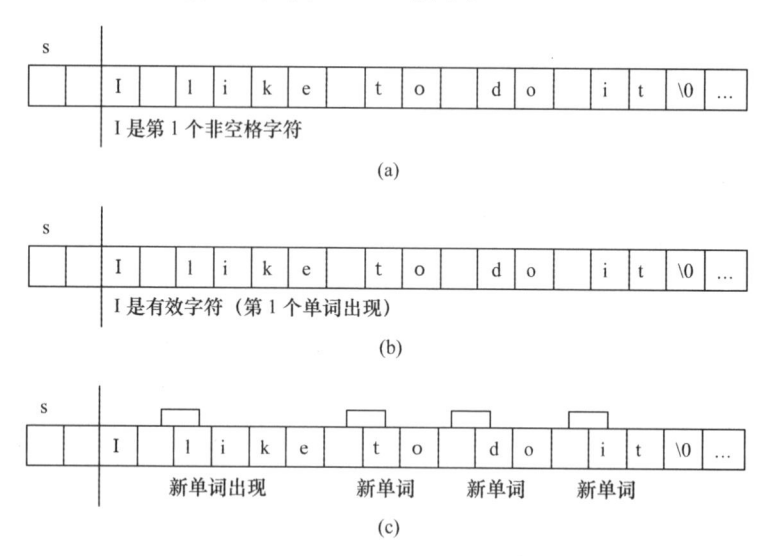

图 7-30　统计单词的过程

程序代码如下:

```
#include <stdio.h>
#include <string.h>
int countWord(char s[]);        /*声明统计单词的函数*/
main()
```

```c
{
    char str[100];                    /* 定义字符数组 */
    int count;                        /* 定义单词统计个数的变量 */
    puts("请输入一个字符串");
    gets(str);                        /* 输入字符串 */
    count=countWord(str);             /* 调用统计单词个数的函数 */
    printf("单词个数为:%d\n",count);
}
int countWord(char s[])
{
    int in=0;                         /* 循环变量 */
    int count=0;                      /* 统计变量 */
    while(s[in]==' ')                 /* 查找第1个非空格字符 */
    {in++;}
    if(s[in]!='\0')                   /* 第1个非空格字符不是'\0' */
    {count++;}                        /* 第1个单词出现,故 count 增加 1 */
    while(s[in]!='\0')                /* 未处理到字符串末尾 */
    {
        if(s[in]==' '&& s[in+1]!=' '&& s[in+1]!='\0')
        /* 一个空格和一个非空格字符(不能是'\0')相继出现 */
        {count++;}                    /* 出现了新的单词,故 count 增加 1 */
        in++;
    }
    return count;                     /* 返回统计到的单词个数 */
}
```

程序说明:

(1)用一个函数 countWord 来实现统计单词个数。countWord 函数的原型为:

int countWord(char s[])

(2)函数参数字符数组 s 是被处理的字符串,返回值为字符串 s 中单词的个数。

程序运行结果如图 7-31 所示。

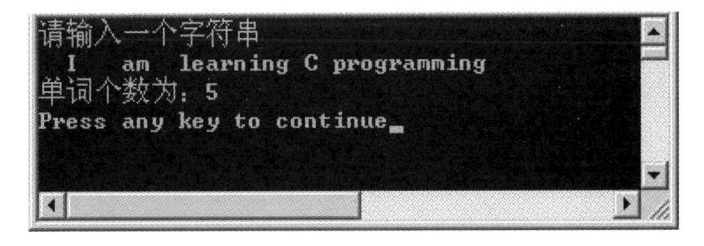

图 7-31 例 7.19 的运行结果

【例 7.20】 编写程序,模拟掷一个骰子 1 万次,统计 1~6 点出现的次数及频率。

程序思路:

要想模拟掷骰子,需要用到随机数的生成及处理,具体过程如下:

(1)种随机数种子。

(2)用循环生成 1 万个 1～6 的随机数。

(3)对每次生成的随机数进行判断统计,以分别统计出 1～6 点出现的次数。

程序代码如下:

```c
#include <stdio.h>
#include <stdlib.h>
#include <time.h>
void randCount(int total,int count[]);
/*声明一个用来统计骰子点数出现次数的函数*/
main()
{
    int points[7]={0};           /*①统计骰子点数出现次数的数组*/
    int in;                      /*循环变量*/
    long total;                  /*总投掷次数的变量*/
    printf("请输入总共要投掷的次数:");
    scanf("%ld",&total);         /*输入总投掷次数*/
    randCount(total,points);     /*调用函数统计骰子点数出现的次数*/
    for(in=1; in<=6; in++)       /*输出每个点数对应的次数及频率*/
    {
        printf("%d 点出现%d 次,频率为%6.2f%%\n",in,points[in],1.0*points[in]/total*100);
        /*②*/
    }
}
void randCount(int total,int count[])
{
    int in;                      /*循环变量*/
    int randnum;                 /*每次随机生成的数*/
    for(in=1; in<7; in++)        /*③给统计点数的数组元素赋初始值 0*/
    {count[in]=0;}
    srand(time(NULL));           /*④种随机数种子*/
    for(in=1; in<=total; in++)   /*循环 total 次,生成 total 个随机点数*/
    {
        randnum=rand()%6+1;      /*⑤生成 1～6 的一个随机数*/
        count[randnum]++;        /*每个点数对应的统计变量增加 1*/
    }
}
```

程序说明:

(1)要调用函数 srand 及 rand,需要将 stdlib.h 包含到程序中。

(2)要调用函数 time,需包含 time.h。

(3)统计函数声明为 void randCount(int total,int count[]);,参数 total 是总投掷的次数,模拟投掷产生的 1～6 点出现的次数将保存在传递过来的数组 count 中。

(4)语句①定义了 7 个元素,目的是只想使用 1～6 个元素,第 0 个元素不使用。

(5)语句②在输出点数频率时,使用了百分比的形式输出。在 C 语言中,要想输出一个百分号,必须在 printf 语句的格式控制串中连续写两个百分号,才能正确输出。

(6)语句③的使用是为了确保传递过来的数组的每个元素的初始值为 0。

(7)语句④是对随机函数 srand 的调用。它的功能是产生一个随机起点值(随机数种子)。为了达到比较好的随机,需要每次调用时产生不同的种子,因此,采用了一个变化的时间来做该函数的参数,该时间由 time 函数来返回。time 函数的调用方法为 time(NULL)。

(8)语句⑤是生成随机数的语句。rand()函数生成的随机数范围在 0~32767,要想生成一个范围在 m~n 的随机数,使用表达式应为:rand() %(n-m+1)+m。

程序运行结果如图 7-32 所示。

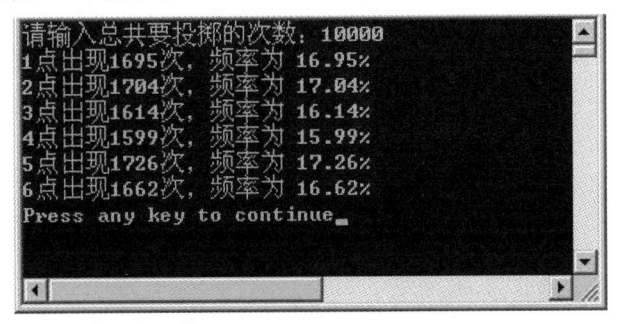

图 7-32 例 7.20 的运行结果

【例 7.21】 编写程序,输出 2~n 的全部素数。素数即是质数,即那些只能被 1 及其自身整除的正整数。

程序思路:

(1)先看判断某个正整数 x 是否为素数的方法:根据定义,从 2 到 x-1 的数如果全部不能够被 x 整除,则说明 x 是一个素数,否则 x 就不是素数。(这一步可用一个循环来实现)。

(2)2~n 的每个 x 都要套用(1)中所说的那个循环来判断。

程序代码如下:

```c
#include <stdio.h>
#include <math.h>
main()
{
    int n;                      /*要判断的最大正整数*/
    int x;                      /*x 既是要判断的每个整数,同时也作循环变量使用*/
    int j;                      /*判断某个 x 是否为素数的循环变量*/
    printf("请输入一个正整数:");
    scanf("%d",&n);
    for(x=2; x<=n; x++)
    {
        for(j=2; j<x; j++)      /*更高效的循环为 for(j=2; j<sqrt(x)+1; j++)*/
        {
            if(x % j==0)        /*x 能被 2~x-1 中的某个数整除*/
                {break;}        /*不是素数,提前结束对 x 的判断*/
        }
```

```
            if(j==x)              /* ①如果循环退出时j等于x,说明x是素数 */
              {printf("%5d",x);}  /* 输出这个素数x */
        }
        printf("\n");
}
```

程序说明：

(1)语句①用于确定某个数到底是否素数,如果是才输出它。其道理是:上面判断数 x 是否为素数的循环可能从两个位置结束,一是循环条件 j<x 不满足(j==x),二是执行到了 break 语句。若是循环条件不满足,则说明 x 是素数;若是因为 break 才结束循环,则 j<x。因此,才有语句①的判断。

(2)如果内部循环使用的是 for(j=2;j<sqrt(x)+1;j++),因 sqrt(x)是求平方根的库函数,故程序开头需要用"#include <math.h>"语句来包含 math.h。

(3)如果使用了(2)中所说的循环,则程序要进行一些调整。调整后的代码如下：

```c
#include <stdio.h>
#include <math.h>
main()
{
    int n;              /* 要判断的最大正整数 */
    int x;              /* x既是要判断的每个整数,同时也作循环变量使用 */
    int j;              /* 判断某个x是否为素数的循环变量 */
    int flag;           /* 指示数x是否为素数的标志,0代表是,1代表不是 */
    printf("请输入一个正整数:");
    scanf("%d",&n);
    for(x=2; x<=n; x++)
    {
        flag=0;         /* 任何一个数都是先假定为素数,故赋值为0 */
        for(j=2; j<sqrt(x)+1; j++)
        {
            if(x % j==0)           /* x能被2~x-1中的某个数整除 */
              { flag=1;break;}     /* 不是素数,提前结束对x的判断 */
        }
        if(flag==0)                /* 说明x是素数 */
          { printf("%5d",x);}      /* 输出这个素数x */
    }
}
```

程序运行结果如图 7-33 所示。

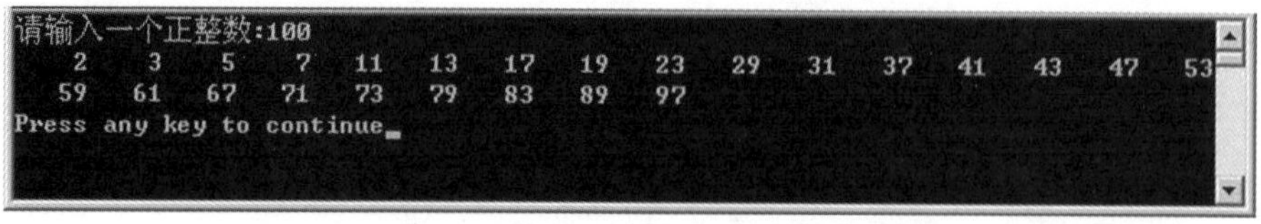

```
请输入一个正整数:100
    2    3    5    7   11   13   17   19   23   29   31   37   41   43   47   53
   59   61   67   71   73   79   83   89   97
Press any key to continue_
```

图 7-33 例 7.21 的运行结果

【**例 7.22**】 用筛法求 2～500 的素数。所谓"筛"就是把那些是素数的倍数的数去掉,剩余的数就全部是素数了。

程序思路:

(1)用数组 s 的下标来代表 2～500 的全部数,即需要定义一个具有 501 个元素的数组,每个数组元素的值为两种情况:①值为 0,下标对应的数为素数。②值为 1,下标对应的数为非素数。

(2)首先将每个数组的元素值全部初始化为 0。

(3)将所有下标是 2 的倍数(不含 2)的元素置为 1,如图 7-34(a)所示。

(4)将所有下标是 3 的倍数(不含 3)的元素置为 1,如图 7-34(b)所示(已经被置为 1 的元素不用处理,如 s[6]、s[12]等)。

(5)下标为 4 的元素值是 1,这时其倍数的元素值也一定是 1(这是由步骤(3)决定的),因此没必要再处理。

(6)将所有下标是 5 的倍数(不含 5)的元素置为 1,如图 7-34(c)所示(已经被置为 1 的元素不用处理,如 s[10]、s[15]等)。

(7)以此类推,继续向后处理。下标的变化范围为 2～500(0、1 两个位置空着不用)。

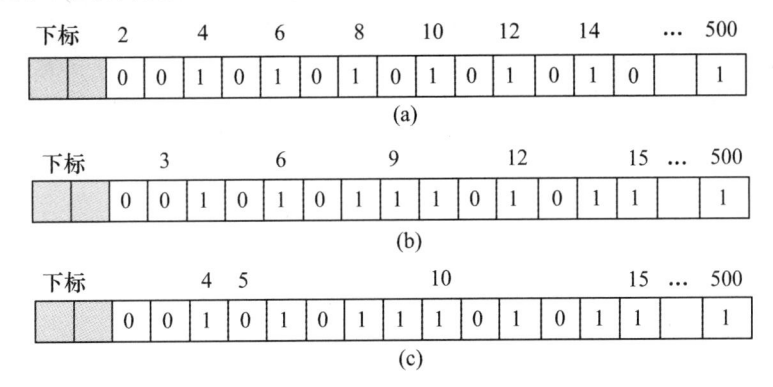

图 7-34 例 7.22 筛法排除非素数的过程

程序代码如下:

```
#include <stdio.h>
main()
{
    int i=0;           /*用来控制数(下标)从 2 到 500 的变化*/
    int j=0;           /*用来处理某个数 i 的倍数下标位置*/
    int s[501]={ 0 };  /*全部元素初始化为 0*/
    for(i=2; i<501; i++)
    {
        if(s[i]==1)    /*第 i 个位置已经被置为非素数了*/
        {continue;}    /*继续处理下一个位置*/
        else           /*第 i 个位置为 0,表示 i 是素数,要排除掉 i 的倍数*/
        {
            for(j=i+i; j<501; j+=i) /*查找到所有 i 的倍数位置*/
            {
```

```
                if(s[j]!=1)              /*如果j位置还没置为1,则置其为1*/
                {s[j]=1;}
            }                            /*for(j=i+i; j<501; j+=i)*/
        }                                /*end  of   else*/
    }                                    /*end of   for(i=0; i<501; i++)*/
    for(i=2; i<501; i++)                 /*输出为0的下标,即是输出素数*/
    {
        if(s[i]==0)
        { printf("%4d",i); }
    }
    printf("\n");
}
```

程序说明:

例 7.22 这种把下标对应成一个数的做法,是对数组灵活使用的一种体现。

运行结果如图 7-35 所示。

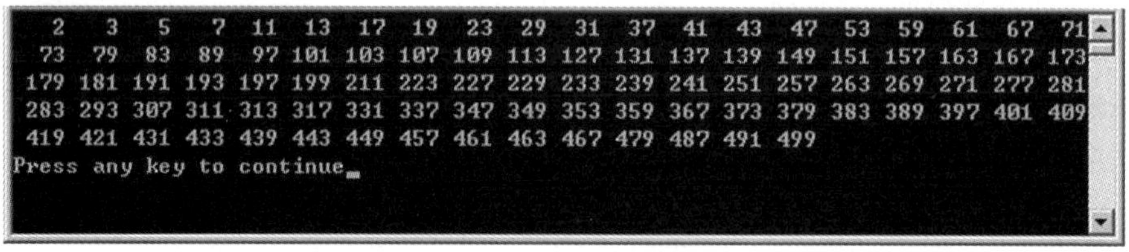

```
   2   3   5   7  11  13  17  19  23  29  31  37  41  43  47  53  59  61  67  71
  73  79  83  89  97 101 103 107 109 113 127 131 137 139 149 151 157 163 167 173
 179 181 191 193 197 199 211 223 227 229 233 239 241 251 257 263 269 271 277 281
 283 293 307 311 313 317 331 337 347 349 353 359 367 373 379 383 389 397 401 409
 419 421 431 433 439 443 449 457 461 463 467 479 487 491 499
Press any key to continue_
```

图 7-35 例 7.22 的运行结果

7.5 项目实现

本节将编码实现简单学生成绩管理系统的主要功能函数,各函数编写完成后,请在程序开头添加上各函数的声明。项目代码全部实现后,请调试通过并执行。

7.5.1 主函数代码实现

```c
#include <stdio.h>
#include <stdlib.h>
#include <conio.h>
#include <string.h>
#define N 60
/*函数声明区(请读者依照7.3.3节的函数声明内容补全)*/
main()
{
    int choice=0;           /*代表用户选择的操作数字*/
    int s=0;                /*用户密码是否验证成功的标志,初始为0*/
    int datalen=0;          /*数组中实际输入成绩的个数,未输入前初始为0*/
    int x;                  /*要查找的成绩*/
    int score[N]={0};       /*初始化数组的元素为0*/
    char password[10];      /*用户输入的口令*/
```

```c
    int id;                         /*待查询分值的下标*/
    /*====输入并验证用户的口令====*/
    puts("请输入登录密码");
    gets(password);                 /*接收用户密码*/
    if(!login(password))            /*如果密码验证函数返回的值是0,表示密码不对*/
    {
        puts("密码不对,程序将退出!");
        getch();                    /*让终端暂停一下,按任意键可继续*/
        exit(0);                    /*退出程序*/
    }
    /*====根据用户的选择,执行相应的操作.====*/
    do
    {
        displayMenu();              /*显示主菜单*/
        printf("\n 请选择您的操作(1,2,3,4,5):\n");
        scanf("%d",&choice);
        switch(choice)              /*根据用户选择进行判断*/
        {
            case 1:                 /*输入成绩*/
                datalen=inputScore(score,N);
                                    /*输入完成绩后,得到实际成绩的个数,存储
                                      在 datalen 变量*/
                break;
            case 2:                 /*输出成绩*/
                outputScore(score,datalen);
                break;
            case 3:                 /*查询成绩*/
                printf("\n 请输入要查找的成绩:");
                scanf("%d",&x);
                id=queryScore(score,datalen,x);
                if(id>=0)
                    printf("已查到,下标为:%d\n",id);
                else
                    printf("未查到指定分值\n");
                break;
            case 4:                 /*降序排序成绩*/
                sortScore(score,datalen);
                outputScore(score,datalen);
                break;
            case 5:                 /*退出系统*/
                exit(0);
                break;
        }                           /*end of switch*/
    }while(1);                      /*end of do-while*/
}                                   /*end of main function*/
```

7.5.2 输入成绩功能的实现

```
/************************************************
功能:输入学生成绩到数组中,并返回输入的成绩个数
参数:
参数1:score[]
  类型:int[]
  说明:学生成绩数组
参数2:length
  类型:int
  说明:要输入的学生成绩数组的最大长度
返回值:realLength
  类型:int
  说明:实际成绩数组的有效值个数
************************************************/
int inputScore(int score[],int length)
{
    int realLength=0;              /*输入完成后,实际输入的成绩个数*/
    int tmp;                       /*暂存变量,用以判断输入的成绩是否在合法范围内*/
    printf("请输入学生的成绩(以-1结束输入):\n");
    do{
        printf("第%d个学生:",realLength+1);    /*提示输入某个学生的成绩*/
        scanf("%d",&tmp);          /*先暂存到tmp变量中*/
        if(tmp>=0 && tmp<=100)     /*合法成绩,转存到数组的某个元素中*/
        {
            score[realLength]=tmp;
            realLength++;
        }
    }while(tmp!=-1 && realLength<length);  /*当成绩未输入完且数组没存满,继续*/
    return realLength;             /*返回实际的成绩个数*/
}
```

7.5.3 输出成绩功能的实现

```
/************************************************
功能:输出数组中存储的学生成绩
参数:
参数1:score[]
  类型:int[]
  说明:学生成绩数组
参数2:length
  类型:int
```

说明:要输出的学生成绩数组的元素个数
返回值:无
***/
```c
void outputScore(int score[],int length)
{
    int i;                      /*数组下标循环控制变量*/
    printf("学生的成绩:\n");
    for(i=0; i<length; i++)
        printf("%4d",score[i]);
    printf("\n");
}
```

7.5.4 查询成绩功能的实现

/***
功能:在学生成绩数组中查询指定的分值是否存在,如果存在,则返回该分值对应的下标,如果不存在,
    则返回-1
参数:
参数1:score[]
    类型:int[]
    说明:学生成绩数组
参数2:length
    类型:int
    说明:学生成绩数组的元素个数
返回值:int
    说明:若返回非负数,则为待查询分值对应的下标;若返回-1,则表示指定分值未查到
***/
```c
int queryScore(int score[],int length,int searchScore)
{
    int id=-1;                  /*待查询成绩的下标,并赋初值为-1*/
    int in;                     /*定义与数组配合使用的循环变量*/
    for(in=0; in<length; in++)  /*从第0个元素开始查找比较*/
    {
        if(score[in]==searchScore)  /*查找到一个等于指定成绩的分值*/
        {
            id=in;              /*更新id*/
            break;              /*提前结束循环*/
        }
    }
    return id;                  /*返回最后的id(如果一直未找到,id仍然是-1)*/
}
```

7.5.5 成绩排序功能的实现

```c
/***************************************************
功能:按照成绩从高到低排序(采用选择排序法)
参数:
参数1:score[]
    类型:int[]
    说明:学生成绩数组
参数2:length
    类型:int
    说明:学生成绩数组的元素个数
返回值:无
***************************************************/
void sortScore(int score[],int length)
{
    int id;                              /*记录每趟最高分的下标*/
    int in,jn;                           /*定义与数组配合使用的循环变量*/
    int t;                               /*临时交换变量*/
    for(in=0; in<length-1; in++)         /*比较趟数*/
    {
        id=in;                           /*假设第in趟最高分的位置(赋初值)*/
        for(jn=in+1; jn<length; jn++)    /*确定第in趟的最高分的下标*/
            if(score[id]<score[jn])      /*找到更高分*/
                id=jn;                   /*更新id*/
        /*交换id与in位置上的值*/
        t=score[id]; score[id]=score[in]; score[in]=t;
    }
}
```

7.5.6 登录功能的实现

在简单成绩管理系统中,设计了一个用户登录功能,其函数原型声明为:
`int login(char password[]);`

登录函数的功能是,判断字符串 password 是否与程序中预设的一个固定字符串(如"abc1234")一致,如果一致,则返回1,否则返回0。

这里需要用到字符串比较函数 strcmp。函数代码如下:

```c
int login(char password[])
{
    if(strcmp(password,"abc1234")==0)    /*如果两个密码串是相等的*/
    { return 1; }
    else                                 /*否则,若密码串不等*/
    { return 0; }
}
```

问题：

运行上面加入了密码验证的程序，读者会发现只要一次输入密码不对，程序就结束了。如果现在要求允许用户尝试三次输入密码，如果三次都不对，才退出程序，该如何修改 main 函数。

7.6 项目小结

数组是很多语言中解决简单问题的一种基本构造数据类型，它可以具有多个相同类型的元素，数组存储在内存中一段连续的空间。

数组中用第 0 个元素的地址代表整个数组的起始地址（数组元素存储在内存中连续空间的最开头位置），访问地址在程序中用数组名来表示。例如"int x[10]"定义了一个具有 10 个整型数据元素的一维数组，则 x[0]~x[9]是 10 个连续存储在内存中的数据，x[0]是最开头元素，其地址（&x[0]）与 x 是同一个位置。

访问一维数组的所有元素通常是与一个单重循环有关，循环的次数与数组中元素的个数有关。

字符串也是一个一维数组（字符类型）。每个字符串末尾均应该有一个结束标志('\0')。对字符串的处理通常是根据其结束标志来判断是否处理完毕。系统中提供了许多与字符串操作相关的函数，如 gets、puts、strlen、strcpy、strcat 和 strcmp 等。我们需要掌握其功能及调用方法，另外，也要对这些系统库函数的具体处理过程有一定的理解。

二维数组可以较方便地处理矩阵数据。我们通常把二维数组理解成一个具有多行（第一维数值决定行数），每行上又有多列（第二维决定列数）的一个二维矩阵阵列。也可以把二维数组想象成一个一维数组（元素的个数由第一维决定），每个元素又是一个包含有多个元素的一维数组（元素的个数由第二维决定）。例如，"int arr[10][30]"定义了一个二维数组，我们可以理解它是一个 10 行 30 列的矩阵，或想象为 arr 是一个具有 10 个元素的一维数组，每个元素是一个具有 30 个整型元素的一维数组。二维数组元素的引用通常与一个双重循环有关，外层循环用来控制访问行，内层循环用来控制访问列。

习题 7

1. 填空题

(1) 语句"char str1[]="abcde";"声明的数组 str1 的分配空间是_____字节。

(2) 语句"char str2[]={ 'a','b','c','d','e' };"声明的数组 str2 的分配空间是_____字节。

(3) 下面的语句序列是否能够正确执行？"char s[10]; s="xyz";"，_____。

(4) 假设要定义一个二维数组 a[3][2]，则对它进行初始化的语句为_____。

(5) 执行以下程序段后的输出结果是_____，系统为数组 x 分配的内存字节数是_____。

```
char x[]="123\0123\n\08";
printf("%d",strlen(x));
```

(6) 执行以下程序段后的输出结果是_____,数组元素 x[6]的值为_____。
```
char x[10]="ABCDEFGH",y[]="abc";
strcpy(x,y);
printf("%s",x);
```

2. 项目训练题

(1) 编写函数,将一个整型数组的全部元素逆序存储,即若原来数组元素分别为 1 2 3 4 5,逆序存储后数组各元素变为 5 4 3 2 1。函数原型可声明为:"void reverse(int a[],int n);",参数 a 为数组,n 为数组中的元素个数。

(2) 编写函数,将一个字符串的全部有效元素逆置。函数原型可声明为:"void reverseStr(char str[]);",参数 str 为字符串的首地址。

(3) 编写函数,将数组 s1 中的全部奇数都复制到数组 s2 中。函数原型可声明为:"int copyTo(int s1[],int n,int s2[]);",参数 s1 和 s2 为两个数组,n 为数组 s1 中元素的个数,返回值为复制完成后 s2 中元素的个数。

(4) 编写函数,将字符串 str1 中的小写字母全部存放到字符串 str2 中。函数原型可声明为:"void copyToStr(char str1[],char str2);"。

(5) 编写函数,删除字符串 str 中的所有 ch 字符。函数原型可声明为:"void deleteAll(char str[],char ch);",参数 str 为将要处理的字符串,ch 为要删除的字符。

(6) 编写函数,用字符 ch2 替换字符串 str 中的字符 ch1(注意:要全部都替换掉)。函数原型可声明为:"void replaceAll(char str[],char ch1,char ch2);"。

(7) 编写函数,将一个十进制数转换成一个二进制数(提示:将转换后的二进制数各位的值依次存储在一个一维数组中,要输出时,只要逆序输出这个数组各元素的值即可)。函数原型可声明为:"int transformToBin(int dnum,int bin[]);",参数 dnum 是要转换的十进制数,bin 是存储转换后的二进制值的数组(逆序存储的),返回值是 bin 数组中元素的个数。

(8) 编写函数,将一个十进制数转换成一个十六进制数(提示:方法与转换为二进制类似,不过由于十六进制数有 a、b、c、d、e、f 等字符,因此在存储时需要考虑将结果存储为字符。并在字符串的末尾添加'\0',这样在调用这个函数时,就只需要逆序输出字符串就可以了)。函数原型可声明为:"void transformToHex(int dnum,char hex[]);",参数 dnum 是要转换的十进制数,hex 是存储转换后的十六进制值(字符型)的数组(逆序存储的)。

(9) 编写程序,将一个二维数组 x(假设为 5 行 6 列)各行中的最大值找出来,并存放到一个一维数组 y 中(y 应含有 5 个元素,y[i]存储的是 x 第 i 行的最大值)。因数值较多,可考虑二维数组元素的值用随机函数来产生,数值大小可限定在 0~100。

(10) 编写程序,将一个二维数组 x(假设为 5 行 6 列)各列中的最小值找出来,并存储到 x 的第 0 行(输入数组元素时,x 的第 0 行空着不存储,在处理时 x[0][i]存储第 i 列的最小值)。数据也考虑用随机函数产生,范围在 0~100。

项目 8 改写简单成绩管理系统

8.1 项目目标

本项目将利用指向数组的指针来改写简单学生成绩管理系统,它具有以下功能:
- 指针编程实现单门成绩的输入、储存
- 指针编程实现单门成绩的输出
- 指针编程实现查询最高分和最低分
- 指针编程实现对单门成绩的排序
- 指针编程实现对用户身份的验证

开发项目所需学习的知识:
- 指针的概念
- 指针的定义和引用
- 指针做函数参数
- 指向一维数组的指针的应用
- 指向字符串的指针的应用
- 指针和二维数组
- 指向函数的指针

指针的使用是 C 语言的最大特色之一。我们可以使用指针来实现函数间的通信(做函数参数),更可以通过指针来灵活地操作数组和字符串。当然,有时候指针也是较复杂的一个概念。初学者只要抓住了指针的根本,也就很容易理解了。

8.2 项目分析与设计

本项目要求大家参照项目 7 的简单成绩管理系统,用指针做函数参数的形式,并使用指针编程改写全部功能。包括:密码验证、主菜单显示、输入成绩、输出成绩、查找最高分、查找最低分、查找特定成绩 x、降序排序成绩等功能,并可扩展如下几个功能:

(1) 求平均成绩。
(2) 求每个成绩段(<60,60~69,70~79,80~89,90~100)的人数。
(3) 在已经是降序的成绩中插入一个新的成绩,并使成绩仍然保持降序排序。

【注意】 对于上述的每个功能,都要完成下面三个步骤的工作:
(1) 声明函数。
(2) 定义函数。
(3) 在主函数 main 中 switch 的不同 case 分支中调用各个函数(密码验证和主菜单显示函数除外)。

main 函数的执行流程与 7.3.2 节中 main 的流程完全一致，只需要在 switch 中添加扩展功能的函数的调用分支即可。其他函数的分析和设计请参照项目 7 中所述。

8.2.1　扩充功能分析

除基本功能外，本项目还将添加以下扩展功能：

求平均成绩函数：double averageScore(int * score,int length)；score 为指向成绩数组的指针，length 为成绩数组中实际的成绩的个数。返回值为平均成绩。

求每个成绩段的人数的函数：void countPeople(int * score,int length,int * people)；score 为指向成绩数组的指针，length 为成绩数组中实际的成绩的个数，people 为指向存储每个成绩段人数的数组的指针。其中 *(people+0)、*(people+1)、*(people+2)、*(people+3) 和 *(people+4) 分别对应存储<60、60~69、70~79、80~89 和 90~100 的人数。

插入成绩函数：int insertScore(int * score,int length,int x)；score 为指向成绩数组的指针，length 为成绩数组中实际的成绩的个数，x 为要插入的成绩。插入成绩 x 后，数组应该仍然保持降序排序，且成功插入后，返回值为新的实际成绩的个数 length+1(数组元素个数增加了 1)。

8.2.2　函数原型设计

改写后的学生成绩管理系统中的各功能函数原型声明见表 8-1。

表 8-1　　　　改写后的学生成绩管理系统中的各功能函数原型声明

序号	函数原型说明	备注
1	void displayMenu()	显示菜单
2	int login(char * password)	验证口令，返回 1 或 0
3	int inputScore(int * score,int length)	输入学生成绩到数组中
4	void outputScore(int * score,int length)	输出数组中的学生成绩
5	int queryScore(int * score,int length,int xScore)	查询成绩，成功返回下标；否则返回 -1(不可能出现的数组下标，以作为错误标志)
6	void sortScore(int * score,int length)	排序学生的成绩，按照从高到低排序
7	double averageScore(int * score,int length)	求学生平均分
8	void countPeople(int * score,int length,int * people)	统计各个成绩段的人数
9	int insertScore(int * score,int length,int x)	插入一个新成绩，并使用数组保持原有的降序

8.3　知识准备

8.3.1　指针概念及引用

1. 指针的概念

C 语言中的每个变量在内存中都被分配了相应的存储空间(一个或几个字节)，每个字节都有一个内存的字节编号。我们称这个编号为"内存地址"，或简称为"地址"。这个存储空间的首个字节的地址即被称为"变量的地址"。在变量的内存空间里存储的数据就称为"变量的值"。

编程人员可以通过取地址运算符"&"来查看内存变量的地址。

【例8.1】 编写程序查看两个内存变量的地址。

```
#include <stdio.h>
main()
{
    int h=6;
    double m=3.14;
    printf("变量h的地址为:%p\n",&h);      /*输出h的地址*/
    printf("变量m的地址为:%p\n",&m);      /*输出m的地址*/
}
```

程序运行结果如图 8-1 所示(你的机器显示数值也许会与图 8-1 不同)。

```
变量h的地址为: 0013FF7C
变量m的地址为: 0013FF74
Press any key to continue
```

图 8-1 例 8.1 的运行结果

程序说明：

(1)取变量的地址要在变量名前加取地址运算符"&"。

(2)变量的地址输出时可以使用格式修饰符%p。%p 通常是以十六进制形式显示某变量的内存地址。

指针(pointer)就是变量地址的另一种说法,也就是说"指针"即"地址"。如果将指针存储到另一个变量中,那么这个变量就被称为"指针变量"。换句话说,一个"指针变量"其值是另一个变量的内存地址的变量。

以后,在不引起歧义的情况下,"指针变量"也被简称为"指针"。

微课

指针变量

2. 指针的定义及赋值

指针变量的定义格式如下：

数据类型 * 指针变量名(表);

【例8.2】 定义一个指向整型变量的指针,定义形式如下：

```
int num=5;        /*定义了一个整型变量*/
int * pn;         /*定义了一个可以指向整型变量的指针变量*/
pn=&num;          /*将变量num的地址赋值给指针变量pn(称之为pn指向了某个变量)*/
```

【说明】

(1)定义时变量 pn 前加了一个"*"号,即表示变量 pn 是一个指针变量。

(2)上述定义指针变量的过程大致分为三步：

①定义一个普通的变量。

②用普通变量的数据类型再定义一个指针变量。

③将普通变量的地址(在变量名前用取地址符"&")赋值给指针变量。

任何指针变量定义后都应该使其能够指向某个普通变量的地址,然后才能对指针变量进行操作,否则使用这个指针就会有潜在的危险。当然,与普通变量一样,也可以在定义的同时就给指针变量赋值。

【例 8.3】 分别定义指向几种基本数据类型的指针变量,并给它们赋值。形式如下:
```
double dnum=6.2,* pd;      /* 定义了一个可以指向 double 类型变量的指针变量 */
pd=&dnum;                  /* 使 pd 实际指向变量 dnum */
char ch1='M',ch2='N',* pc1=&ch1,* pc2=&ch2;
/* 定义了可以指向字符变量的两个指针,并在定义的同时给它们赋值 */
```

3. 指针的引用

当一个指针变量指向普通变量后,就可以通过两种不同的途径来访问该变量的值:
(1)普通变量(这就是我们在前几个项目讲过的对变量的使用)。
(2)通过指针变量也可以引用变量的值。
下面是一个用两种不同方式引用变量值的程序。

【例 8.4】 指针变量的引用。求两个整数的和。
```
#include <stdio.h>
main()
{
    int num1,num2,sum=0; /* 定义两个整型变量及求和变量 */
    int * ps;            /* 定义一个可以指向整型变量的指针变量 */
    ps=&sum;             /* 使指针变量 ps 实际指向求和变量 sum */
    printf("请输入两个整数\n");
    scanf("%d%d",&num1,&num2);
    printf("求和前:sum=%d,* ps=%d\n",sum,* ps); /* 求和前变量 sum 及 * ps 的值 */
    sum=num1+num2;                              /* 求和 */
    printf("求和后:sum=%d,* ps=%d\n",sum,* ps); /* 求和后变量 sum 及 * ps 的值 */
}
```
程序运行结果如图 8-2 所示。

```
请输入两个整数
5 7
求和前: sum=0 , *ps=0
求和后: sum=12 , *ps=12
Press any key to continue
```

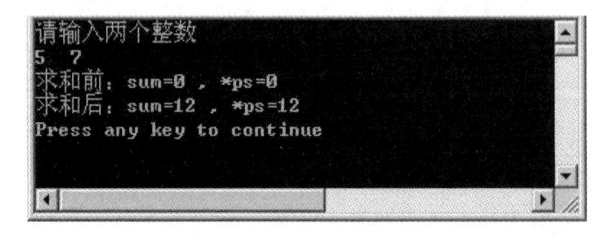

图 8-2 例 8.4 的运行结果

程序说明:
(1)本程序是想通过对两个整数的求和,让读者了解指针变量该如何引用。
(2)通过用 sum 变量来实际求和,而用 * ps 的形式来输出值,看其与 sum 是否一致。
(3)两个 printf 语句的目的是对比求和前及求和后变量的变化。

通过程序的输出,可以发现程序执行前后,变量 sum 及 * ps 的值均是一样的。这也就是可以通过指针变量来引用其所指向变量的原因。

通过上面的小程序,可以得出一个使用指针的方法,即:在一个程序中,如果指针 ps 指向了变量 sum,则有下面的等价关系:

$$* ps \Longleftrightarrow sum$$

【注意】

在使用指针变量时,有两个地方出现了"*"号,其意义为:

(1)在定义时(如 int * ps),此时的"*"号只是指出了 ps 是一个指针变量。

(2)在引用指向的变量的值时(如 printf 语句中的 * ps),只有在指针变量名前有"*"号,才代表引用其所指向的那个变量的值,而不是 ps 本身的值(ps 本身的值是 &sum)。

8.3.2 指针做函数参数

例 8.4 中指针的用法,通常只是用来帮助读者分析和理解对指针的使用,在实际编程中,用得较少(因为同一个函数中既有普通变量,又有指向其值的指针变量,显得累赘)。实际使用时,指针通常是用作函数的参数。

把指针作为函数的参数,可以达到突破函数界限,在一个函数里引用另一个函数中的变量的效果。通过指针做函数参数,也可以达到返回多个值的目的。

【例 8.5】 用指针做参数,实现对两个数的交换。

```
#include <stdio.h>
void swap(int * p1,int * p2);       /* 声明交换函数 */
main()
{
    int num1,num2;
    printf("请输入两个整数\n");
    scanf("%d%d",&num1,&num2);
    printf("交换前:num1=%d,num2=%d\n",num1,num2);
    swap(&num1,&num2);              /* 调用 swap 函数,交换 num1 和 num2 的值 */
    printf("交换后:num1=%d,num2=%d\n",num1,num2);
}
void swap(int * p1,int * p2)
{
    int tmp;                        /* 定义一个临时交换变量 */
    tmp= * p1;                      /* 交换两个参数所指向的变量的值 */
    * p1= * p2;
    * p2=tmp;
}
```

程序说明:

(1)函数 swap 的两个参数均为指针变量,因此,在 swap 函数内部交换的应该是它们所指向的变量(num1 和 num2)的值,而不是它们本身,故需要用 * p1、* p2 的形式引用。

(2)调用指针作为参数的函数时,对应指针参数的实参必须为某个变量的地址(如 &num1,&num2)。

程序运行结果如图 8-3 所示。

【例 8.6】 编写一个函数,同时求三个 float 类型数据的最大值和平均值。

程序思路:由于函数只能返回一个值,现在要求从一个函数得到两个值,故一个通过返回值得到,另一个就只能通过指针做函数参数的形式来得到。函数原型可定义如下:

```
float get(float a,float b,float c,float * avg);
```

其中,返回值设计为最大值,a、b、c 为所处理的三个数据,指针 avg 指向存储平均值的变量。

图 8-3 例 8.5 的运行结果

程序代码如下：

```c
#include <stdio.h>
float get(float a,float b,float c,float *avg);
main()
{
    float n1,n2,n3;                    /*定义三个待处理的变量*/
    float average,max;                 /*定义存储平均值和最大值的变量*/
    printf("请输入三个 float 数据：");
    scanf("%f%f%f",&n1,&n2,&n3);       /*输入三个待处理的数据*/
    max=get(n1,n2,n3,&average);        /*调用函数计算最大值和平均值*/
    printf("max=%f\naverage=%f\n",max,average);   /*输出结果*/
}
float get(float a,float b,float c,float *avg)
{
    float max;
    *avg=(a+b+c)/3;                    /*计算平均值*/
    if(a>b)                            /*求 a、b 中的最大值,存储在 max 中*/
    {max=a;}
    else
    {max=b;}
    if(max<c)                          /*求 max 与 c 中的最大值*/
    {max=c;}
    return max;                        /*返回最大值*/
}
```

程序说明：

本例要实现的功能并不难理解，关键是对于这种要得到一个以上值的函数的处理方法。我们采用的是用 return 语句得到一个返回值，再用指针做参数得到另一个值。如果需要返回更多值，理论上可以使用多个指针做函数参数来得到。

程序运行结果如图 8-4 所示。

图 8-4 例 8.6 的运行结果

8.3.3 指针与一维数组

如果一个函数要得到三个以上的同种类型的数据,再采用每个数据通过一个指针来得到的形式,会显得很烦琐,这时候就可以用数组名或一个指向数组的指针来做函数参数。利用指向数组的指针(或数组名)做函数参数,可以一次得到若干个同种类型的数据。

1. 指向一维数组的指针

【例 8.7】 编写一个函数,用指向一维数组的指针做函数参数,输出该一维数组的全部元素。

程序思路:

函数的参数变换为指针形式(以前是用数组名做参数),函数原型如下:

void output(int * p,int length);

其中参数 p 是一个指向一维数组的指针,length 是一维数组中元素的个数。

程序代码如下:

```
#include <stdio.h>
void output(int * p,int length);
main()
{
    int a[6]={ 2,4,6,8,10,12 };    /*定义数组*/
    output(a,6);                    /*调用函数输出数组中的各元素值*/
}
void output(int * p,int length)
{
    int in;                         /*定义循环变量*/
    for(in=0; in<length; in++)
    {printf("%5d", *(p+in));}
}
```

程序说明:

(1)本例在声明函数原型时,使用了指针做函数参数,该指针(p)所指向的是一个一维数组(a)的首地址。

(2)调用本例的 output 函数时,对应指针参数(p)传递的是一个特殊的值,该值为一个数组的首地址,即数组名。

(3)在使用指针时,使用了 *(p+in)的形式。当一个指针 p 指向某数组 a 的首地址后,p+in 即代表的是数组 a 的第 in 个元素的地址,因此,*(p+in)就是数组 a 的第 in 个元素的值。

(4)C 语言规定,当指针 p 指向数组 a 的首地址后,每个元素的地址联系为:a+in 与 p+in 相等,因此有:

a+in ⟺ p+in

a[in] ⟺ p[in] ⟺ *(a+in) ⟺ *(p+in)

程序运行结果如图 8-5 所示。

```
     2    4    6    8   10   12
Press any key to continue_
```

图 8-5　例 8.7 的运行结果

2. 指针的算术运算

指针变量之间的相乘或相除没有什么实际意义。只有当指针变量指向一个连续存储的内存单元(如数组),则此时指针变量的加、减算术运算是有实际意义的。而且在实际编程中,对于数组或字符串的处理也经常会用到指针的加、减算术运算。

(1) 一个指针指向一个连续的单元

当一个指针指向一个连续单元时,对该指针变量可进行加减一个量数的运算。

例如上面提到的当指针变量 p 指向数组 a 的首地址时,p+0、p+1、p+2、…、p+in 分别代表的是数组 a 的第 0、1、2、…、in 个元素的地址,而 *(p+0)、*(p+1)、*(p+2)、…、*(p+in)则分别代表了数组 a 的第 0、1、2、…、in 个元素的值。

当然,如果一开始指针 p 指向的是 a[5]的地址(p=&a[5]),则可以在 p 上做减法。p−0、p−1、p−2、p−3、p−4、p−5 则分别代表了 &a[5]、&a[4]、&a[3]、&a[2]、&a[1]、&a[0]。

【注意】　指针运算 p+in 指向的是 p 后的第 in 个元素的地址(而非 p 后的第 in 个字节)。

根据指针所指向的连续存储单元的数据类型不同,p+1 每次指向的字节数是有变化的,几种不同的数据类型对应的情形如下:

① char 型:p+1 指向 p 后的 1 个字节,因为每个字符只占 1 个字节。p+i 指向 p 后的第 i 个字节,如图 8-6(a)所示。

② int 型:p+1 指向 p 后的 4 个字节(字长为 32 位的系统。若是 16 位字长的系统,则为 2 个字节),因为每个 int 型数据占 4 个字节(字长为 32 位的系统)。p+i 指向 p 后的第 i*4 个字节(字长为 32 位的系统)。如图 8-6(b)所示。

③ float 型:p+1 指向 p 后的 4 个字节,因为每个 float 型数据占 4 个字节。p+i 指向 p 后的第 i*4 个字节。如图 8-6(b)所示。

④ double 型:p+1 指向 p 后的 8 个字节,因为每个 double 型数据占 8 个字节。p+i 指向 p 后的第 i*8 个字节。如图 8-6(c)所示。

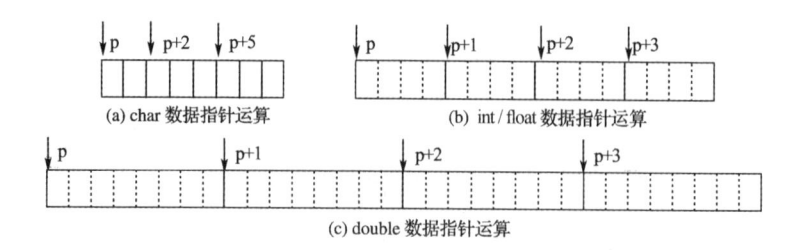

(a) char 数据指针运算

(b) int/float 数据指针运算

(c) double 数据指针运算

(虚线表示字节的分隔,实线表示元素的分隔)

图 8-6　不同类型数据的指针的运算

(2) 两个指针指向同一个连续单元

当两个指针指向同一个连续单元时,两个指针之间的相减运算具有实际意义,代表了两个指针之间相差多少个存储单元。

例如,假设有指针 p 指向数组 a 的首地址,另有指针 q 指向数组元素 a[5]的地址,则 q－p 的结果为 5,即意味着两个指针之间相差 5 个元素。若 q－p 为正,则表示 q 指针在 p 指针的后面,若 q－p 为负,则表示 q 指针在 p 指针的前面。具体情况如图 8-7 所示。

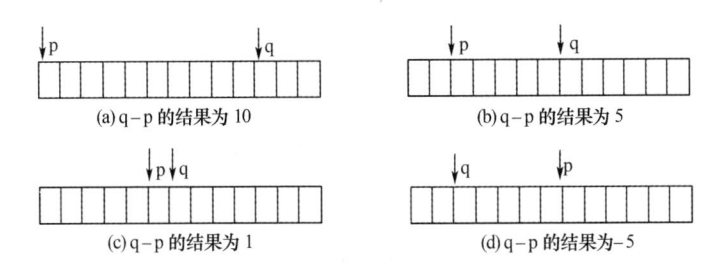

图 8-7 两个指针指向同一个连续单元的运算

【例 8.8】 编写函数,用两个指针实现将数组元素逆置。

可以设计一个函数 invert 来实现,该函数用指向数组的指针做参数。函数原型为:

void invert(int * x,int n);

其中,x 是数组首地址,n 是数组 x 中的元素个数。

程序思路:

(1)定义两个指针变量 p 和 q,p 指向数组的首地址,q 指向数组最后一个元素的地址。

(2)交换 p 和 q 所指向的单元的数值。

(3)p 增加 1,q 减少 1。

(4)重复(2)和(3)两步,直到 p＞＝q 时结束(过程如图 8-8 所示)。

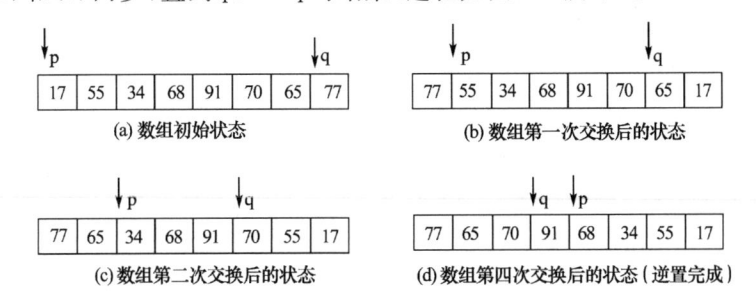

图 8-8 用指针逆置数组元素过程

程序代码如下:

```
#include <stdio.h>
void invert(int * x,int n);
main()
{
    int a[]={ 17,55,34,68,91,70,65,77 };      /*定义数组并初始化*/
    int in;                                    /*定义循环变量*/
    invert(a,8);                               /*调用函数逆置数组的元素*/
```

```
        for(in=0; in<8; in++)
        {printf("%5d",*(a+in)); }              /*输出逆置后的数组元素*/
        printf("\n");
}
void invert(int *x,int n)
{
    int *p,*q;          /*定义指向数组首地址(x)和最末元素地址的指针变量*/
    int tmp;            /*定义用于交换的临时变量*/
    for(p=x,q=x+n-1; p<q; p++,q--)
    {
        tmp=*p; *p=*q; *q=tmp;
    }
}
```

程序说明：

(1)从图 8-8 中可看出，初始时，指针 p 和 q 分别指向数组的第 0 个元素和第 7 个元素(见图 8-8(a))，并将这两个位置上的元素值进行交换(第一次)，交换后指针 p 向后移动一个元素，指针 q 向前移动一个元素(见图 8-8(b))。

(2)重复交换、向后移动指针 p、向前移动指针 q 这三步操作，当 p>=q 时(如图 8.8(d)所示)，全部元素逆置完成。

(3)函数 invert 中要注意的是 q 的初始值应该为 x+n-1，而不是 x+n。

程序运行结果如图 8-9 所示。

```
  77   65   70   91   68   34   55   17
Press any key to continue_
```

图 8-9 例 8.8 运行结果

【例 8.9】 假设某数组中存储了若干个整数，编写函数，从键盘上输入一个整数 x，查找与 x 相同的第一个数组元素。如果存在，则返回其下标值；如果不存在，则返回一个负数。在调用函数中，根据函数的返回值输出相应信息：返回值为正数，输出该值(下标值)；返回值为负数，输出不存在的提示信息。

程序思路：

(1)用指针作为函数参数，函数的原型可定义如下：

```
int search(int *a,int n,int xsearch);
```

其中，若找到，则返回值为其下标；否则返回值是一个负数。参数 a 是指向某一数组首地址的指针，n 是该数组中元素的个数，xsearch 是被查找的数。

(2)查找的方法是，用指针 p 遍历数组的全部元素，分别比较每个元素与 xsearch 是否相等。如果是，则提前结束循环；如果不是，则继续比较后一个元素。全部元素比较完毕后，如果仍未发现与 xsearch 相等的数，则返回一个负数(可以返回起始地址 a 与最后遍历指针 p 之差，即 a-p)。

程序代码如下：

```c
#include <stdio.h>
int search(int *a,int n,int xsearch);
main()
{
    int x;                          /*定义待查找的变量*/
    int num[]={ 1,2,3,4,5,6,7,8,9,10 };
    /*定义数组,并初始化(也可以在下面用循环来输入数组的元素值)*/
    int result;                     /*定义保存函数返回值的变量*/
    printf("请输入待查找的 x:");
    scanf("%d",&x);
    result=search(num,10,x);        /*调用函数求查找到的下标值*/
    /*根据返回值输出对应信息*/
    if(result>=0)                   /*查找成功*/
    {printf("x 在数组中的下标是:%d\n",result);}
    else
    {printf("x 在数组中不存在。\n");}
}
int search(int *a,int n,int xsearch)
{
    int *p;                         /*定义指针变量*/
    for(p=a; p<a+n; p++)            /*用指针 p 遍历数组的每个元素*/
    {
        if(*p==xsearch)             /*如果找到了,则要提前结束循环*/
        {break;}
    }
    /*循环结束后,根据指针 p 的位置判断是否查找到*/
    if(p<a+n)                       /*如果 p 的位置仍然在数组元素的范围内,则查找成功*/
    {return p-a; }                  /*返回下标值*/
    else                            /*p 的位置超出了数组元素的范围,则查找不成功*/
    {return a-p;}                   /*返回一个负数*/
}
```

程序说明：

(1)函数 search 中,for 循环的功能是为了查找待查找的 xsearch 是否存在。若存在,则通过 break 提前结束查找;若不存在,则指针 p 将一直向后移,直到移出数组的合法元素范围为止。

(2)for 循环后的 if 语句的功能是确定查找是否成功。因为 for 循环的退出可能有两种情况:一是执行到了内部的 break 语句,此时的关键点是 p 指针在 a 和 a+n−1 之间。二是通过 p<a+n 这个条件满足而退出,此时,p 一定是等于 a+n 的。

(3)当查找成功时,p−a 正好是 p 指针所指向的元素在数组中的下标值。

程序运行结果如图 8-10 所示。

(a)x 在数组中的查找情况　　　　(b)x 不在数组中的查找情况

图 8-10　例 8.9 的运行结果

8.3.4　指针与字符串

字符串的操作常用指针来实现,这也让编程变得更加灵活。下面我们会使用指针编程来实现字符串的几个常用函数的功能。

1. 字符串输入函数

【例 8.10】　编写函数,实现与库函数 gets 一样的功能,并在主函数调用该函数。

函数原型声明为:

```
char * myGets(char * str);
```

其中,参数 str 指向一个内存存储区(一维字符数组),返回值即 str。

程序代码如下:

```c
#include <stdio.h>
char * myGets(char * str);          /* 声明函数 */
main()
{
    char tar[100];
    printf("请输入一个字符串:");
    myGets(tar);                    /* 接收字符串存储到 tar 数组中 */
    printf("%s\n",tar);             /* 输出字符串 */
}
char * myGets(char * str)
{
    char * p;
    p=str;                          /* 指针 p 指向 str */
    * p=getchar();                  /* 获取第 1 个字符 */
    while(* p!='\n')                /* 当字符不是回车符时 */
    {
        p++;                        /* 指针 p 向后移动,准备接收下一个字符 */
        * p=getchar();              /* 获取下一个字符 */
    }
    * p='\0';                       /* ①置字符串结束标志 */
    return str;                     /* 返回字符串的首地址 */
}
```

程序说明:

本例要注意的一点是,每个字符串末尾均应该有结束标志('\0'),故语句①必须有。

程序运行结果如图 8-11 所示。

```
请输入一个字符串:I like C programming
I like C programming
Press any key to continue
```

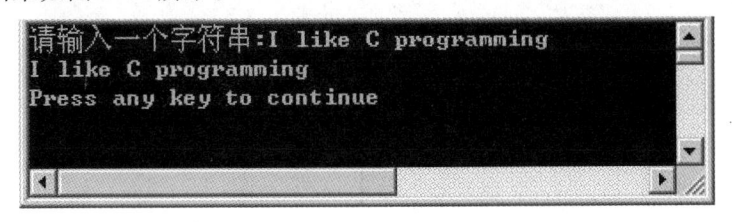

图 8-11　例 8.10 的运行结果

2. 字符串输出函数

【例 8.11】　编写函数,实现与库函数 puts 一样的功能,并在主函数调用该函数。

函数原型声明为:

```
int myPuts(char * str);
```

其中,参数 str 指向一个内存存储区(一维字符数组),返回值为回车符的 ASCII 码。函数要依次输出 str 中的全部有效字符,并能将'\0'转换为换行符输出。

程序代码如下:

```c
#include <stdio.h>
int myPuts(char * str);              /*声明函数*/
char * myGets(char * str);
main()
{
    char tar[100];
    printf("请输入一个字符串:");
    myGets(tar);                     /*调用自己编写的函数 myGets 来输入字符串*/
    myPuts(tar);                     /*输出字符串*/
}
int myPuts(char * str)
{
    while(* str != '\0')
    {putchar(* str++);}
    putchar('\n');                   /*输出完字符串后,多输出一个回车换行*/
    return '\n';
}
char * myGets(char * str)
{
    /*myGets 函数的代码,参见例 8.10*/
}
```

程序说明:

(1)本例直接用参数 str 向后移动的方式来遍历输出整个字符串。

(2)语句"putchar(* str++);"相当于两条语句的执行结果:

putchar(* str); str++;

程序运行结果如图 8-12 所示。

图 8-12　例 8.11 的运行结果

3. 求字符串长度的函数

【例 8.12】　编写函数,实现与库函数 strlen 一样的功能,并在主函数调用该函数。

函数原型声明为:

```
unsigned myStrlen(char * str);
```

其中,参数 str 指向一个内存存储区(一维字符数组),返回值为字符串 str 中有效字符的个数。函数的功能是求字符串 str 中有效元素的个数(不包括'\0'在内)。

程序代码如下:

```
#include <stdio.h>
char * myGets(char * str);           /*声明函数*/
unsigned myStrlen(char * str);
main()
{
    char tar[100];
    int len=0;                        /*字符串长度的变量*/
    printf("请输入一个字符串:");
    myGets(tar);
    len=myStrlen(tar);                /*调用 myStrlen 函数求字符串长度*/
    printf("字符串长度为:%d\n",len);
}
unsigned myStrlen(char * str)
{
    unsigned len=0;
    while(* str!='\0')                /*当未到字符串末尾时,都是有效字符*/
    {
        len++;                        /*有效元素个数增加 1*/
        str++;                        /*指针向后移动 1 个元素*/
    }
    return len;                       /*返回字符串的长度*/
}
char * myGets(char * str)
{
    /* myGets 函数的代码,参见例 8.10 */
}
```

程序说明:

本例中 myStrlen 函数的返回值类型使用了 unsigned,它也是整数类型的一种,只是仅有正整数的值。

程序运行结果如图 8-13 所示。

```
请输入一个字符串: abcd efgh
字符串长度为: 9
Press any key to continue
```

图 8-13　例 8.12 的运行结果

4. 字符串拷贝函数

【**例 8.13**】　编写函数,实现与库函数 strcpy 一样的功能,并在主函数调用该函数。

函数原型声明为:

```
char * myStrcpy(char * str1,char * str2);
```

其中,参数 str1 指向一个内存存储区(一维字符数组),str2 为另一个字符数组或字符串常量。返回值为 str1。函数的功能是将 str2 拷贝到 str1 中。

程序代码如下:

```c
#include <stdio.h>
char * myGets(char * str);          /*声明函数*/
int myPuts(char * str);
char * myStrcpy(char * str1,char * str2);
main()
{
    char tar1[100],tar2[50];
    printf("请分别输入两个字符串:\n");
    myGets(tar1);
    myGets(tar2);
    myStrcpy(tar1,tar2);            /*调用 myStrcpy 函数将 tar2 拷贝到 tar1 中*/
    printf("复制后的字符串 str1:\n");
    myPuts(tar1);                   /*输出拷贝后的新串 tar1*/
}
char * myStrcpy(char * str1,char * str2)
{
    char * p;                       /*定义一个指针用于字符的复制*/
    p=str1;                         /*p 指向 str1*/
    while( * str2 != '\0')          /*判断 str2 字符串是否到达末尾*/
    {
        * p++ = * str2++;           /*①字符复制*/
    }
    * p='\0';                       /*置字符串结束标志*/
    return str1;                    /*返回 str1*/
}
```

```
char * myGets(char * str)
{
    /* myGets 函数的代码,参见例 8.10 */
}
int myPuts(char * str)
{
    /* myPuts 函数的代码,参见例 8.11 */
}
```

程序说明:

本例中,函数 myStrcpy 中语句①相当于下述三条语句的执行结果:

```
* p= * str2;
p++;
str2++;
```

程序运行结果如图 8-14 所示。

图 8-14 例 8.13 的运行结果

5. 字符串连接函数

【**例 8.14**】 编写函数,实现与库函数 strcat 一样的功能,并在主函数调用该函数。

函数原型声明为:

```
char * myStrcat(char * str1,char * str2);
```

其中,参数 str1 指向一个内存存储区(一维字符数组),str2 为另一个字符数组或字符串常量。返回值为 str1。函数的功能是将 str2 连接到 str1 的末尾。

程序代码如下:

```
#include <stdio.h>
char * myGets(char * str);              /*声明函数*/
int myPuts(char * str);
char * myStrcat(char * str1,char * str2);
main()
{
    char tar1[100],tar2[50];
    printf("请分别输入两个字符串:\n");
    myGets(tar1);
    myGets(tar2);
    myStrcat(tar1,tar2);                /*调用 myStrcat 函数将 tar2 连接到 tar1 末尾*/
    printf("连接后的字符串 str1:\n");
```

```
            myPuts(tar1);                      /* 输出连接后的新串 tar1 */
}
char * myStrcat(char * str1,char * str2)
{
        char * p;                              /* 定义一个指针用于字符的复制 */
        p=str1;                                /* p 指向 str1 */
        while( * p ! = '\0')                   /* ①将 p 指针移动到字符串 str1 的末尾('\0'的位置) */
        {p++;}
        while( * str2 ! = '\0')                /* 将字符串 str2 复制到 str1 末尾 */
        {
            * p++ = * str2++;                  /* 字符复制 */
        }
        * p='\0';                              /* 置字符串结束标志 */
        return str1;                           /* 返回 str1 */
}
char * myGets(char * str)
{
    /* myGets 函数的代码,参见例 8.10 */
}
int myPuts(char * str)
{
    /* myPuts 函数的代码,参见例 8.11 */
}
```

程序说明：

本例与例 8.13 相比,只增加了语句①,其作用是将 p 指针移动到字符串 str1 的末尾。然后函数继续从该位置开始,复制 str2 中的全部有效字符。

程序运行结果如图 8-15 所示。

图 8-15　例 8.14 的运行结果

6. 字符串比较函数

【例 8.15】　编写函数,实现与库函数 strcmp 一样的功能,并在主函数调用该函数。
函数原型声明为：

```
int myStrcmp(char * str1,char * str2);
```

其中,参数 str1 和 str2 均是字符串的指针,可以是一个字符数组,也可以是一个字符串常量。返回值有三种不同情形：

(1)正数:意义为字符串 str1 大于字符串 str2。

(2)0:意义为字符串 str1 等于字符串 str2。

(3)负数:意义为字符串 str1 小于字符串 str2。

函数的功能是比较两个字符串的关系,并返回上面所说的三种不同值。

程序代码如下:

```
#include <stdio.h>
char * myGets(char * str);          /*声明函数*/
int myStrcmp(char * str1,char * str2);
main()
{
    char tar1[100],tar2[50];
    int result;
    printf("请分别输入两个字符串:\n");
    myGets(tar1);
    myGets(tar2);
    result=myStrcmp(tar1,tar2); /*调用 myStrcmp 函数比较两个字符串的关系*/
    /*根据返回值来判断对应的输出信息*/
    if(result>0)
    {printf("字符串 tar1 大于字符串 tar2\n");}
    else if(result<0)
    {printf("字符串 tar1 小于字符串 tar2\n");}
    else
    {printf("字符串 tar1 等于字符串 tar2\n");}
}
int myStrcmp(char * str1,char * str2)
{
    while( * str1== * str2 && * str1!='\0')      /*①*/
    {
        str1++;
        str2++;
    }
    return * str1- * str2;
}
char * myGets(char * str)
{
    /* myGets 函数的代码,参见例 8.10 */
}
```

程序说明:

(1)函数 myStrcmp 中的语句①是从两个字符串的第 0 个元素开始,判断是否相等,如果相等,且 str1 所指向的元素不是'\0',则两个指针同时向后移动一个位置。直到找到第 1 个不相等的元素为止。

（2）函数的返回值是不相等位置上的两个元素的 ASCII 码值之差。

程序运行结果如图 8-16 所示。

(a) 例 8.15 第 1 次运行结果

(b) 例 8.15 第 2 次运行结果

(c) 例 8.15 第 3 次运行结果

图 8-16　例 8.15 的运行结果

8.3.5　指针提高

1. "*"与"&"运算符

与指针使用密切相关的运算符有两个，即"*"和"&"。

"*"运算符在以下两种状态下运用：

一是在定义指针变量时，其格式为："类型　*指针变量名;"。

这里的"*"号只是用以说明其后的变量是一个指针变量。

二是在引用指针变量所指向的值时，其格式为："*指针变量名"。

这里的"*"号是"间接运算符"，其作用是取出"指针变量名"所指向的那个地址单元中存储的"值"。

"&"是取地址运算符，其使用格式为："&变量名"，用于得到某个变量的地址。

【例 8.16】　通过下面程序，正确理解"*"与"&"运算符。

程序代码如下：

```
#include <stdio.h>
main()
{
    int x=5,*p=NULL;          /*定义时的"*"号只能说明其后的变量是指针变量*/
    int *q=&x;                /*定义时进行初始化，相当于 int *q; q=&x;*/
    p=&x;                     /*指针变量 p 指向普通变量 x,不能写成*p=&x;*/
    *p=10;                    /*"*"是间接运算符，*p 等价于 变量 x*/
    printf("%d,%d,%d,%d\n",x,*p,*q,*(&x));  /* *(&x)相当于*p,也即是 x*/
    printf("%p,%p,%p\n",&x,&(*p),&(*q));    /* &(*p)相当于&x,&(*q)相当于&x*/
}
```

程序说明:

(1)当把指针变量 p 或 q 指向变量 x 后(p=&x,q=&x),则有 *p 相当于 x,*q 相当于 x。

(2)指针指向变量后,通过 *p 或 *q 的形式就可以间接引用原来的变量(x)的值。

(3)%p 是以十六进制的形式输出内存变量的地址。

程序运行结果如图 8-17 所示。

```
10, 10, 10, 10
0013FF7C, 0013FF7C,0013FF7C
Press any key to continue_
```

图 8-17 例 8.16 的运行结果

很多时候,指针编程的灵活性体现在"*"运算与自加/自减运算的结合上。但由于对"*"运算与自加/自减结合后的运算规则不太理解,常常会出现让我们意想不到的错误。

【例 8.17】 分析下面的程序代码,认真理解 * 运算与自加运算结合的含义。

程序代码如下:

```c
#include <stdio.h>
main()
{
    int s[5]={ 0,5,15,20,25 };
    int *p=s;                        /*p指向数组首地址,图 8-18 中①处*/
    printf("*p:%d\n",*p);            /*输出*p,相当于输出 s[0]的值*/
    printf("*p++:%d\n",*p++);        /*相当于输出*p,然后 p 增 1,
                                        p 指向了图 8-18 中②处*/
    printf("(*p)++:%d ",(*p)++);    /*输出图 8-18 中②处 p 所指向的值,
                                        即 s[1],然后 s[1]增 1*/
    printf("s[1]:%d\n",s[1]);        /*验证 s[1]是否改变*/
    printf("*(++p):%d\n",*(++p));    /*指针先向后移到③处,
                                        然后输出其所指向的值,即 s[2]*/
    printf("++(*p):%d ",++(*p));    /*将③处所指向的值增加 1,
                                        即 s[2]增 1*/
    printf("s[1]:%d\n",s[2]);        /*验证 s[2]是否改变*/
}
```

程序说明:

(1)p 首先指向了数组首地址,如图 8-18 的①处。

	s[0]	s[1]	s[2]	s[3]	s[4]
s	0	5̶ 6	1̶5̶ 16	20	25
	①	②	③		

图 8-18 p 指针及数组 s 的变化情况

(2)第 1 条 printf 语句,输出时 p 指向的是 s[0],故输出值为 0。

(3) 第 2 条 printf 语句先输出 p 所指向的值,即 s[0](因为第 1 条 printf 语句并未改变 p 的值),然后 p 增 1,即向后移动到了②处,指向 s[1]。

(4) 第 3 条 printf 语句先输出 s[1]的值(因为第 2 条 printf 语句已经使得 p 指向了 s[1]),然后再使 s[1]的值增加 1,变为 6。第 4 条 printf 语句的作用是验证 s[1]是否真的改变了。

(5) 第 5 条 printf 语句先使 p 的值增加 1,即向后移动到③处,指向了 s[2],然后输出 p 所指向的元素的值(s[2]的值)。

(6) 第 6 条 printf 语句是先使 p 所指向的元素值增加 1,即让 s[2]增加 1,然后输出 s[2]的值。第 7 条 printf 语句的作用是验证 s[2]是否真的改变了。

程序运行结果如图 8-19 所示。

图 8-19　例 8.17 的运行结果

2. 指针和字符串举例

【例 8.18】　编写函数,将一个字符串中的指定字符全部删除。

程序思路:

(1) 可将函数原型声明为:

```
void deleteChar(char * str,char ch);
```

其中 str 指向要删除字符的字符串,ch 为要删除的字符。

(2) 在函数 deleteChar 中定义两个指针变量 p 和 q,分别用来指向原来的字符串 str 及删除字符 ch 后的字符串 str(注意:本例并未开辟新的内存空间来存储删除 ch 后的字符串,只是通过 p 和 q 来指示新的串的不同位置,如图 8-20 所示)。

(3) 当 * p 不等于 ch 时,将 * p 复制到 * q 中,然后 p 和 q 同时向后移动一个元素,当 * p 等于 ch 时,只移动 p,而不移动 q。直到 * p 为'\0'时结束整个过程。

程序代码如下:

```c
#include <stdio.h>
#include <string.h>
void deleteChar(char * str,char ch);  /* 声明函数 */
main()
{
    char s[100],ch;              /* 定义字符数组和待删除的字符变量 */
    puts("请输入一个字符串");
    gets(s);                     /* 从键盘上接收一个字符串 */
    puts("请输入一个要删除的字符:");
    ch=getchar();                /* 接收待删除的字符 */
    deleteChar(s,ch);            /* 调用函数,从字符串 s 中删除掉所有的字符 ch */
    puts(s);                     /* 输出删除字符 ch 后的字符串 s */
}
```

```c
void deleteChar(char * str,char ch)
{
    char * p,* q;              /*定义分别指向原来字符串和删除后的新字符串的指针*/
    p=str;                     /*p、q一开始均指向字符串str首地址*/
    q=str;
    while(* p)                 /*即,while(* p!='\0')*/
    {
        if(* p!=ch)            /*p指向的不是要删除的字符*/
            {* q++=* p++;}     /*将*p复制到*q中,且两个指针同时增1*/
        else                   /**p指向的是要删除的字符ch*/
            {p++;}             /*直接将p向后移动一个元素,无须其他处理*/
    }
    * q='\0';                  /*新字符串的末尾置结束标志*/
}
```

程序说明:

(1)在函数 deleteChar 中,将字符串 str 看作两个字符串,一个是原来的字符串,另一个是删除字符 ch 后的字符串,分别用指针 p 和 q 来指示,如图 8-20(a)所示。

(2)p、q 均是先指向首地址 str,开始时,p 和 q 同步向后移,当找到第一个要删除的字符 ch 后,p 继续向后移,而 q 不动(如图 8-20(b)所示),然后将 p 所指向的元素值复制到 q 所指向的位置。复制结束后,p、q 又同步向后移动一个元素。随着删除的 ch 越来越多,p 与 q 之间间隔越来越远(如图 8-20(c)～(h)所示)。

(3)当 p 所指向的位置到达'\0'处时,字符串 str 处理完毕。此时,删除也全部完成,故应当将 q 所指向的位置置字符串结束标志(如图 8-20(i)所示)。

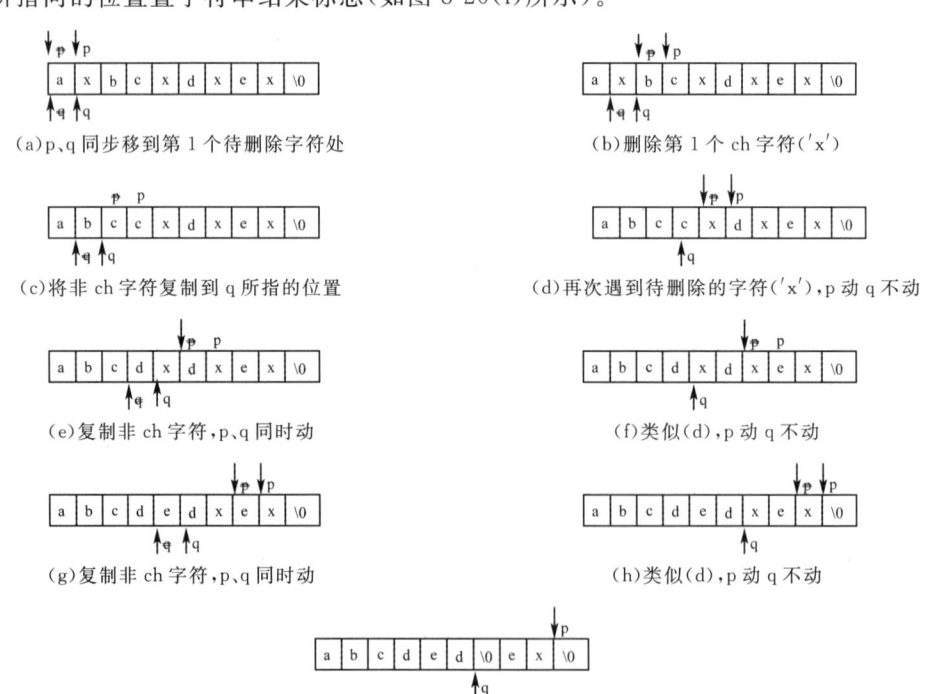

| a | x | b | c | x | d | x | e | x | \0 |

(a)p、q 同步移到第 1 个待删除字符处

| a | x | b | c | x | d | x | e | x | \0 |

(b)删除第 1 个 ch 字符('x')

| a | b | c | c | x | d | x | e | x | \0 |

(c)将非 ch 字符复制到 q 所指的位置

| a | b | c | c | x | d | x | e | x | \0 |

(d)再次遇到待删除的字符('x'),p 动 q 不动

| a | b | c | d | x | d | x | e | x | \0 |

(e)复制非 ch 字符,p、q 同时动

| a | b | c | d | x | d | x | e | x | \0 |

(f)类似(d),p 动 q 不动

| a | b | c | d | e | d | x | e | x | \0 |

(g)复制非 ch 字符,p、q 同时动

| a | b | c | d | e | d | x | e | x | \0 |

(h)类似(d),p 动 q 不动

| a | b | c | d | e | d | \0 | e | x | \0 |

(i)在 q 位置置字符串结束标志

图 8-20 删除字符'x'的过程

程序运行结果如图 8-21 所示。

```
请输入一个字符串
axbcxdxex
请输入一个要删除的字符：
x
abcde
Press any key to continue
```

图 8-21 例 8.18 的运行结果

【例 8.19】 编写函数，判断一个字符串是不是"回文"。所谓"回文"即顺读和逆读是一样的字符串，如"abcdedcba"即是"回文"。

程序思路：

(1) 函数的原型可声明如下：

```
int huiwen(char *str);
```

参数 str 为要判断的字符串，若 str 是回文，则返回整数 1，否则返回整数 0。

(2) 定义指针 p 和 q，分别指向字符串 str 的"头"和"尾"（如图 8-22 所示），判断两个指针所指向的单元的值是否一致。如果一致，则 p 后移，q 前移；如果不一致，则说明不是回文。持续这个过程，直到 p>=q 结束。

程序代码如下：

```c
#include <stdio.h>
#include <string.h>
int huiwen(char *str);              /*声明函数*/
main()
{
    char s[100];
    int hw;                         /*定义保存函数返回值的变量*/
    puts("请输入一个字符串");
    gets(s);
    hw=huiwen(s);                   /*调用函数,判断字符串 s 是否为回文*/
    if(hw)                          /*若 hw==1*/
    {puts("字符串 s 是回文");}
    else
    {puts("字符串 s 不是回文");}
}
int huiwen(char *str)
{
    char *p,*q;                     /*定义两个指针*/
    p=str;                          /*p 指向字符串 str 首地址*/
    q=str+strlen(str)-1;            /*q 指向字符串 str 的末尾*/
    while(p<q)                      /*当字符串未比较完毕*/
    {
```

```
            if(*p!=*q)           /*如果有前后对应位置不一致的字符,不是回文,提前结束*/
              {break;}
            else                  /*前后对应位置上的字符一致,则p后移,q前移*/
              {p++;q--;};
        }
        if(p>=q)                 /*如果p和q的位置改变了其原来的p前q后的关系*/
          {return 1;}            /*是回文,返回整数1*/
        else
          {return 0;}            /*不是回文,返回整数0*/
}
```

程序说明:

(1)在 huiwen 函数中,先让指针 p 指向 str 的首地址,再让指针 q 指向 str 的最后一个有效字符(str+strlen(str)-1),如图 8-22(a)所示。

(2)比较 *p 和 *q,若相同,则指针 p 和 q 各自向后和向前移动一个元素,如图 8-22(b)所示。持续这个比较和移动过程,直到指针 p 移动到了指针 q 的后面(p>=q),如图 8-22(c)所示。

(3)若在移动过程中,*p 与 *q 一直相等,则可以判定 str 是一个回文。若在比较过程中,发现有一个 *p 不等于 *q,则说明 str 就不是回文,因此可以提前结束循环的判断。

(4)退出循环后,要用 if 语句来确定 str 是否为回文,确定的条件就是 p>=q。原因是:while 循环可能有两个出口,一是循环条件(p<q)不满足;二是执行到了循环内部的 break 语句。若是执行到了 break 语句,则说明不是回文(因为满足了条件 *p!=*q),此时的特征就是 p<q(能进入循环才可以执行 break 语句)。若是循环条件不满足,此时的特征是 p>=q,意味着 str 是回文。

(5)图 8-22 显示了字符串是回文的判断过程。对于不是回文的字符串,读者可以自行分析出来。

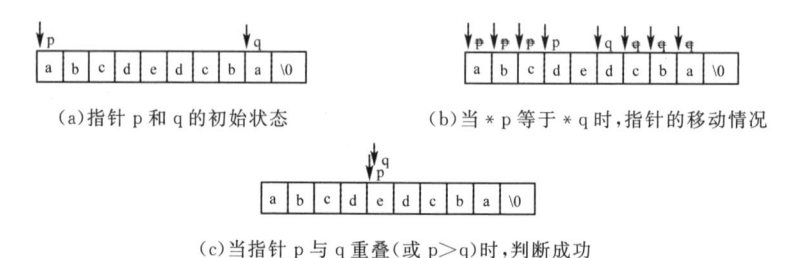

(a)指针 p 和 q 的初始状态   (b)当 *p 等于 *q 时,指针的移动情况

(c)当指针 p 与 q 重叠(或 p>q)时,判断成功

图 8-22　回文字符串的判断过程

程序运行结果如图 8-23 所示。

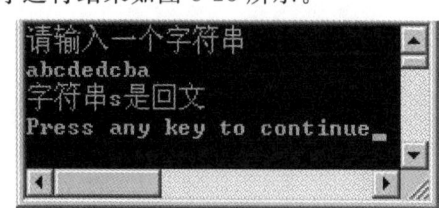

图 8-23　例 8.19 的两次运行结果

3. 指针和二维数组

数组名本身就是静态指针,因此,无论是一维数组还是多维数组,都与指针有着密切的关系。然而,相对于指向一维数组的指针,指向二(多)维数组的指针更复杂,更难理解。

(1)二维数组与指针的关系

下面,先通过一个例子来观察指针与二维数组的关系。

【例 8.20】 指针与二维数组的关系。

程序代码如下:

```
#include <stdio.h>
main()
{
  int s[5][3]={ {1,3,5},{7,9,11},{13,15,17},{2,4,6},{8,10,12} };
  printf("s=%p,s+1=%p,s+2=%p,s+3=%p,s+4=%p\n",s,s+1,s+2,s+3,s+4);
  printf("s[0]=%p,s[1]=%p,s[2]=%p,s[3]=%p,s[4]=%p\n",s[0],s[1],s[2],s[3],s[4]);
  printf("s[0]+0=%p,s[0]+1=%p,s[0]+2=%p\n",s[0]+0,s[0]+1,s[0]+2);
  printf("s[0][0]=%d,s[0][1]=%d,s[0][2]=%d\n",s[0][0],s[0][1],s[0][2]);
  printf("*(s+0)+2=%p,*(*(s+0)+2)=%d\n",*(s+0)+2,*(*(s+0)+2));
}
```

程序运行结果如图 8-24 所示。

图 8-24 例 8.20 的运行结果

程序说明:

①从第 1 条 printf 语句的输出结果可看出,二维数组名 s 是数组首元素的地址,s+1 与 s 的差值为 12 个字节(3 个整数占据的空间),s+2 与 s+1 也相差 12 个字节,其他类似。这说明,在二维数组中,s+i 是第 i 行的首地址,每行上包含有 3 个整数数据(在本例中)。

②从第 2 条 printf 语句的输出结果可看出,s[i]的值与第 1 条 printf 语句中的 s+i 的值是完全一样的。这说明,在二维数组中,s[i]可看作第 i 行的全部元素(本例中是 3 个整数元素)的首地址。因此,s[i]即可看作二维数组中第 i 行上那个一维数组的数组名(当然就是一个地址了)。

③第 3 条 printf 语句只选取了二维数组的第 0 行来输出结果。从结果中可看出,在二维数组的某一行(本例是第 0 行)上,s[0]+j 指向的是第 0 行上第 j 个元素的地址,即 s[0]+j 等价于 &s[0][j]。推而广之,则有:s[i]+j 等价于 &s[i][j]。

④第 4 条 printf 语句是输出第 0 行的三个元素的值。

⑤第 5 条 printf 语句分别用指针的形式输出了第 0 行第 2 个元素的地址和元素值。从这里可以看出,*(s+0)+2 等价于 &s[0][2],*(*(s+0)+2)等价于 s[0][2]。

从上面的分析,我们可以得出二维数组的相关结论,见表 8-2。

表 8-2　　　　　　　　　　　　二维数组与指针的关系

s	即 s+0,既是二维数组的首地址,也是第 0 行全部元素的首地址
s+i	第 i 行全部元素的首地址,等价于 &s[i],也就是 s[i]
*(s+i)	即 s[i],因此,也是第 i 行的首地址
*(s+i)+j	第 i 行第 j 个元素的地址,即 &s[i][j]
((s+i)+j)	第 i 行第 j 个元素的值,即 s[i][j]

注:以上对 i 和 j 的引用不得超出数组对应维度的下标范围。

(2)指向二维数组的指针

由于二维数组中 s+i 所指向的是第 i 行全部元素的首地址(每行上有多个元素),这样一来,简单的指向变量的指针就不能当作指向二维数组的指针。

这就需要我们来认识一种新的指针:指向二维数组的指针。

定义格式:

　　类型(*指针变量名)[长度];

例如:int(*p)[3];

表示定义了一个能够指向每一行上有 3 个元素的指向二维数组的指针。

定义指向二维数组的指针时要注意的问题:

①[]中的数值必须与被指向的二维数组的第二维[]中的数值是一样的,否则就会导致引用错乱。

②[]前的那对圆括号"()"一定要写,否则指针变量 p 就不是指向二维数组的指针。

当一个指向二维数组的指针定义完毕,并将一个二维数组的首地址赋给该指针后,则有如下等价关系:

```
int s[10][5],(*p)[5];     /*定义了一个可以指向每行上有 5 个元素的二维数组的指针*/
p=s;                      /*使 p 指向二维数组 s 的首地址*/
```

地址等价关系:p[i] ⇔ s[i] ⇔ s+i ⇔ p+i ⇔ &s[i] ⇔ &p[i]
　　　　　　　　*(p+i)+j ⇔ *(s+i)+j ⇔ &s[i][j] ⇔ &p[i][j]

值等价关系:　　*(*(p+i)+j) ⇔ *(*(s+i)+j) ⇔ s[i][j] ⇔ p[i][j]

【例 8.21】 编写一个程序,用指向二维数组的指针来访问二维数组元素。程序要实现的功能为:查找一个二维数组中的最小元素,及其在数组中的行列位置。

程序代码如下:

```
#include <stdio.h>
main()
{
    int a[5][4],row,col;      /*定义二维数组,及两个循环变量*/
    int(*p)[4];               /*定义一个能够指向数组 a 的指针*/
    int min,mrow,mcol;        /*定义保存最小值及其行列下标的变量*/
    printf("请输入 5 行 4 列二维数组的元素\n");
    p=a;                      /*指针 p 指向二维数组 a 的首地址*/
    for(row=0; row<5; row++)
    {
        for(col=0; col<4; col++)
```

```c
            {scanf("%d",*(p+row)+col);}      /*输入二维数组的元素值*/
    }
    min=*(*(p+0)+0);                         /*即 min=a[0][0]*/
    mrow=0; mcol=0;                          /*先假设0行0列那个元素是最小值*/
    for(row=0; row<5; row++)
    {
        for(col=0; col<4; col++)
        {
            if(min>*(*(p+row)+col))          /*新的更小值出现*/
            {
                min=*(*(p+row)+col);         /*更新最小值*/
                mrow=row;                    /*更新最小值的行列位置*/
                mcol=col;
            }
        }
    }
    printf("最小值为:%d\n",min);
    printf("最小值的位置为:%d行%d列\n",mrow,mcol);
}
```

程序说明：

①本例用的是 *(p+i)+j⇔&a[i][j]及(*(p+i)+j)⇔a[i][j]的形式来引用二维数组的元素。

②"p=a;"是将指向二维数组的指针指向了二维数组 a 的首地址,这样才会有上述的等价关系存在。

③第1个循环嵌套语句完成了二维数组元素的输入。

④求最小值前,先假设了0行0列上的元素为最小,并用 mrow 和 mcol 两个变量记录下了最小值的位置。

⑤在第2个循环嵌套语句中,遍历了二维数组的所有元素,并将每个元素与最小值 min 进行比较,如果有更小的值,则更换最小值,同时记录下新的最小值的位置。

⑥本例也可以用其他的等价形式来引用数组元素,请读者自行改写。

程序运行结果如图 8-25 所示。

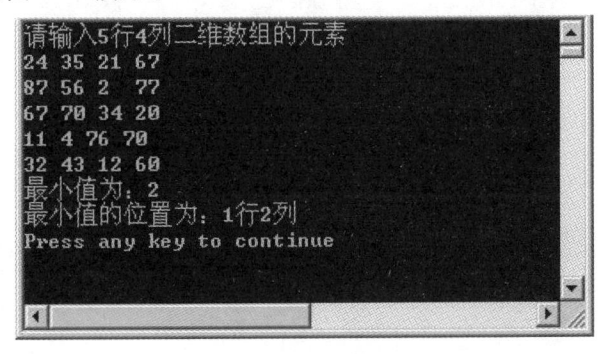

图 8-25 例 8.21 运行结果

【例 8.22】 编写程序,用指向二维数组的指针访问字符二维数组。要求实现的功能为:输入 5 个学生的姓名,然后再输出。

程序代码如下:

```c
#include <stdio.h>
#include <string.h>
main()
{
    char name[5][20];           /*定义能够保存 5 个字符串,
                                  每个不超过 19 个字节的二维数组*/
    char(*p)[20];               /*定义可以指向二维字符数组 name 的指针*/
    p=name;                     /*①指针 p 指向 name 首地址*/
    puts("请输入 5 个姓名(用回车符分隔)");
    for(; p<name+5; p++)
    {
        gets(p);                /*输入每一行的姓名*/
    }
    p=name;                     /*②再次让指针 p 指向 name 首地址*/
    puts("输出姓名为:");
    for( ; p<name+5; p++)
    {
        puts(p);                /*输出姓名*/
    }
}
```

程序说明:

①本例用的是指针直接移动的形式来引用二维数组的每一行元素(一个字符串)。

②语句①处让指针先指向了二维数组的首地址,此后指针 p 将分别指向 name[0],name[1],name[2],name[3],name[4],当第一个 for 循环结束后,指针 p 指向了 name[5](一个非法的位置)。因此,在准备用第二个 for 循环输出 name 中的每个字符串时,应该先使用语句②,使指针 p 重新指向 name 的首地址,这样引用才是正确的。

程序运行结果如图 8-26 所示。

图 8-26 例 8.22 的运行结果

(3) 指向函数的指针

与数组名是数组的首地址一样,函数名也是一个函数的首地址,代表了该函数执行的起点(术语:函数入口)。因此,也可以定义一个指针来指向函数的首地址。这样的指针称为指向函数的指针,简称"函数指针"。

函数指针定义的格式要参考被指向的函数的原型。例如:

```
int fun(int * x,double d);          /* 某个函数的原型声明 */
int( * p)(int * x,double d);        /* 定义一个可以指向 fun 函数的函数指针 p */
```

【注意】

① 在此定义中,(* p)的这一对"()"不允许丢失。如果少了这一对圆括号,那 p 就不是一个函数指针,而是一个返回值为指针的普通函数了。

② 定义函数指针时,其返回值及后面的参数必须与被指向的函数的返回值和参数完全一致才行,否则不能指向。

例如:下面几种定义的形式均不允许使 p 指向函数 fun。

```
double( * p)(int * x,double d);     /* 错误:返回值不一样,不能让 p 指向 fun */
int( * p)(int * x);                 /* 错误:参数个数不一样,不能让 p 指向 fun */
int( * p)(double * x,double d);     /* 错误:参数的类型不一样,不能让 p 指向 fun */
```

【例 8.23】 编写一个使用函数指针的简单程序。

程序代码如下:

```c
#include <stdio.h>
long sum(int n);            /* 声明一个求和函数 */
long fac(int n);            /* 声明一个求积函数 */
main()
{
    int x,result;
    long( * p)(int n);      /* 定义了一个函数指针(不是声明函数哟) */
    printf("请输入一个整数 x:");
    scanf("%d",&x);
    p=sum;                  /* 先使 p 指向函数 sum */
    result=p(x);            /* 通过 p 来调用函数 sum */
    printf("sum=%ld\n",result);
    p=fac;                  /* 再使 p 指向函数 fac */
    result=p(x);            /* 通过 p 来调用函数 fac */
    printf("fac=%ld\n",result);
}
long sum(int n)
{   /* 求 s=1+2+3+…+n */
    long s=0L;              /* 赋长整型初始值 0 */
    int i;
    for(i=1; i<=n; i++)
    {s+=i;}
    return s;
}
```

```
long fac(int n)
{    /*求f=n!*/
    long f=1L;                  /*赋长整型初始值1*/
    int i;
    for(i=1; i<=n; i++)
    {f*=i;}
    return f;
}
```

程序说明：

①main 函数中以"long(*p)(int n);"形式定义了一个函数指针变量 p。该变量可以指向参数个数为1，类型为 int，返回值为 long 类型的函数。本例中 sum 和 fac 均是这种函数，故 p 可以指向它们。

②将函数名赋给函数指针，即使函数指针指向了函数。如本例中的 p=sum 和 p=fac。

③当函数指针 p 指向一个函数后，则 p 就相当于那个函数的函数名，因此，p(x)就相当于 sum(x)或 fac(x)。

程序运行结果如图 8-27 所示。

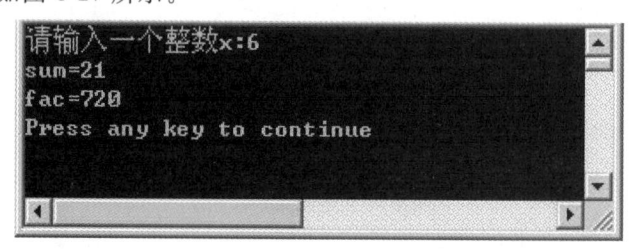

图 8-27　例 8.23 的运行结果

使用指向函数的指针作函数的参数，可以调用一组形式类似而函数功能又不尽相同的函数，使函数更具通用性，程序更具可扩展性。

例 8.24 编写了一个使用不同方式来对数组元素进行排序的程序。程序中分别使用了按升序、按降序、按％10 后的个位升序、按绝对值降序等不同的排序方法。因为每种排序方法都类似，只是排序中的比较条件不一样，所以将比较两个数的大小这一部分写到几个不同函数中，而用一个函数指针来指向这些函数，并将该函数指针作为排序函数的一个参数使用。

【例 8.24】　使用函数指针做参数，实现用多种不同条件对一个数组的元素进行排序。

程序代码如下：

```
#include <stdio.h>
#include <string.h>
#include <math.h>
void swap(int *x,int *y);          /*声明两个数的交换函数*/
void sort(int *arr,int len,int(*compare)(int x,int y));
                                    /*声明以函数指针为参数的排序函数*/
int less1(int x,int y);             /*声明升序排序的比较函数*/
int greater1(int x,int y);          /*声明降序排序的比较函数*/
int less2(int x,int y);             /*声明按%10后的个位升序排序的比较函数*/
int greater2(int x,int y);          /*声明按绝对值的降序排序的比较函数*/
void print(int *arr,int len);       /*声明输出数组元素的函数*/
```

```c
main()
{
    int s[10]={22,3,15,-7,8,4,-17,513,38,-8};
    printf("排升序:\n");
    sort(s,10,less1);
    print(s,10);
    printf("排降序:\n");
    sort(s,10,greater1);
    print(s,10);
    printf("按%%10后的个位排升序:\n");
    sort(s,10,less2);
    print(s,10);
    printf("按绝对值排降序:\n");
    sort(s,10,greater2);
    print(s,10);
}
void swap(int *x,int *y)
{
    int temp;
    temp=*x; *x=*y; *y=temp;
}
void sort(int *arr,int len,int(*compare)(int x,int y))
{   /*用冒泡法进行排序*/
    int i,j;
    for(i=0; i<len-1; i++)
    {
        for(j=0; j<len-i-1; j++)
        {
            if(compare(arr[j+1],arr[j]))         /*如果两个数不符合排序规律*/
            {
                swap(&arr[j+1],&arr[j]);         /*则交换两数*/
            }
        }
    }
}
int less1(int x,int y)
{   /*按升序排的比较条件*/
    return x<y;
}
int greater1(int x,int y)
{   /*按降序排的比较条件*/
    return x>y;
}
int less2(int x,int y)
```

```c
    {   /* 按%10后的个位升序排的比较条件 */
        return x%10<y%10;
    }
    int greater2(int x,int y)
    {   /* 按绝对值降序排的比较条件 */
        return fabs(x)>fabs(y);
    }
    void print(int *arr,int len)
    {
        int i;
        for(i=0;i<len; i++)
        {
            printf("%5d",arr[i]);
        }
        printf("\n");
    }
```

程序说明：

①本例的排序使用的是冒泡法。排序的主体在 sort 函数中。

②冒泡法进行比较时的规则是，当数组中前后两个元素的关系不满足排序要求时，则将它们互换。由于无论按什么条件进行排序，这个比较和互换的规律都是一样的，因此，sort 函数用函数指针作为一个参数，利用该指针来获得不同的排序条件函数的返回值，从而得到了不一样的排序顺序。

③compare 是一个函数指针，根据其定义，它能指向的函数只能是：具有 int 类型的返回值，两个参数均是 int 类型的函数。本例中 less1、greater1、less2 和 greater2 均是这种函数，故 compare 可以分别指向它们。

程序运行结果如图 8-28 所示。

图 8-28　例 8.24 的运行结果

8.4　项目实现

8.4.1　主函数代码实现

```c
#include <stdio.h>
#include <stdlib.h>
```

```c
#include <conio.h>
#include <string.h>
#define N 60
/*函数声明区(请自己依照8.2.2节的函数声明内容补全)*/
main()
{
    int choice=0;                       /*代表用户选择的操作数字*/
    int s=0;                            /*用户密码是否验证成功的标志,初始为0*/
    int datalen=0;                      /*数组中实际输入成绩的个数,未输入前初始为0*/
    int x;                              /*要查找的成绩,或要插入的成绩*/
    int score[N]={0};                   /*初始化数组的元素为0*/
    char password[10];                  /*用户输入的口令*/
    int id;                             /*待查询分值的下标*/
    int people[5]={0};                  /*统计各成绩段人数的数组,必须赋初始值0*/
    /*=====输入并验证用户的口令=====*/
    puts("请输入登录密码");
    gets(password);                     /*接收用户密码*/
    if(!login(password))                /*如果密码验证函数返回的值是0,表示密码不对*/
    {
        puts("密码不对,程序将退出!");
        getch();                        /*让终端暂停一下,按任意键可继续*/
        exit(0);                        /*退出程序*/
    }
    /*=====根据用户的选择,执行相应的操作=====*/
    do
    {
        displayMenu();                  /*显示主菜单*/
        printf("\n 请选择您的操作(1,2,3,4,5,6,7,8):\n");
        scanf("%d",&choice);

        switch(choice)                  /*根据用户选择进行判断*/
        {
            case 1:                     /*输入成绩*/
                datalen=inputScore(score,N);  /*输入完成绩后,得到实际成绩的个数,存储在
                                                datalen变量*/
                break;
            case 2:                     /*输出成绩*/
                outputScore(score,datalen);
                break;
            case 3:                     /*查询成绩*/
                printf("\n 请输入要查找的成绩:");
                scanf("%d",&x);
                id=queryScore(score,datalen,x);
```

```
                    if(id>=0)
                        printf("已查到,下标为:%d\n",id);
                    else
                        printf("未查到指定分值\n");
                    break;
                case 4:                         /*降序排序成绩*/
                    sortScore(score,datalen);
                    outputScore(score,datalen);
                    break;
                case 5:                         /*求平均分*/
                    printf("平均分:%.2f\n",averageScore(score,datalen));
                    break;
                case 6:                         /*统计每个成绩段的人数*/
                    countPeople(score,datalen,people);
                    outputScore(people,5);      /*输出统计数组中的值*/
                    break;
                case 7:                         /*插入一个成绩,并仍保持原有次序*/
                    printf("请输入待插入成绩:");
                    scanf("%d",&x);
                    datalen=insertScore(score,datalen,x);
                    outputScore(score,datalen); /*输出插入后的数组元素*/
                    break;
                case 8:                         /*退出系统*/
                    exit(0);
                    break;
            }                                   /*end of switch*/
        }while(1);                              /*end of do...while*/
}                                               /*end of main function*/
```

8.4.2 新增功能的实现

1. 求平均分功能的实现

```
/*************************************************************
功能:求数组中所有成绩的平均分
参数:
参数1:*score
    类型:int *
    说明:学生成绩数组
参数2:length
    类型:int
    说明:学生成绩数组的元素个数
返回值:double
    说明:所有成绩的平均值
*************************************************************/
```

```c
double averageScore(int * score,int length)
{
    double ave=0.0;                        /* 平均值(先充当求和变量用) */
    int * ps;                              /* 指向数组 score 的指针变量 */
    for(ps=score; ps<score + length; ps++) /* 遍历所有元素 */
    {
        ave += * ps;                       /* 累加每个元素 */
    }
    return ave /= length;                  /* 返回平均分 */
}
```

2. 统计各成绩段人数功能的实现

```
/****************************************************************
功能:统计数组中<60、60-69、70-79、80-89 和 90-100 各段的人数,并将统计数据存储于数组 people 中
参数:
参数1:* score
  类型:int *
  说明:学生成绩数组
参数2:length
  类型:int
  说明:学生成绩数组的元素个数
参数3:* people
  类型:int *
  说明:各成绩段的人数
返回值:无
****************************************************************/
void countPeople(int * score,int length,int * people)
{
    int * ps;                              /* 指向成绩数组的指针变量 */
    int * pp=people;                       /* 指向 people 数组的指针变量 */
    /* 统计变量全部初始为 0 */
    for(pp=people; pp<people + 5; pp++)    /* 共有 5 个成绩段 */
        * pp=0;
    pp=people;                             /* 重新指回 people 首地址 */
    for(ps=score; ps<score + length; ps++) /* 遍历所有元素 */
    {   /* 判定每个元素属于哪个成绩段 */
        if( * ps<60) pp[0]++;
        else if( * ps<70) pp[1]++;
        else if( * ps<80) pp[2]++;
        else if( * ps<90) pp[3]++;
        else if( * ps<=100) pp[4]++;
    }
}
```

3. 插入一个成绩功能的实现

```
/************************************************************
功能:往成绩数组 score 中插入一个新的成绩,并且数组仍要保持原有的降序排列次序
参数:
参数 1:*score
    类型:int *
    说明:学生成绩数组
参数 2:length
    类型:int
    说明:学生成绩数组的元素个数
参数 3:x
    类型:int
    说明:要插入的成绩
返回值:插入新元素后,数组的长度
************************************************************/
int insertScore(int * score,int length,int x)
{
    int * ps;                                    /*指向成绩数组的指针变量*/
    sortScore(score,length);                     /*先从高到低进行降序排序*/
    for(ps=score+length-1; ps>=score; ps--)      /*从后往前遍历所有元素*/
    {
        if(*ps>x)        /*元素值小于 x,说明该位置应该插入 x,故终止循环*/
            break;
        else             /*将数组元素后移一个位置*/
        {
            *(ps+1)=*ps;
        }
    }
    *(ps+1)=x;           /*将 x 插入数组中*/
    return length+1;
}
```

8.5 项目小结

　　指针是 C 语言中比较难掌握的内容,但请读者记牢一点,指针也是一个变量(指针是指针变量的简称),其值是另一个变量的地址。通过指针变量的值,可以访问到内存的某个地址单元的数据(这个数据就是指针所指向的变量的值)。

　　指针可以指向一个普通变量,例如可以通过"p=&a"(p 是指针变量,a 是一个普通内存变量)的形式让 p 指向变量 a,这样一来,*p 即等价于 a。

　　指针也可以指向一个一维数组,例如可以通过"p=arr"(p 是指针变量,arr 是数组名)让 p 指向 arr,这样一来,p[i],arr[i],*(p+i)和*(arr+i)相互等价。另外,当一个指针指向一维数组后,也可采用让指针 p 移动的方式来引用数组的每个元素。

　　指针也可以指向二维数组及函数,相关内容请读者参阅 C 语言其他资料。

习题 8

1. 填空题

(1)下面程序段运行后的结果是_____。
```
char x[10]="xyz",*p="MNKT";
puts(strcat(x,p+1));
```

(2)下面程序段运行后的结果是_____。
```
char str[]="abcdefgh",*p;
p=str+2;
puts(p-1);
```

(3)下面程序段运行后的结果是_____。
```
int x[10]={1,2,3,4,5,6,7,8,9,10},*p=x;
printf("%d,%d\n",*(p+3),*p+3);
```

(4)下面程序段运行后的结果是_____。
```
char str[]="xyzmnopq",*p;
p=strlen(str)-1;
while(p>=str)
{putchar(*p--);}
```

(5)下面程序段运行后的结果是_____。
```
char a[10]="abcdefg",*p="ABCD";
strcpy(a+3,p+2);
puts(a);
```

(6)下面程序段运行后的结果是_____。
```
char *str1="abc2100",*str2="abc299";
printf("%d\n",strcmp(str1,str2)>0);
```

2. 项目训练题

(1)编写函数,将一个整型数组的全部元素逆序存储,即若原来数组元素分别为 1 2 3 4 5,逆序存储后数组各元素变为 5 4 3 2 1。函数原型可声明为:"void reverse(int *p,int n);",参数 p 为指向数组的指针,n 为数组中的元素个数。

(2)编写函数,将一个字符串的全部有效元素逆置。函数原型可声明为:"void reverseStr(char *str);",参数 str 为指向字符串首地址的指针。

(3)编写函数,将数组 s1 中的全部奇数都复制到数组 s2 中。函数原型可声明为:"int copyTo(int *s1,int n,int *s2);",参数 s1 和 s2 为指向两个数组的指针,n 为数组 s1 中元素的个数,返回值为复制完成后 s2 中元素的个数。

(4)编写函数,将字符串 str1 中的小写字母全部存放到字符串 str2 中。函数原型可声明为:"void copyToStr(char *str1,char *str2);"。

(5)编写函数,删除字符串 str 中的所有 ch 字符。函数原型可声明为:"void deleteAll(char *str,char ch);",参数 str 为将要处理的字符串,ch 为要删除的字符。

(6)编写函数,用字符 ch2 替换字符串 str 中的字符 ch1(注意:要全部都替换掉)。函数原型可声明为:"void replaceAll(char *str,char ch1,char ch2);"。

(7)编写函数,将一个十进制数转换成一个二进制数(提示:将转换后的二进制数各位的值依次存储在一个一维数组中,要输出时,只要逆序输出这个数组各元素的值即可。)函数原型可声明为:"int transformToBin(int dnum,int * bin);",参数 dnum 是要转换的十进制数,bin 是存储转换后的二进制值的数组的指针(逆序存储的),返回值是 bin 所指数组中元素的个数。

(8)编写函数,将一个十进制数转换成一个十六进制数(提示:方法与转换为二进制类似,不过由于十六进制数有 a、b、c、d、e 和 f 等字符,因此在存储时需要考虑将结果存储为字符。并在字符串的末尾添加'\0',这样在调用这个函数时,就只需要逆序输出字符串就可以了)。函数原型可声明为:"void transformToHex(int dnum,char * hex);",参数 dnum 是要转换的十进制数,hex 是指向存储转换后的十六进制值(字符型)的数组(逆序存储的)的指针。

(9)编写函数,将字符串中的大写字母转换为小写字母。函数原型可声明为:"void strToLow(char * str);",参数 str 是要转换的字符串。

项目 9 排队系统的设计

9.1 项目目标

本项目将使用结构来完成学生成绩管理系统和排队售票系统。
学生成绩管理系统具有以下功能：
- 添加学生信息
- 删除学生信息
- 输出所有学生信息
- 求学生平均成绩
- 按成绩降序排序

排队售票系统具有以下功能：
- 新来顾客排队
- 售票
- 公告队列人数

开发学生成绩管理系统项目需要学习的知识：
- 结构的概念
- 结构的声明
- 结构变量的定义
- 结构成员的访问
- 结构数组的使用

开发排队售票系统项目需要学习的知识：
- 结构与指针
- 动态申请和释放内存
- 链表的概念
- 链表的创建
- 链表的遍历

9.2 项目分析与设计

9.2.1 主函数流程分析

排队系统的主函数流程可以用流程图来表示，如图 9-1 所示。

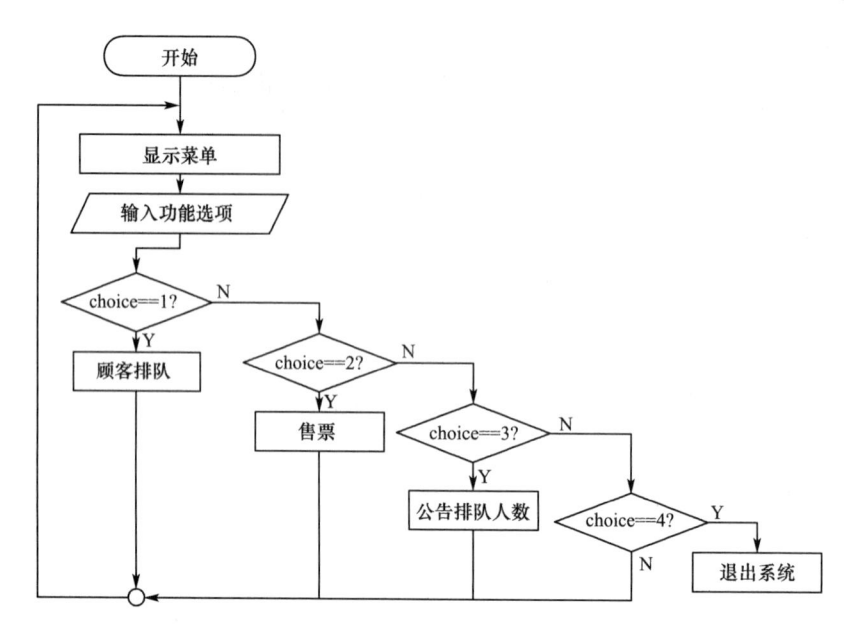

图 9-1 排队系统主函数流程

9.2.2 功能函数的原型声明

根据项目目标,排队系统中的各功能函数原型声明见表 9-1。

表 9-1 排队系统中的各功能函数原型声明

序号	函数原型说明	备注
1	void showMenu()	显示菜单
2	struct CUSTOMER * add(struct CUSTOMER * head)	顾客排队
3	struct CUSTOMER * sale(struct CUSTOMER * head)	售票
4	void displayBullitin(struct CUSTOMER * head)	公告排队人数

函数原型说明：

(1)显示菜单函数 showMenu：用于显示系统的主菜单,包含"顾客排队""售票""公告排队人数"和"退出"等。

(2)顾客排队函数 add：参数 head 指示了该顾客要排队的队列头指针,返回值为队列的头指针。

(3)售票函数 sale：参数 head 指示了该顾客要排队的队列头指针,返回值为队列的头指针。

(4)公告排队人数函数 displayBullitin：参数 head 指示了该顾客要排队的队列头指针。

9.3 知识准备

在前面的项目中,我们已经学习了数组。数组不是一种基本类型的数据,而是一种构造型数据。数组有两个重要特点：一是数组的所有元素具有相同的数据类型；二是为了访问数组元素需要指明元素的位置(下标)。

例如，某班级有 30 个学生，为了保存这 30 个学生的"程序设计"课程的成绩（假设分数均为整数），我们可以定义一个整型数组：

int score[30];

数组中 30 个元素分别代表该班级 30 名同学的成绩。请大家注意：这 30 个元素的数据类型是相同的。但是在实际应用中，常常需要去描述一个对象的不同的属性，例如，一个学生除了成绩（整型数据）这个属性外，还有学号（字符串）、姓名（字符串）、身高（浮点型数据）、性别（字符型数据）等等。这个学生的不同属性具有不同的数据类型，所以无法用一个数组来保存该学生的不同属性。

现在我们需要一种数据形式：这种数据形式与数组比较类似，可以包含多个元素（我们称之为"成员"）；并且，各个元素的数据类型可以不同（这点与数组是不同的）。

这种数据形式就是 C 语言中提供的结构（structure）。

9.3.1 结构体

1. 结构的概念

程序设计语言中有一个概念叫聚合数据类型，这种数据类型能够同时存储多个单独数据。前面大家所学的数组就是一种聚合数据类型，数组是相同类型的元素的集合。

结构是 C 语言中另一种聚合数据类型，结构中包含的各个元素叫作成员，一个结构中的各个成员都有自己的名字，并且各成员数据类型可以不同。

下面我们通过一个例子来说明结构的使用方法。

问题描述：

有一个学生的信息如下：

姓名：沃耀学
学号：01372001
性别：M
身高(cm)：183.5
成绩：95

编写程序保存并输出该学生的信息。

程序清单如下：

```
/* 程序 student.c */
1   #include <stdio.h>
2   #include <string.h>
3   struct STUDENT{                /* 定义结构类型 STUDENT 开始 */
4       char name[20];             /* 定义成员 name，用于保存姓名 */
5       char number[20];           /* 定义成员 number，用于保存学号 */
6       char sex;                  /* 定义成员 sex，用于保存性别 */
7       float height;              /* 定义成员 height，用于保存身高 */
8       int score;                 /* 定义成员 score，用于保存成绩 */
9   };                             /* 定义结构类型 STUDENT 结束 */
10  /* 此后，struct STUDENT 就可以作为一种数据类型来使用了 */
11  main(){
12      struct STUDENT stu;        /* 定义一个 struct STUDENT 类型的变量 */
13      strcpy(stu.name,"沃耀学"); /* 给 name 成员赋值 */
```

```
14      strcpy(stu.number,"01372001");      /*给 number 成员赋值*/
15      stu.sex='M';                        /*给 sex 成员赋值*/
16      stu.height=183.5;                   /*给 height 成员赋值*/
17      stu.score=95;                       /*给 score 成员赋值*/
18      printf("name:%s\n",stu.name);       /*输出 name 成员的值*/
19      printf("number:%s\n",stu.number);   /*输出 number 成员的值*/
20      printf("sex:%c\n",stu.sex);         /*输出 sex 成员的值*/
21      printf("height:%f\n",stu.height);   /*输出 height 成员的值*/
22      printf("score:%d\n",stu.score);     /*输出 score 成员的值*/
23  }
```

程序运行结果如图 9-2 所示。

```
name:沃耀学
number:01372001
sex:M
height:183.500000
score:95
Press any key to continue
```

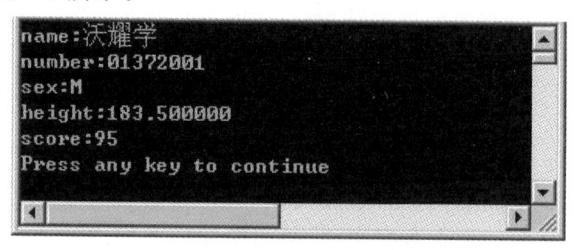

图 9-2 程序 student.c 的运行结果

程序 student.c 中,使用了结构。结构的使用有结构类型的声明、结构变量的定义、结构变量的初始化、结构成员的访问等几个方面的问题。下面结合程序逐个问题进行说明。

2. 结构的声明

声明一种结构,相当于声明了一种"用户自定义的数据类型",之后就可以用刚声明的结构类型去定义一些变量。例如,程序 student.c 中,第 3~9 行代码声明了一种结构:

```
3   struct STUDENT{          /*定义结构类型 STUDENT 开始*/
4       char name[20];       /*定义成员 name,用于保存姓名*/
5       char number[20];     /*定义成员 number,用于保存学号*/
6       char sex;            /*定义成员 sex,用于保存性别*/
7       float height;        /*定义成员 height,用于保存身高*/
8       int score;           /*定义成员 score,用于保存成绩*/
9   };                       /*定义结构类型 STUDENT 结束*/
```

所声明的结构类型名为 STUDENT,此后可以用"struct STUDENT"去定义一个变量。如代码第 12 行,就定义了一个变量 stu,它是 struct STUDENT 类型的。

```
    struct STUDENT stu;      /*定义一个 struct STUDENT 类型的变量*/
```

STUDENT 结构类型中包含五个成员,分别是 name、number、sex、height 和 score,这五个成员均有自己的名字和数据类型。各成员的数据类型可以是 C 语言中的任意一种,也可以是用户自己定义的。结构的成员放在一对大括号中,成员的声明格式与 C 语言中其他变量的声明格式一样。结构成员和结构外部的其他变量可以同名,不同结构中的成员也可以同名,但同一结构的成员不能同名。代码中第 9 行的分号表示结构类型声明结束。

还有另外一种定义结构的形式,如下面代码所示:

```
03  typedef struct STUDENT{  /*使用 typedef 关键字*/
04      char name[20];       /*定义成员 name,用于保存姓名*/
05      char number[20];     /*定义成员 number,用于保存学号*/
```

```
06        char sex;                /*定义成员 sex,用于保存性别*/
07        float height;            /*定义成员 height,用于保存身高*/
08        int score;               /*定义成员 score,用于保存成绩*/
09     } STUD;                     /*此后就可以用 STUD 去定义变量了*/
```

上述代码的第 03 行,typedef 是一个关键字,相当于给类型"struct STUDENT"取了个别名"STUD",此后使用"struct STUDENT"和"STUD"就是等价的了。下面代码定义的两个变量 stu 和 stu2 都是"struct STUDENT"类型的。

```
12   struct STUDENT stu;           /*定义一个 struct STUDENT 类型的变量*/
012    STUD stu2;                  /*也是定义一个 struct STUDENT 类型的变量*/
```

上述代码中的第 03 行,STUDENT 是可以省略的。如果省略的话,以后定义该结构类型的变量就只能用"STUD"作为类型名了,即代码第 012 行的那种格式。而第 12 行代码的那种形式就不能使用了。

接下来请大家考虑这样一个问题:结构声明的这部分代码(第 3～9 行)应该放在什么地方? 放在某个函数内部,函数外部,还是其他什么地方?

这取决于你打算在什么范围内使用这个结构。第一种情况:只打算在某个函数内部使用这个结构,就把结构声明放在该函数内部。第二种情况:打算在本文件内使用这个结构,就把结构声明放在该源文件中(需要放在使用该结构的代码之前,先定义再使用)。第三种情况:打算在多个源文件中使用这个结构,就把这个结构的声明放在一个头文件中,当源文件需要使用这个结构时,可以使用 #include 指令把那个头文件包含进来。对于多源文件 C 程序,一般会使用上述的第三种方式。

3. 结构变量的定义

声明了结构之后,就可以使用刚声明的结构来定义结构变量了。回顾一下,前面我们是如何定义一个整型变量 a 的? 类型名后加上变量名。看如下代码:

```
int a;                             /*定义一个整型变量 a*/
```

那么一个 struct STUDENT 类型的变量 stu 又该如何定义呢? 定义如下:

```
struct STUDENT stu;                /*定义一个 struct STUDENT 类型的变量*/
```

struct STUDENT 就是类型名,stu 是变量名。和定义一个 int 型变量没什么不同。

在上一节中讲了结构的声明,声明结构 struct STUDENT 时,编译器并不会为其分配内存;只有定义结构变量 stu 时,编译器才会为所定义的结构变量 stu 分配内存。那么,系统将为 stu 变量分配多少字节的内存? 是地址连续的一块内存空间吗?

当遇到定义整型变量 a 的指令时(语句 int a;),编译器会为变量 a 分配 4 个字节的内存空间(假设编译系统是 32 位,如 VC)。同样,当遇到定义 struct STUDENT 类型变量 stu 的指令时(语句 struct STUDENT stu;),编译器将会按照 struct STUDENT 类型声明中成员声明的顺序依次分配相应类型所需的内存空间,而且所有成员内存空间是连续的。具体为(32 位编译器 VC 环境下):为 name 成员分配 20 个字节的内存空间;为 number 成员分配 20 个字节的内存空间;为 sex 成员分配 4 个字节(为什么不是 1 个字节? 这涉及内存字节对齐问题);为 height 成员分配 4 个字节的内存空间;为 score 成员分配 4 个字节的内存空间。共是 52 个字节的连续内存空间。这个值也可以用运算符 sizeof 来获取(sizeof(stu) 或 sizeof(struct STUDENT))。stu 变量包含的 5 个成员所占用内存的情况可以用图 9-3 来表示。

sizeof 运算符用于计算一个对象占用内存的大小,返回值的单位是字节。这个运算是在编译时执行的运算,而不是在程序运行时才计算。所以 sizeof 表达式是一个常量表达式。它是一个单目运算符,优先级别为 2 级,结合性是自右至左。用法如下:

  sizeof(类型名)

  sizeof(表达式) 或 sizeof 表达式

以下是几个例子,请注意表达式的结果(32 位编译器 VC 下的结果):

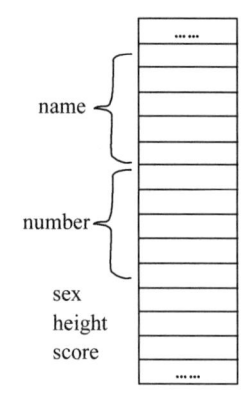

```
int b[5],a,*p;
float f;
sizeof(b)          /*值为20,5个整型元素*/
sizeof a           /*值为4,可以不用圆括号*/
sizeof(3.5+2)      /*值为8,表达式3.5+2的值为double类型*/
sizeof(p)          /*值为4,指针类型变量占4个字节*/
sizeof(f)          /*值为4*/
sizeof(float)      /*值为4*/
sizeof(int)        /*值为4*/
sizeof(double)     /*值为8*/
```

图 9-3 结构成员内存分配示意图

在程序中有的时候需要去求一个对象所占内存大小,这时最好不要自己手动计算,而应该用 sizeof 运算符让编译器去计算。因为某些类型的数据在不同的平台和编译系统中所占的内存大小是不同的(如 int 类型数据在 32 位编译系统 VC 中占 4 字节,而在 16 位编译系统 Turbo C 中占 2 字节),使用 sizeof 运算符可以让你写的程序有更好的可移植性。

4. 结构变量的初始化

定义变量的同时给这个变量赋初值,称之为初始化。回顾一下,数组是如何初始化的?先看下面数组初始化的例子:

```
int b[5]={1,2,3,4,5};          /*定义一个整型数组b并初始化*/
```

上面这行代码定义了一个 5 个元素的整型数组 b 并为 5 个元素赋了初值。结构变量的初始化与之很类似,请看下面这行代码:

```
struct STUDENT stu2={"zhangsan","01372002",'F',178.2,89};
```

各个成员的值位于一对大括号内部,值之间用逗号隔开,这些值根据结构成员列表的顺序一一对应。如果初始值的个数不够,剩余结构的成员将使用缺省值进行初始化,各个初值也必须与相应的成员变量的数据类型相匹配。如果不匹配的话,尽管编译器语法检查没有报错,但在程序执行时并不能正确赋值。

需要注意的是,不能用初始化的格式去对一个结构变量赋值,只能对结构变量的各个成员赋值。所以以下代码中的赋值操作是非法的:

```
struct STUDENT stu2;
stu2={"zhangsan","01372002",'F',178.2,89};   /*错误的赋值方式*/
```

可以把一个 struct STUDENT 类型的变量赋值给另一个相同类型的变量。但是,即使是相同结构类型的两个结构变量,也不能用运算符"=="或"!="来判断是否相等或不等。C语言中并没有提供比较两个结构变量的操作。请看如下代码:

```
struct STUDENT stu2={"zhangsan","01372002",'F',178.2,89};
struct STUDENT stu5;
stu5=stu3;              /*可以这样赋值*/
if(stu5==stu3)          /*这样比较两个结构变量是否相等是错误的*/
…
```

5. 结构成员的访问

结构和数组都是聚合数据类型,都可以包含多个元素(结构中称之为成员)。先想想数组中的元素是如何访问的? 是用数组名加上下标的方式去访问数组元素的。请看下面的代码:

```
int b[5]={1,2,3,4,5};
b[4]=100;               /*访问数组 b 中的下标为 4 的元素,为其赋值为 100*/
```

那么要为 stu2 这个结构变量的 score 成员赋值为 100,应该如何做呢? 代码如下:

```
struct STUDENT stu2;
stu2.score=100;         /*访问结构变量 stu2 中的名为 score 的成员,为其赋值为 100*/
```

结构变量中的成员访问是按名字访问的(注意数组元素是按下标访问的)。代码 stu2.score 就是对结构变量 stu2 的 score 成员的访问,这里有一个运算符".",叫作点运算符,也叫作结构成员运算符。左操作数是结构变量名,右操作数是该结构的成员名,是优先级最高的运算符之一,结合性是自左至右;该运算符的运算结果就是指定的成员,可以作为左值(可以放在赋值运算符的左边,作为左操作数被赋值)。这种按结构变量名对结构成员的访问是直接访问方式。还有另外一种是间接访问方式,后面会介绍。下列代码中的 13~22 行代码,都是对结构成员的直接访问。

```
13     strcpy(stu.name,"沃耀学");         /*给 name 成员赋值*/
14     strcpy(stu.number,"01372001");     /*给 number 成员赋值*/
15     stu.sex='M';                       /*给 sex 成员赋值*/
16     stu.height=183.5;                  /*给 height 成员赋值*/
17     stu.score=95;                      /*给 score 成员赋值*/
18     printf("name:%s\n",stu.name);      /*输出 name 成员的值*/
19     printf("number:%s\n",stu.number);  /*输出 number 成员的值*/
20     printf("sex:%c\n",stu.sex);        /*输出 sex 成员的值*/
21     printf("height:%f\n",stu.height);  /*输出 height 成员的值*/
22     printf("score:%d\n",stu.score);    /*输出 score 成员的值*/
```

上面代码中的 16 行和 21 行,stu 是一个结构变量,stu.height 是结构变量的 float 类型的成员,可以像使用其他任何 float 类型变量那样使用它。例如:要想从键盘输入一个浮点数赋值给 stu.height,代码可以这样写:

```
scanf("%f",&stu.height);                  /*注意别忘掉了取地址运算符 & */
```

如果结构的成员也是一种结构类型的呢? 该如何访问? 这是实际应用中常常遇到的问题。例如:某人裘尚进,1998 年 10 月 20 日出生。如何存储其信息并输出? 这个问题可以这样解决:定义一个 PERSON 结构,成员有 name、birthday;其中 name 是字符串,而 birthday 成员为 DATE 结构体类型,由年、月、日三个成员组成。请看下面的代码:

```
/*程序 person.c*/
1    #include <stdio.h>
2    #include <string.h>
3    struct DATE{                    /*定义日期结构*/
4       int year;                    /*年*/
5       int month;                   /*月*/
6       int day;                     /*日*/
7    };
8    struct PERSON{                  /*定义 PERSON 结构*/
9       char name[20];               /*姓名*/
10      struct DATE birthday;        /*生日*/
11   };
12   main(){
13      struct PERSON p;
14      strcpy(p.name,"裴尚进");
15      p.birthday.year=1988;
16      p.birthday.month=10;
17      p.birthday.day=20;
18      printf("name:%s\n",p.name);
19      printf("birthday:%d-%d-%d\n",p.birthday.year,p.birthday.month,p.birthday.day);
20   }
```

程序运行结果如图 9-4 所示。

图 9-4　程序 person.c 的运行结果

程序 person.c 代码中,第 3~7 行定义了 DATE 结构;第 10 行中 PERSON 的 birthday 成员就是 struct DATE 类型的。所以成员 birthday 也有自己的成员,第 15 行、16 行、17 行和 20 行说明了该如何去访问 birthday 的 year 成员、monthday 成员和 day 成员。如:p.birthday.year 就是访问成员 birthday 的 year 成员。多级嵌套的情况依次类推。

6. 结构与数组的比较

结构和数组有一些相似之处,也有很大的不同。弄清楚这些异同对加深数组和结构的理解很有帮助。见表 9-1。

表 9-1　　　　　　　　　　数组与结构的异同

项目	数组	结构
相同点	都是聚合类型,可以包含若干元素(成员); 初始化格式类似; 其元素(成员)存储空间连续	

(续表)

项目		数组	结构
不同点	访问方式	数组名[下标]	结构变量名.成员名
	名字含义	数组名是地址常量,不能作为左值;数组名的值是该数组所占内存的首字节地址	结构变量名可以作为左值(能被赋值);它的值是结构变量本身,并不代表地址
	元素(成员)数据类型	所有元素的数据类型相同	各成员的数据类型可以不同
	元素(成员)的名字	各元素只有下标,没有名字	各成员都有各自的名字
	作为函数实参	数组名作为函数实参传递的是该数组的首地址	结构变量名作为函数实参传递的是结构变量的一个拷贝

7. 为何要用结构数组

首先回顾一下,为什么需要使用数组? 比如你需要定义 10 个 int 型的变量:a、b、c、d、e、f、g、h、i 和 j,这 10 个变量间没有什么关联,访问时需要单个进行访问,很不方便。这时,可以定义一个 10 个元素的整型数组:int a[10]。数组中包含了 10 个元素,每个元素相当于就是一个整型变量,这 10 个元素在内存中所占的内存单元是连续的,而且这 10 个元素名字相同只是下标不同,所以可以通过循环语句和数组下标来进行访问。如下面的代码片段完成的功能是:定义一个数组并用循环遍历数组输出各个元素的值。

```
int a[10]={3,6,8,9,0,5,7,2,1,4};
int i;
for(i=0;i<10;i++)
    printf("%d",a[i]);
```

下面来看看什么情况下需要使用结构数组。

比如有这样的一个问题:某个班级有 30 名学生,每个学生有学号、姓名、成绩三个信息。那么这 30 名学生的这些信息该如何保存? 先得声明一个结构类型如下:

```
struct STUDENT {
    char number[20];
    char name[20];
    int score;
};/* 此后,struct STUDENT 就可以当成类型名来使用了,就像使用 int 一样 */
```

然后可以定义 30 个结构变量,用于保存这 30 个学生的信息。

```
struct STUDENT a,b,c,d,e,f,g,h,i,j,k,l,m,n,o,p,q,r,s,t,u,v,w,x,y,z,A,B,C,D;
```

可以想象,这么多变量看起来太复杂了。该如何处理?

可以定义一个有 30 个元素的 struct STUDENT 类型的数组,每个数组元素都可以看成一个 struct STUDENT 类型的变量,可以保存一个学生的信息。看如下代码:

```
struct STUDENT a[30];
/* 下面这三行代码功能是:从键盘为 a[0]这个学生的各个成员赋值 */
scanf("%s",a[0].number);
scanf("%s",a[0].name);
scanf("%d",&(a[0].score));
```

如果需要从键盘输入这个班级的 30 名同学的信息,该如何做呢? 有了结构数组,这个任务就变得容易了,看如下代码:

```
struct STUDENT a[30];
/*下面代码的功能是:从键盘输入 30 名学生的信息,保存到数组 a[30]中*/
int i;
for(i=0;i<30;i++){
    scanf("%s",a[i].number);    /* number 是结构中的字符数组名,所以前面不用加'&'*/
    scanf("%s",a[i].name);      /* name 是结构中的字符数组名,所以前面不用加'&'*/
    scanf("%d",&(a[i].score));
}
```

8. 结构数组应用实例

学会了使用结构数组后,我们可以来编写一个简易的"学生成绩管理系统"。本系统的需求如下:

(1)每个学生的信息有:学号、姓名、成绩三项。

(2)假设本系统中学生总数不超过 10000 个。

(3)本系统的功能包括:字符界面的菜单、添加学生、删除学生、输出所有学生的信息、求平均成绩、按成绩降序排序。

针对上面的需求,对系统进行如下简单的分析和设计。

(1)声明一个结构类型,保存学生的三项信息:

```
struct STUDENT{
    char number[20];
    char name[20];
    int score;
};
```

(2)定义一个 10000 个元素的 struct STUDENT 类型的数组,用来保存系统中的所有学生的信息;定义一个 int 型变量 count,用于保存目前系统中已经有多少学生。代码如下:

```
#define MAX_COUNT 10000
struct STUDENT data[MAX_COUNT];
int count;
```

(3)编写六个函数,分别实现需求中提出的六项功能,这六个函数的原型如下:

```
/*显示字符界面的菜单*/
void menu(void);
/*从键盘输入学生的信息,并添加到数组中,返回添加后数组中现有的学生人数*/
int addStudent(struct STUDENT *data,int count);
/*删除学生的信息,返回删除后数组中现有的学生人数*/
int deleteStudent(struct STUDENT *data,int count);
/*输出所有学生的信息*/
void listStudent(struct STUDENT *data,int count);
/*统计所有学生的平均成绩,返回平均成绩*/
float averageScore(STUDENT *data,int count);
/*按照学生的成绩降序排序*/
void sortByScore(struct STUDENT *data,int count);
```

(4)编写 main 函数,作为本系统的总控程序。本函数伪代码如下:

```
#define MAX_COUNT 10000
```

```
main(){
    /*1.声明本程序函数需要用到的变量,并初始化*/
    struct STUDENT data[MAX_COUNT];
    int count=0;/*数组中已有的学生人数*/
    while(1){
        /*2.调用menu函数输出菜单*/
        /*3.用户输入菜单选项*/
        /*4.根据用户选项,调用相应的函数完成功能;*/
        /*5.如果用户选择退出,调用exit函数退出系统。*/
    }
}
```

9.3.2 结构与指针

1. 指向结构变量的指针

单纯使用结构并不能很好发挥结构的威力,把结构和指针结合起来使用,才会更强大,这也是经常使用的方式。

先回顾一下以前我们所学到的指向整型变量的指针。看如下代码:

```
int i,*p;
i=100;           /*按名访问,直接访问*/
p=&i;
*p=200;          /*按地址访问,间接访问*/
```

上述代码中,定义了指针p指向整型变量i。这样,对整型变量i所对应的那块4字节的内存就有了两种访问方式。一是按名访问,也叫直接访问,如"i=100;"。二是按地址访问,也叫间接访问,如"*p=200;"。由于p指向了变量i所占的内存(指针变量p中保存了变量i的内存地址),所以上述两种访问方式访问的就是同一个内存空间。

在上一节中,我们讨论了结构成员的直接访问方式,也就是按结构变量名去访问结构成员的方式。大家考虑这样一个问题,如果有一个指针指向了结构变量所占的内存空间,是不是也可以按地址访问(间接访问)这个结构变量及其成员? 答案是肯定的。请看程序pointerstruct.c中代码:

```
/*程序pointerstruct.c*/
1   #include <stdio.h>
2   #include <string.h>
3   struct STUDENT{                /*定义结构类型STUDENT开始*/
4       char name[20];             /*定义成员name,用于保存姓名*/
5       int score;                 /*定义成员score,用于保存成绩*/
6   };                             /*定义结构类型STUDENT结束*/
7   main(){
8       struct STUDENT stu;
9       struct STUDENT *p;         /*定义struct STUDENT类型的指针p*/
10      p=&stu;                    /*p指向了struct STUDENT类型的变量stu*/
11      strcpy((*p).name,"秦动守"); /*间接访问结构变量*/
12      (*p).score=95;             /*间接访问结构变量*/
```

```
13        printf("name:%s\n",(*p).name);        /*间接访问结构变量*/
14        printf("score:%d\n",(*p).score);       /*间接访问结构变量*/
15    }
```

程序运行结果如图 9-5 所示。

```
name:秦动守
score:95
Press any key to continue_
```

图 9-5 程序 pointerstruct.c 的运行结果

上面第 9 行代码定义了 struct STUDENT 类型的指针 p，第 10 行代码把 struct STUDENT 类型的变量 stu 的地址赋值给 p，即 p 指向了变量 stu 的存储空间。下面我们来分析一下第 12 行代码：

```
(*p).score=95;              /*间接访问结构变量*/
```

先用间接访问运算符"*"，通过结构变量的地址(p)访问到结构变量 stu；然后再通过结构成员访问运算符"."来访问 score 成员。由于运算符"."比运算符"*"优先级高，因此需要用圆括号把 *p 括起来。

这里有如下的等价关系：

  *p   等价于   stu

  (*p).score 等价于   stu.score

2. 右箭头运算符―>

程序 pointerstruct.c 中代码的第 12 行，用 (*p).score 这种方式去访问 p 所指向的结构变量的成员 score。这种访问方式很普遍，而且这样写起来比较麻烦。所以 C 语言中提供了一种简单并直观的箭头运算符"―>"，它由中间划线字符和大于符号两个字符组成。优先级为 2 级，结合性为自左至右。使用方法如下：

```
p―>score=95;          /*用右箭头运算符间接访问结构变量的成员*/
```

代码 p―>score 与 (*p).score 是等价的，只是写法不同而已。

3. 动态内存分配

先考虑这样一个问题：用数组保存一个班级的学生的成绩，成绩从键盘输入，当输入"-1"时标志成绩录入完毕，学生人数未知。

那么，这个数组定义成多大的？100 个元素还是 10000 个元素？太小了，怕学生人数多了不够用；太大了，怕学生人数太少而浪费了内存空间。要是能在程序运行过程中根据需要来使用内存就好了。

声明一个数组时必须用一个常量指定数组的长度，数组的长度不能动态变化(在 C99 标准中支持动态数组，但目前大部分 C 编译器实现的都是 C90 标准)。因此就要求能够在程序中根据实际需要动态地来申请内存。

C 语言支持动态内存分配，即在程序执行期间分配内存单元的能力。

4. malloc 和 free 函数

那么，在 C 语言中我们需要申请一块内存时该如何做呢？调用一个函数就可以了。C 库函数提供了两个函数 malloc 和 free，分别用于申请和释放内存。malloc 和 free 函数的声明在头文件 stdlib.h 中，所以使用这两个函数时应该包含这个头文件。

malloc 和 free 函数的原型如下：

```
void * malloc(size_t size);
void free(void * pointer);
```

malloc 函数的功能是向系统申请一块 size 字节的连续的内存空间。如果申请成功，返回一个指向这块内存起始位置的指针（返回的指针是 void 类型的，即通用指针，其值是这块内存的首地址）；如果系统无法分配所需内存（比如申请内存太大而系统内存不够的情况），就会返回一个 NULL 指针。所以在使用 malloc 函数时，都需要检查返回的指针是否为 NULL，从而可以知道系统是否成功地分配了内存。以下代码就向系统申请了一块 100 个字节的内存：

```
#include <stdio.h>            /* 使用 malloc 函数需要包含此头文件 */
main(){
    char * p;
    p=malloc(100);
    if(p==NULL){              /* 务必要检查内存分配是否成功 */
        printf("内存分配失败!");
        exit(1);
    }
    else{
        …                     /* 分配成功 */
    }
}
```

malloc 函数返回的是 void 类型指针，这种类型的指针可以转换成其他任意类型的指针；而且任意类型的指针也可以自动转换成 void 类型的指针（在标准 C 中）。但有些比较老的编译器可能需要显式转换，如下所示：

```
char * p;
p=(char *)malloc(100);
```

需要注意的是，用户使用 malloc 动态申请的内存，如果不再使用，系统并不会自动负责收回，而需要用户调用 free 函数来释放这块内存。否则，这块内存一直被用户程序占有而无法重新被分配出去。

free 函数的功能是释放内存。本函数的参数是指针，而且该指针应该是由 malloc 函数返回的。使用 free 函数去释放一块并非动态分配的内存（如程序中定义的变量）可能导致程序终止运行。请看以下代码：

```
char * p;
int i=10;
p=malloc(1000);
…
free(p);                /* 正确的操作，释放由 malloc 申请的内存 */
free(&i);               /* 错误的操作，不能释放非动态申请的内存 */
```

在使用 malloc 和 free 函数时，还有一个"悬空指针"的问题，即一块动态内存释放之后试图继续使用的问题。先看下面的代码：

```
char * p;
p=malloc(100);
```

```
strcpy(p,"hello");
free(p);                    /*释放由malloc申请的100个字节的内存*/
strcpy(p,"everyone");       /*错误的操作,可能导致严重后果*/
```

上面的代码中,p指向了由malloc申请的内存,这时可以对这块内存进行操作,修改这块内存中的内容。然后free(p)把这块内存释放了,程序对这块内存没有任何控制权了,之后再试图修改这块内存将可能导致程序崩溃等惨重的后果。因为free(p)操作只是释放了p所指向的那块内存,并没有改变p本身的值,p仍然指向那块已经没有控制权的内存。这时p指针就是"悬空指针"。"悬空指针"问题比较隐蔽,难以发现,尤其是这个指针在程序中存在多个副本的情况。

5. 动态内存使用的常见问题

关于动态内存的使用,有一些常见的错误或不好的使用习惯,在此做一下小结:
(1)对malloc函数返回的指针不做是否为NULL的判断。
(2)对分配的内存使用时地址越界(类似于数组下标越界)。
(3)对不再使用的动态内存,没有使用free函数释放掉。
(4)使用free释放非动态分配的内存。
(5)释放动态内存后试图继续使用它(悬空指针问题)。
以上问题是初学者使用动态分配内存时容易出现的问题,一定要注意。

6. 动态内存使用举例

下面来看个使用动态内存分配的例子:有两个字符串str1和str2,现在要把这两个字符串连接起来生成一个新的字符串,但是不要改动原有的字符串str1和str2中的内容。

解决上述问题的程序如string_copy.c所示:

```
/*程序 string_copy.c*/
1   #include <stdio.h>
2   #include <string.h>
3   #include <stdlib.h>
4   main(){
5       char str1[]="Hello,";
6       char str2[]="Alice!";
7       char *result;
8       result=malloc(strlen(str1)+strlen(str2)+1);/*动态申请所需内存*/
9       if(result==NULL)                            /*申请内存失败*/
10      {
11          printf("Error:malloc failed!\n");
12          exit(1);
13      }
14      else                                        /*申请内存成功*/
15      {
16          strcpy(result,str1);
17          strcat(result,str2);
18      }
19      printf("The result string is: %s\n",result);
20      free(result);                               /*释放动态申请的内存*/
21  }
```

注意上面代码中的第 8 行,申请了一块刚好能保存下结果字符串"Hello,Alice!"的内存,strlen 函数用来求某个字符串的有效长度,"加 1"是因为还需要一个字符数组元素用来保存字符串结束标志字符'\0'。通过第 16 行、17 行代码,把原来的两个字符串 str1、str2 中的内容拷贝到刚才动态申请到的内存块中,组成了一个新的字符串"Hello,Alice!"。

7. 结构的直接访问与间接访问

首先请看下面的代码段:

```
1    struct STUDENT stu;          /* struct STUDENT 在程序 pointerstruct.c 中定义 */
2    struct STUDENT *p;           /* 定义 struct STUDENT 类型的指针 p */
3    p=&stu;                      /* p 指向了 struct STUDENT 类型的变量 stu */
4    (*p).score=95;               /* 间接访问结构变量 */
5    p->score=96;                 /* 用箭头运算符间接访问结构变量 */
6    stu.score=97;                /* 用变量名直接访问结构变量 */
```

上面的 1~3 行代码,定义了 struct STUDENT 类型的指针 p 指向了 struct STUDENT 类型的变量 stu。系统分配了一块 sizeof(struct STUDENT)大小的内存,现在对这块内存的访问有两种方式,一种方式是通过变量名 str 直接访问,如上面第 6 行代码;另一种方式是通过指向这块内存的指针 p 来间接访问,如上面第 4 行、5 行代码。

在上一节中,我们介绍了使用 malloc 函数可以申请一块内存。请看下面的代码:

```
struct STUDENT *ps=malloc(sizeof(struct STUDENT));
ps->score=98;                    /* 通过指针间接访问 */
(*ps).score=99;                  /* 通过指针间接访问 */
```

上面这行代码向系统动态申请(程序执行时)了一块 sizeof(struct STUDENT)大小的内存,struct STUDENT 类型的指针 ps 指向这块内存。请注意,这块内存是没有变量名与之相对应的,所以无法通过变量名来访问,只能通过指向它的指针间接访问。

8. 为什么需要链表

在 9.3.1 节我们已经学习了结构数组,用一个 30 个元素的 STUDENT 结构数组可以保存 30 名学生的信息。大家考虑一下:如果在编写程序的时候,还不能确定会有多少名学生的信息需要保存,这时数组应该定义为多少个元素呢? C 语言中定义数组时必须用整型常量来指定数组的大小,定义完数组后该数组的大小就不能变化了。数组定义得太大了,会浪费内存空间;定义得太小了,如果学生人数多于数组元素个数的话就存放不下。那么,有没有一个集合类型,它的元素个数多少可以灵活变化呢? 有,链表就是满足这种要求的一种存储结构。链表中的节点(相当于数组中的元素)的数量可以变化,可以动态添加节点,也可以动态删除节点。

9. 链表中节点的类型

先来看这样一个例子。小赵是某班级的学生,他们班上还有四位同学,分别是小钱、小孙、小李、小周。老师要到这五个学生家里去家访。老师只知道小赵家的地址,小赵只知道小钱家的地址,小钱只知道小孙家的地址,小孙只知道小李家的地址,小李只知道小周家的地址,小周知道他自己是最后一个而且后面没人了。这样,老师肯定能够对这个班的五个学生进行家访。这五个学生就组成了一个"链"。

链表的结构是什么样的呢? 就像它的名字一样,也是一个"链",链上有若干个节点,节点间能连起来。下面我们就来讨论链表的每个节点是什么构成,节点间如何能够连接起来。

根据上面的分析,每个节点只要记住下一个节点的地址,这些节点就能够"链"起来了。假设节点是 struct STUDENT 类型的,这个节点想要记住下一个节点的地址,可以在 struct STUDENT 中添加一个成员,这个成员是个 struct STUDENT 类型的指针,专门用于保存另一个 struct STUDENT 节点的地址。下面的代码是改写之后的 struct STUDENT 结构的定义:

```
struct STUDENT{
    char name[20];          /*定义成员 name,用于保存姓名*/
    int score;              /*定义成员 score,用于保存成绩*/
    struct STUDENT * next;  /*定义成员 next,指向另一个 struct STUDENT 节点*/
};
```

10. 如何构建动态链表

先考虑一下,数组如何构建呢?当我们定义一个数组,比如 int a[10];,系统就会为这个数组分配一块内存(VC 中这块内存会是 40 字节大小,是在编译阶段静态分配的),这块内存是连续的。也就是说,数组的 10 个元素在内存中是连续存放,因此数组元素可以用数组名加下标的方式进行随机访问。

链表中的节点的个数是可以动态变化的,这就意味着链表的节点所占的内存是动态的。程序运行的过程中,需要添加一个节点的时候就动态申请一个节点的内存空间,不需要这个节点时就可以释放掉这个节点所占的内存。下面的代码完成的功能就是申请一个节点、给节点中的成员赋值、释放节点。

```
struct STUDENT * p=malloc(sizeof(struct STUDENT));   /*申请一个节点的内存*/
strcpy(p->name,"xiaozhao");                           /*给这个节点的 name 成员赋值*/
p->score=90;                                          /*给这个节点的 score 成员赋值*/
free(p);                                              /*释放这个节点*/
```

还有两个概念必须先弄清楚,头指针和尾节点。在上面的例子中老师需要记住第一个学生小赵家的地址,所以小赵是第一个节点,老师相当于头指针(head),头指针用于保存第一个节点的地址。小周是这个"同学链"中的尾节点,他后面没有其他同学了。所以尾节点和其他节点还有一点不同,非尾节点的 next 成员肯定都保存着下一个节点的地址,而尾节点的 next 成员的值必须为 NULL,标志着该节点是链表的最后一个节点。

在构建链表时,需要逐个创建节点,并且把节点加入链表中。创建节点需要三个步骤:
(1)为节点分配内存单元。
(2)把数据存储到节点中。
(3)把节点插入链表中。

下面的代码将实现上一节中提到的五个学生构成的"同学链"。

```
1  struct STUDENT{
2      char name[20];          /*定义成员 name,用于保存姓名*/
3      int score;              /*定义成员 score,用于保存成绩*/
4      struct STUDENT * next;  /*定义成员 next,指向另一个 struct STUDENT 节点*/
5  };
6  struct STUDENT * createLinkedList() {  /*本函数的功能是创建一个链表,并返回头指针*/
7      struct STUDENT * head, * p, * q;
8      struct STUDENT * p=malloc(sizeof(struct STUDENT));  /*申请第一个节点的内存*/
9      strcpy(p->name,"xiaozhao"); /*给这个节点的 name 成员赋值*/
```

```
10      p->score=90;                    /*给这个节点的 score 成员赋值*/
11      head=p;                         /*用 head 指针指向 第一个节点*/
12      q=p;                            /*用 q 指针指向链表的尾节点(当前本链表只有一个节点,既是第
                                          一个节点,也是尾节点)*/
13      struct STUDENT  * p=malloc(sizeof(struct STUDENT));   /*申请第二个节点的内存*/
14      strcpy(p->name,"xiaoqian");
15      p->score=93;
17      q->next=p;                      /*把第二个节点 p 挂到原链表的尾部*/
18      q=p;                            /*q 指针指向新的尾节点*/
19      struct STUDENT  * p=malloc(sizeof(struct STUDENT));   /*申请第三个节点的内存*/
20      strcpy(p->name,"xiaosun");
21      p->score=67;
22      q->next=p;                      /*把第三个节点 p 挂到原链表的尾部*/
23      q=p;                            /*q 指针指向新的尾节点*/
24      struct STUDENT  * p=malloc(sizeof(struct STUDENT));   /*申请第四个节点的内存*/
25      strcpy(p->name,"xiaoli");
26      p->score=78;
27      q->next=p;                      /*把第四个节点 p 挂到原链表的尾部*/
28      q=p;                            /*q 指针指向新的尾节点*/
29      struct STUDENT  * p=malloc(sizeof(struct STUDENT));   /*申请第五个节点的内存*/
30      strcpy(p->name,"xiaozhou");
31      p->score=100;
32      q->next=p;                      /*把第五个节点 p 挂到原链表的尾部*/
33      q=p;                            /*q 指针指向新的尾节点*/
34      q->next=NULL;                   /*后面没有节点了,所以尾节点的 next 成员必须赋值为 NULL,
                                          标志链表结束*/
35      return head;                    /*返回头指针,即该链表第一个节点的地址*/
36  }
```

以上代码就创建了有五个节点的链表。对上述代码分析如下:

(1)在写创建链表程序的时候,习惯使用 head、p、q 来命名三个指针变量,head 指针用来指向链表的第一个节点,p 指针用来创建新的节点,q 指针用来指向尾节点。大家在写程序时也可以沿用这种习惯。

(2)需要注意的是,尾节点的 next 成员一定要赋值为 NULL,否则就无法判断链表是否结束(大家回顾一下 C 语言中是如何保存字符串的?应该在字符串最后一个字符的后面存储一个'\0'字符,标志字符串的结束。这个和链表尾节点的 NULL 标志是一个道理)。

11. 如何访问与遍历链表

先考虑一下,如何访问数组中的数组元素?当我们定义一个数组,比如"int a[10];",我们就可以用数组名加下标的方式访问数组中的任何一个元素。如用 a[4]来访问数组的下标为 4 的元素。数组元素是可以随机访问的,因为数组元素的内存地址是连续的。但是,链表中各个节点的地址是不连续的(因为申请各个节点的内存时,系统分配的内存地址可能是不连续的),因此不能去随机访问链表中的某个节点,只能从链表的第一个节点开始,遍历链表找到需要的节点。

下面的代码可以遍历上一节中创建的"同学链"链表。

```
  /*本函数的功能是遍历链表并输出各个节点同学的姓名和分数,参数是已经建好的链表的头指针*/
1  void outputLinkedList(struct STUDENT *head){
2    struct STUDENT *p;
3    for(p=head; p!=NULL; p=p->next){    /*遍历链表的for语句,记住写法*/
4      printf("Name is %s,Score is %d\n",p->name,p->score);
5    }
6  }
```

在上面的代码段中,尤其要理解 for 语句的含义。p!=NULL 是循环的条件,当 p 等于 NULL 时,说明链表已经结束了。这也是为什么尾节点的 next 成员必须赋值为 NULL 的原因。当一个节点处理完毕后,执行表达式 p=p->next,作用是让 p 指针指向下一个节点。这样,每次循环结束后 p 指针就往后移动一个节点,直到链表结束。

再看这样的问题如何解决:输出分数为 100 分的同学的姓名和分数。由于链表只能从第一个节点开始逐个节点访问,所以需要遍历链表,先找到分数为 100 分的那个节点,然后输出这个节点的信息。代码段如下:

```
for(p=head; p!=NULL; p=p->next){
    if(p->score==100)
        printf("Name is %s,Score is %d\n",p->name,p->score);
}
```

12. 如何删除链表中的一个节点

链表是由多个节点链接而成的,如果把中间的某个节点去掉,整个链表就断成两截了。因此还得把这个节点之前的节点和这个节点之后的节点连起来才行。从链表中删除某个节点的示意图如图 9-6 所示。

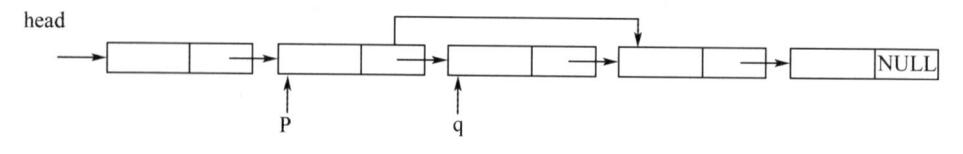

图 9-6 删除链表节点

图 9-6 中 q 指针指向的是要被删除的节点,p 指针指向的是被删除节点的上一个节点。现在要删除 q 节点,只需要执行语句 p->next=q->next 即可。

下面来看一个例子:删除姓名为"xiaosun"的这个节点。先遍历链表,找到"xiaosun"这个节点,然后删除它。在遍历的过程中,注意 p、q 指针的关系。程序代码如下:

```
  /*本函数的功能是删除指定姓名的节点,第一个参数是已经建好的链表的头指针,第二个参数是要删
    除的节点的姓名;假设链表中的节点姓名都是唯一的*/
1  void delete(struct STUDENT *head,char *dname){
2    struct STUDENT *p,*q;
3    q=head;
4    if(strcmp(q->name,dname)==0)
5      head=q->next;              /*要删除的节点是第一个节点,特殊处理*/
6    else{
7      for(p=q,q=q->next; q!=NU0L; p=p->next,q=q->next)
```

```
  8                    if(strcmp(q->name,dname)==0)
  9                         break;
 10                    if(q!=NULL){           /*如果 q==NULL,说明指定姓名节点不存在*/
 11                         p->next=q->next;  /*删除 q 节点*/
 12                         free(q);          /*释放 q 节点所占的内存*/
 13                    }
 14                    else{
 15                         printf("没有找到要删除的节点\n");
 16                    }
 17            }
 18     }
```

对上面的代码分析如下：

(1)第 4 行、5 行是处理要删除的是第一个节点的特殊情况，因为此时要删除的节点之前没有节点了，只能用 head=q->next;这种方式用于删除第一个节点。

(2)第 7~9 行代码的功能是查找姓名等于指定姓名 dname 的节点，如果找到的话，用语句"break;"退出循环。此时 q 指针指向该待删除节点，p 指针指向待删除节点的前一个节点，正如上面示意图所示的情况。这种情况下，就可以用语句"p->next=q->next;"删除 q 节点，并使用语句"free(q);"释放该节点所占用的内存。

(3)第 10 行代码的作用是判断是否找到符合条件的要删除的节点。如果 for 语句没有找到符合条件节点的话，q 指针的值会是 NULL。

(4)要实现删除姓名为"xiaosun"的节点，调用上面定义的函数即可。调用形式为："delete(head,"xiaosun");"。

13. 关于链表的其他话题

本节介绍的链表是单向链表，每个节点只有一个 next 指针去保存下一个节点的地址。还有一种链表是双向链表，每个节点有两个指针 next 和 previous：用 next 指针指向下一个节点（亦称直接后继节点），用 previous 指针指向上一个节点（亦称直接前驱节点）。所以，从双向链表中的任意一个节点开始，都可以很方便地访问它的前驱节点和后继节点。关于链表更多的知识可以阅读《数据结构》相关的书籍。

9.4 项目实现

9.4.1 主菜单功能的实现

掌握了链表的基本操作后，可以使用链表来实现一个模拟的排队售票程序。首先简要复述一下该程序的基本功能：

(1)新来顾客排队：在排队队列尾部添加一个节点。

(2)售票：取排队队列的队首元素，然后将其删除。

(3)公告排队人数：求队列的长度并输出。

其他业务需求：假设共有 1000 张票可卖。程序代码如下：

```c
/*程序 queue.c*/
#include <stdio.h>
#define TOTAL    1000            /*票总数*/
void showMenu();
struct CUSTOMER * add(struct CUSTOMER * head);
struct CUSTOMER * sale(struct CUSTOMER * head);
void displayBullitin(struct CUSTOMER * head);
int getQueueLength(struct CUSTOMER * head);
/*定义排队队列每个节点的结构类型*/
struct CUSTOMER{
    int number;                  /*顾客排队编号*/
    struct CUSTOMER * next;      /*指向另一个 struct CUSTOMER 节点*/
};
int saled_count=0;               /*已经卖出的票数*/
int pub_number=1;                /*顾客排队编号,从 1 开始编号*/
main(){
    struct CUSTOMER * head=NULL;
    int choice;                  /*用户的选择*/
    while(1){
        showMenu();
        scanf("%d",&choice);
        switch(choice){
            case 0:exit(0);
            case 1:head=add(head);break;
            case 2:head=sale(head);break;
            case 3:displayBullitin(head);break;
        }
    }
}
```

9.4.2　新来顾客排队功能的实现

```c
/*本函数功能是求排队队列的长度*/
int getQueueLength(struct CUSTOMER * head){
    int length=0;
    struct CUSTOMER * p;
    for(p=head;p!=NULL;p=p->next)       /*遍历链表,求链表长度*/
        length++;
    return length;
}
/*本函数功能是在排队队列尾部加一个顾客节点*/
struct CUSTOMER * add(struct CUSTOMER * head){
    struct CUSTOMER * q;
```

```c
    struct CUSTOMER * p;
    int length;
    length=getQueueLength(head);        /* 现在队列的长度 */
    if(saled_count+length>=TOTAL){      /* 不用排队了,排队也买不着票 */
        printf("不用排队了! \n");
        return head;                    /* 本函数终止执行,返回到调用处 */
    }
    p=malloc(sizeof(struct CUSTOMER));  /* 申请一个节点 */
    p->number=pub_number++;             /* 排队编号 */
    p->next=NULL;                       /* 该节点将是新的尾节点 */
    if(head==NULL)
        head=p;                         /* 注意,此时 head 指针的值发生了变化 */
    else
    {
        for(q=head;q->next!=NULL;q=q->next)  /* 找到链表的尾节点 */
            continue;
        q->next=p;                      /* 把新的节点 p 挂到链表的尾部 */
    }
    printf("新到顾客,编号为:%d\n",p->number);
    return head;                        /* 头指针值可能已经改变,所以需要返回该值(如:原链
                                           表为空,现在有一个顾客了,头指针 head 会由 NULL
                                           变为非 NULL) */
}
```

9.4.3 售票功能的实现

```c
/* 本函数功能是在队列的队首取出一个顾客节点,卖票,并将其删除 */
struct CUSTOMER * sale(struct CUSTOMER * head){
    struct CUSTOMER * p;
    int length=getQueueLength(head);    /* 现在队列的长度 */
    if(length<=0){                      /* 队列中没有人! */
        printf("无人排队! \n");
        return head;                    /* 本函数终止执行,返回到调用处 */
    }
    if(saled_count>=TOTAL){             /* 票已卖完! */
        printf("票已卖完! \n");
        return head;                    /* 本函数终止执行,返回到调用处 */
    }
    p=head;                             /* 获取到队首节点,p 指针指向它 */
    printf("售出票一张,顾客编号为:%d\n",p->number);
    if(saled_count>=TOTAL){             /* 票已卖完! */
        printf("票已卖完! \n");
    }
```

```
        head=head->next;           /*删除队首节点*/
        free(p);                   /*释放队首节点内存*/
        saled_count++;             /*卖出一张票*/
        return head;               /*头指针值已经改变,所以需要返回该值*/
}
```

9.4.4 公告排队人数功能的实现

```
/*显示当前的票数信息、队列信息*/
void displayBullitin(struct CUSTOMER * head){
        int length=getQueueLength(head);           /*现在队列的长度*/
        printf("现在已经卖出票%d 张。\n",saled_count);
        printf("现在还有票%d 张。\n",TOTAL- saled_count);
        printf("现在正在排队的顾客%d 人。\n",length);
}
```

项目代码说明:

(1)把总票数定义成符号常量,当总票数改变时,修改符号常量定义即可。如下面代码:

```
#define TOTAL 1000           /*票总数*/
```

(2)已卖出票数和顾客排队编号这两个变量,在程序的多个函数中均需使用,所以将其定义成全局变量。如下面代码:

```
int saled_count=0;           /*已经卖出的票数*/
int pub_number=1;            /*顾客排队编号,从1开始编号*/
```

(3)exit 函数的功能是终止程序的执行,当用户选择 0 选项时调用该函数。如下面代码:

```
case 0:exit(0);
```

(4)在新来顾客往链表中添加节点时,首先要判断链表是否为空。如果为空的话,就让 head 指针指向新节点 p;如果原链表不为空的话,就遍历链表,找到链表的尾节点。如下面代码:

```
if(head==NULL)
        head=p;          /*注意,此时 head 指针的值发生了变化*/
```

(5)如下面代码的功能是找到链表的尾节点,当循环结束时,q 指针指向的就是尾节点。请注意循环结束的条件是:q->next!=NULL。

```
for(q=head;q->next!=NULL;q=q->next)   /*找到链表的尾节点*/
        continue;
```

(6)在 add(新来顾客)和 sale(卖票)两个函数中,头指针 head 的值可能已经改变,此时需要把该值传给 main 函数,否则在 main 函数中就不能正确访问到链表了。当然还有一种方案是,把 head 也定义成全局变量,这样就不用传参和返回了。需要说明的是,一般情况下还是不要使用全局变量,除非迫不得已。因为使用全局变量会有一些弊端,如:降低函数的通用性,使用了全局变量的函数会依赖该全局变量;全局变量在程序的整个生命周期中都会占用内存,等等。

9.5　项目小结

结构是另一种聚合类数据结构。与数组相比，结构具有一个重要特点：各成员数据类型可以不同。这样就可以把一个对象的不同属性有机地组合起来。结构数组使得存储具有多个属性的对象集合更加方便和易于理解。动态内存分配可以使用户更加灵活、高效地使用内存，在使用动态内存时需要注意内存泄漏、悬空指针等问题。

链表是结构的一个重要应用，使用链表使得数据的存储更加灵活高效，因为链表中各节点的内存都是动态、按需分配的，而不像数组的内存是静态分配的。但是链表中的节点无法像数组元素那样随机访问，只能顺序访问。

习题 9

1. 填空题

(1) 以下程序运行的结果是_____。

```
#include "stdio.h"
main()
{
    struct DATE {
        int year,month,day;
    } today;
    printf("%d\n",sizeof(struct DATE));
}
```

(2) 若有以下语句，则下面表达式的值为 1002 的是_____。

```
struct STUDENT
{
    int num;
    int age;
};
struct STUDENT stu[3]={{1001,20},{1002,19},{1003,21}};
struct STUDENT *p;
p=stu;
```

A. (++p)->num　　B. (p++)->age　　C. (*p).num　　D. (*++p).age

(3) 若有以下说明和语句：

```
struct STUDENT
{
    int age;
    int num;
};
struct STUDENT std,*p;
p=&std;
```

则以下对结构体变量 std 中成员 age 的引用方式不正确的是_____。

A. std.age　　　　B. p->age　　　　C. (*p).age　　　D. *p.age

(4) 下面程序实现的功能是在已定义的考生链表中删除指定考生号的节点。请按照程序功能填空。

```
struct student * delete(head,num);
struct student * head;
long num;
struct student * p1, * p2;
if(head==NULL)
{
    printf("\nlist NULL !\n");
    goto end;
}
p2=head;
while((num !=p2->num)&&(_____[1]_____))
{ p1=p2; p2=p2->next; }
if(num==p2->num)
{
    if(p2==head) head=p2->next;
    printf("delete : %ld\n",num);;
    n=n-1;
}
else
    printf("%ld not found !\n",num);;
end:
    return (head);
```

(5) 以下对结构体变量 stu1 中成员 age 的非法引用是_____。

```
struct student{
    int age;
    int num;
}stu1, * p;
p=&stu1;
```

A. stu1.age   B. student.age   C. p->age   D. (*p).age

(6) 下面对 typedef 的叙述中不正确的是_____。

A. 用 typedef 可以定义各种类型名,但不能用来定义变量

B. 用 typedef 可增加新类型

C. 用 typedef 只是将已存在的类型用一个新的标识符来代表

D. 使用 typedef 有利于程序的通用和移植

(7) 以下程序的运行结果是_____。

```
struct STR{
    int n;
    char c;
};
```

```
main()
{
    struct STR a={10,'A'};
    func(a);
    printf("%d,%c",a.n,a.c);
}
func(struct STR b)
{
    b.n=20;
    b.c='B';
}
```

2. 项目训练题

(1) 声明一个结构来表示日期，日期包含年、月、日的信息。

(2) 声明一个结构来表示职工的信息，职工的信息有：员工编号、员工姓名、性别、年龄、入职日期、工资。要求入职日期使用第一题中所定义的日期结构类型。

(3) 已经声明了如下的结构：

```
typedef struct STUDENT{
    char name[20];
    float height;
    int score;
} STUD;
```

请编写代码片段，定义一个 STUD 类型的变量 a，并从键盘输入该结构变量的各个成员的值。

项目10　扩展学生成绩管理系统

10.1　项目目标

本项目将使用文件的知识来扩展学生成绩管理系统,增加以下功能:
- 将学生成绩保存到文件
- 从文件中读取数据

开发项目需要学习的知识:
- 文件的基本概念
- 字符读写文件
- 块读写文件
- 格式读写文件
- 文件的应用

10.2　项目分析与设计

10.2.1　新增功能分析

本项目是在项目9中学生成绩管理系统的基础上,增加将学生成绩信息写入文件及从文件中读取学生成绩信息的功能。

(1)学生成绩信息写入文件:将内存结构体数组中存储的学生成绩信息写入文件中。

(2)读取学生成绩信息:从指定文件中读取学生信息,并将所读取的信息存储到内存的结构体数组中。

10.2.2　函数原型设计

学生成绩管理系统中新增功能函数原型声明见表10-1。

表10-1　　学生成绩管理系统中新增功能函数原型声明

序号	函数原型说明	备注
1	void saveToFile(struct STUDENT * data,int count)	信息存储到文件中
2	int loadFromFile(struct STUDENT * data)	从文件中读取信息

函数原型说明:

(1)信息存储到文件中 saveToFile:参数 data 为学生成绩结构体数组,count 为数组中元素的个数。

(2)从文件中读取信息 loadFromFile:参数 data 为学生成绩结构体数组,count 为数组中元素的个数。

10.3 知识准备

10.3.1 文件的概念

在前面的项目中,我们已经学习了变量、数组、链表等,它们都可以用来保存数据。但是这些数据都是在内存中的,当程序结束运行时,这些数据会全都消失。如何能将数据永久保存呢? 本项目即将介绍的文件,就能实现数据的永久保存。文件是保存在外存储器上的数据组织形式,外存储器上的数据可以永久存在。程序可以对文件进行读或写操作。

首先请回顾一下,什么是变量? 变量就是分配给程序使用的一块命名的内存,这个命名就是变量名。可以通过变量名来访问这块内存,往这块内存中存储数据或者读取数据。

文件,就是外存(比如磁盘)上的一段命名的存储区,这个命名就是文件名。可以通过文件名来访问这块外存存储区,向外存存储区写入数据或读取数据。

文件可以存放程序、文档、数据、表格、图片、音频、视频等各种各样的信息,外部存储器上的数据都是以文件的形式来进行存取的。

从文件编码的方式来看,文件可分为 ASCII 码文件和二进制码文件两种。ASCII 码文件也称为文本文件,这种文件在磁盘中存放时每个字符对应一个字节,用于存放对应的 ASCII 码。例如,数 12345 的存储形式为 0011000100110010001100110010000110101,共占用 5 个字节。该文件用文本编辑器(如记事本)打开时,每个字节都解释为字符,因此看到的内容是一个字符串:12345。具体对应关系如图 10-1 所示。

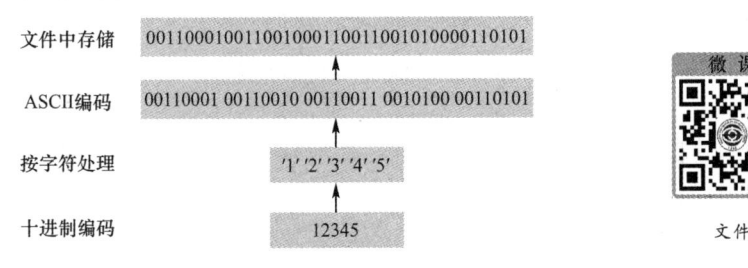

图 10-1 文本文件存储代码示意图

二进制文件是按二进制的编码方式来存放文件的。例如,整数 12345 的存储形式为(在 VC 中 int 型数据占 4 字节,低位字节先写入文件,高位字节后写入文件):00111001 00110000 00000000 00000000。二进制文件存储代码如图 10-2 所示。

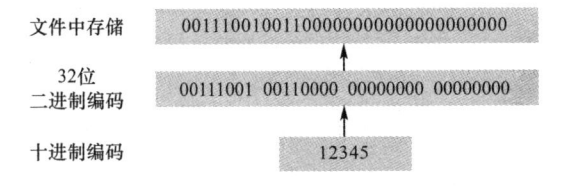

图 10-2 二进制文件存储代码示意图

二进制文件也可用文本编辑器打开,但其内容显示并不是"12345",而是"90　　"(90 后面是两个空格)。

10.3.2 文件的打开和关闭

在 C 程序中操作文件,要先使用 fopen 函数打开文件;操作完毕后,要使用 fclose 函数关闭文件,这两个函数在 stdio.h 中声明。

1. fopen 函数

fopen 函数的功能是打开文件。使用方法如下:

```
FILE *fp=fopen("c:\\abc.txt","w");
```

它的第一个参数是要打开的文件地址字符串,该地址可以是绝对地址,也可以是相对地址;第二个参数是打开文件的模式,表 10-2 列出了各种模式字符串及其意义。

表 10-2　　　　　　　　　　fopen 函数的模式字符串

模式字符串	意义
"r"	打开一个文本文件,可以读文件不能写文件;如果文件不存在,出错
"w"	打开一个文本文件,可以写文件不能读文件;如果文件不存在,则新建文件;如果文件存在,则清空原文件所有内容
"a"	打开一个文本文件,不可以读文件;可以向原文件尾部以追加的方式写文件;如果文件不存在,则新建文件
"r+"	打开一个文本文件,可以读或写文件;如果文件不存在,出错
"w+"	打开一个文本文件,可以写或读文件;如果文件不存在,则新建文件;如果文件存在,则清空原文件所有内容
"a+"	打开一个文本文件,可以读文件,也可以向原文件尾部以追加的方式写文件;如果文件不存在,则新建文件
"rb","wb","ab","rb+","wb+","ab+"	与上述相应的模式意义相似,只是使用二进制模式而非文本模式打开文件

如果成功打开文件,fopen 函数返回一个文件指针。该文件指针是一种指向 FILE 结构的指针,在 stdio.h 中定义了一个 FILE 文件结构类型,包含管理和控制文件所需要的各种信息。在 C 程序中系统对文件进行的各种操作是通过指向文件结构体的指针变量来实现的。

如果不能成功打开文件,fopen 函数返回空指针 NULL。所以在程序中,打开一个文件后,应该对返回的指针进行检查。

另外需要注意的是,使用"w"模式打开已经存在的文件时,原文件的内容将会被删除。

2. fclose 函数

fclose 函数的功能是关闭文件。使用方法如下:

```
fclose(fp);
```

参数 fp 是由 fopen 函数返回的文件指针。如果成功关闭文件,返回 0;否则,返回 EOF,值为 -1。

文件读写完毕后,应该调用本函数来关闭文件。

10.3.3 字符读写函数:fgetc 和 fputc

使用 fgetc、fputc 函数要求包含头文件 stdio.h。字符读写函数 fgetc 和

fputc 是以字符(字节)为单位的读写函数。每次可从文件读出或向文件写入一个字符。

fgetc 函数有返回值，如读取成功则返回读取的字符，如果已经到了文件末尾会返回 EOF。fgetc 函数的使用举例如下：

```c
char c;
FILE *fp=fopen("c:\\abc.txt","r");
c=fgetc(fp);                /*从文件 abc.txt 中读出一个字符,赋值给字符变量 c*/
fclose(fp);
```

fputc 函数有一个返回值，如写入成功则返回写入的字符；否则返回 EOF。可用此来判断写入是否成功。fputc 函数的使用举例如下：

```c
char c='m';
FILE *fp=fopen("c:\\abc.txt","w");
fputc(c,fp);                /*将字符变量 c 的值写入文件 abc.txt 中*/
fclose(fp);
```

下面来做一个综合练习，实现文件的拷贝。代码如下：

```c
/*程序 filecopy.c*/
#include <stdio.h>
int main(){
    FILE *fp1,*fp2;
    char ch;
    char sfile[100],dfile[100];
    printf("请输入源文件名:\n");
    gets(sfile);
    printf("请输入目标文件名:\n");
    gets(dfile);
    if((fp1=fopen(sfile,"r"))==NULL){      /*fp1 为源文件*/
        printf("不能打开文件 %s\n",sfile);
        getch();
        exit(1);
    }
    if((fp2=fopen(dfile,"w+"))==NULL){     /*fp2 为目标文件*/
        printf("不能打开文件 %s\n",dfile);
        getch();
        exit(1);
    }
    while((ch=fgetc(fp1))!=EOF)            /*实现文件拷贝*/
        fputc(ch,fp2);
    fclose(fp1);
    fclose(fp2);
}
```

程序分析：

(1) 上面程序实现的是文件的拷贝，源文件和目标文件的路径从键盘输入。

(2) 从源文件中逐个读取字符，写入目标文件中，达到文件赋值的目的。

10.3.4 字符串读写函数：fgets 和 fputs

1. fgets 函数

fgets 函数的功能是从指定的文件中读一个字符串到字符数组中，函数调用的形式为："fgets(str,n,fp);"。第一个参数 str 是字符数组名；第二个参数 n 是一个正整数，表示从文件中读出的字符串不超过 n-1 个字符，在读入的最后一个字符后加上串结束标志'\0'；第三个参数 fp 是读取的文件指针。"fgets(str,n,fp);"的意义是从 fp 所指的文件中读出 n-1 个字符的字符串并保存到字符数组 str 中。

下面看一个例子：从 string.txt 文件中读入一个长度为 10 的字符串（假设 d 盘根目录下已经存在 string.txt 文件）。程序代码如下：

```
/* 程序 fgets.c */
#include <stdio.h>
main()
{
    FILE *fp;
    char str[11];
    if((fp=fopen("d:\\string.txt","r"))==NULL)
    {
        printf("文件打开失败!");
        getch();
        exit(1);
    }
    fgets(str,11,fp);        /* 从文件 fp 中读取 10 个字符的字符串出来 */
    printf("%s",str);         /* 输出结果 */
    fclose(fp);
}
```

程序分析：

本例定义了一个字符数组 str 共 11 个字节，在以读文本文件方式打开文件后，从中读出 10 个字符送入 str 数组，在数组最后一个单元内将加上'\0'，然后在屏幕上显式输出 str 数组。

对于 fgets 函数的两点说明如下：

(1) 函数执行时读完所需字符个数，或遇到了换行符，或遇到文件结束字符 EOF，则读出结束。

(2) fgets 函数的返回值是第一个参数（字符数组）的首地址。

2. fputs 函数

fputs 函数的功能是向指定的文件写入一个字符串，其调用形式为："fputs(str,fp);"。其中第一个参数 str 是字符数组名；第二个参数是要写入的文件的指针。程序代码如下：

```
/* 程序 fputs.c */
#include <stdio.h>
main()
{
    FILE *fp;
    char str="hello";
```

```c
    if((fp=fopen("d:\\string2.txt","w"))==NULL)
    {
        printf("文件打开失败!");
        getch();
        exit(1);
    }
    fputs(str,fp);        /*将字符串 str 写入文件 fp 中*/
    fclose(fp);
}
```

10.3.5　格式化读写函数：fscanf 和 fprintf

fscanf 和 fprintf 函数与 scanf 和 printf 函数的使用方式相似，只是前两个函数各多了第一个参数"FILE * fp"，用于指定操作的文件。下面通过一个程序来说明这两个函数的用法，程序代码如下：

```c
/*程序 fscanf_fprintf.c*/
#include <stdio.h>
struct STUDENT {
    char name[20];
    int age;
    float height;
};
void saveToFile(struct STUDENT s);
void loadFromFileAndPrint();
main(){
    struct STUDENT s={"zhangsan",23,178.5};
    saveToFile(s);                /*保存到文件中*/
    loadFromFileAndPrint();       /*从文件读取数据并输出*/
}
void saveToFile(struct STUDENT s){
    FILE * fp=fopen("d:\\student.stu","w");
    if(fp==NULL){
        printf("打开文件失败!");
        exit(1);
    }
    fprintf(fp,"%s\n",s.name);      /*输出到文件,注意要输出换行符'\n'*/
    fprintf(fp,"%d\n",s.age);       /*输出到文件,注意要输出换行符'\n'*/
    fprintf(fp,"%.2f\n",s.height);  /*输出到文件,注意要输出换行符'\n'*/
    fclose(fp);
}
void loadFromFileAndPrint(){
    FILE * fp=fopen("d:\\student.stu","r");
    char name[20];
    int age;
```

```
        float height;
        if(fp==NULL){
            printf("打开文件失败!");
            exit(1);
        }
        fscanf(fp,"%s",name);
        fscanf(fp,"%d",&age);
        fscanf(fp,"%f",&height);
        printf("name is %s \nage is %d \nheight is %f \n",name,age,height);
        fclose(fp);
    }
```

程序分析：

(1)使用 fprintf 往文件写数据时,写入的是各种类型数据对应字符串的 ASCII 编码。如 "fprintf(fp,"%.2f\n",s.height);"语句往文件中写入的实际是字符串"178.50"的 ASCII 码, 含小数点字符".",共占 6 个字节。该文件用记事本打开后看到的内容如图 10-3 所示。

图 10-3 fprintf 函数写文件的内容

(2)使用 fscanf 函数从文件中读入数据,并会将读入的 ASCII 编码转换成与格式字符串 相应的编码格式,保存到指定变量中。如将 178.50 转换成浮点格式的编码保存到变量 height 中。程序显示结果如图 10-4 所示。

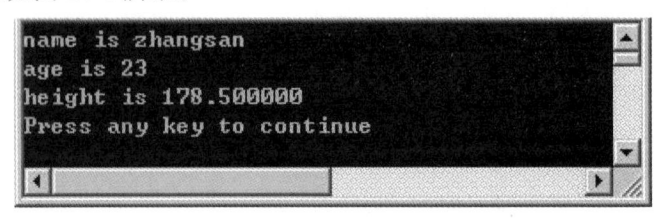

图 10-4 程序 fscanf_fprintf.c 运行结果

(3)使用 fprintf 函数往文件中输出每项数据后,要再输出一个换行符,这样再用 fscanf 函 数就能正确读出数据,就像从键盘输入数据后要回车一样。

10.3.6 二进制读写函数:fread 和 fwrite

C 语言还提供了用于整块数据的二进制读写函数,可用来读写一组数据,如一个数组元 素、一个数组、一个结构变量的值或者整个结构数组等。读数据块函数调用的一般形式为: "fread(buffer,size,count,fp);"。写数据块函数调用的一般形式为:"fwrite(buffer,size, count,fp);"。其中 buffer 是一个指针,在 fread 函数中,它表示存放输入数据的首地址;在 fwrite 函数中,它表示存放输出数据的首地址。size 表示数据块的字节数。count 表示要读写 的数据块块数。fp 表示文件指针。

fread 和 fwrite 函数与前面介绍的读写函数都不同,前面的读写函数都是面向文本的,而这两个函数是二进制读写。它会在文件和内存之间进行直接的块拷贝,而不进行编码转换。

下面的程序将说明这两个函数的用法:

```c
/* 程序 fwrite_fread.c */
struct STUDENT {
    char name[20];
    int age;
    float height;
};
void saveToFile(struct STUDENT s);
void loadFromFileAndPrint();
main(){
    struct STUDENT s={"zhangsan",23,178.5};
    saveToFile(s);
    loadFromFileAndPrint();
}
void saveToFile(struct STUDENT s){
    FILE *fp=fopen("d:\\student2.stu","wb");
    if(fp==NULL){
        printf("打开文件失败!");
        exit(1);
    }
    fwrite(&s,sizeof(s),1,fp);          /* 二进制块写文件 */
    fclose(fp);
}
void loadFromFileAndPrint(){
    FILE *fp=fopen("d:\\student2.stu","rb");
    struct STUDENT s;
    if(fp==NULL){
        printf("打开文件失败!");
        exit(1);
    }
    fread(&s,sizeof(s),1,fp);           /* 二进制块读文件 */
    printf("name is %s \nage is %d \nheight is %f \n",s.name,s.age,s.height);
    fclose(fp);
}
```

程序分析:

(1) fwrite 函数可以一次将一个内存中的数据块写入文件中,不管在内存中是什么编码,直接拷贝到文件对应的存储区,不进行编码的转换。上面的程序把结构体变量 s 的值写入文件 student.stu 中,该文件用记事本打开看到的结果如图 10-5 所示。

(2) fread 函数可以将文件中的数据块读入内存中,也不进行编码的转换。上面程序的运行结果如图 10-6 所示。

图 10-5 fwrite 函数写文件的内容

图 10-6 程序 fwrite_fread.c 的运行结果

10.3.7 fgets 与 gets、fputs 与 puts 函数比较

当 fgets 函数的第三个参数为 stdin(标准输入设备,缺省为键盘)时,它与函数 gets 具有相似的功能,都是从键盘输入字符串;当 fputs 函数的第二个参数为 stdout(标准输出设备,缺省为显示器)时,它与函数 puts 具有相似的功能,都是输出字符串到显示器。但此时 fgets 与 gets、fputs 与 puts 两对函数的功能也略有差别,分析如下:

(1) fgets 函数读数据时,如果在达到最大字符数前遇到换行字符'\n',会将换行符作为结果字符串的一部分,然后在换行符后加上字符串结束标记'\0'。

(2) gets 函数从标准输入文件(stdin,默认为键盘)读取数据时,遇到换行字符'\n',取出并丢弃,并不会把'\n'作为结果字符串的一个部分,gets 函数也会在结果字符串的末尾加上字符串结束标记'\0'。

(3) fputs 函数在输出字符串时,不会把字符串结束标记'\0'转换成换行符'\n'输出。

(4) puts 函数在输出字符串时,会把字符串结束标记'\0'转换成换行符'\n'输出。

根据上面的分析,fgets 函数要与 fputs 函数配合使用;gets 函数要与 puts 函数结合使用。

分析下面的程序,如果输入"hello
",程序运行的结果会是什么?

```
/*程序 fputs_puts.c*/
#include <stdio.h>
main(){
    char str[100];
    fgets(str,100,stdin);
    puts(str);
    printf("program is over!\n");
}
```

程序的运行结果如图 10-7 所示。为什么 puts 输出结果"hello"后面会有两个换行呢?原因在于 fgets 函数会将输入的回车字符'\n'当作字符串的一个部分,然后加上字符串结束字符'\0'。而后面的 puts 函数在输出字符串 str 时,遇到回车字符'\n'会输出一个换行,最后遇到字符结束标记'\0'时还会输出一个换行。所以就会输出两个换行了。

```
hello
hello

program is over!
Press any key to continue_
```

图 10-7　程序 fputs_puts.c 的运行结果

另外,使用 fgets 函数时,系统不会读取比第二个参数 100-1 还多的字符,所以可以防止存储溢出;而使用 gets 函数时,用户输入的字符串比定义的字符数组还大时,就会产生溢出了,系统并不会检查这个错误。所以,使用 fgets 比 gets 函数更加安全。

请看下面的代码:

```
char str[10];
gets(str);
```

如果程序运行时,用户输入超过 10 个字符的字符串,如:"Hello,Tom! What are you going to do?",就可能会导致程序错误。

10.4　项目实现

在上一项目的结构数组一节,我们实现了学生成绩管理系统的基本功能。但是,该系统的数据都是存在于内存中的,当程序关闭后,所有的数据都没有了。学习了文件后,就可以在这个系统中添加两个功能:一个是保存数据到文件,另一个是从文件中读取数据。由于要保存的是结构类型变量的值,所以需要用二进制形式的读写函数。下面是这两个功能的实现:

```
/*保存数组中的学生信息到文件中*/
void saveToFile(struct STUDENT *data,int count){
    FILE *fp=fopen("d:\\students.data","wb");
    if(fp==NULL){
        printf("打开文件失败!");
        exit(1);
    }
    fwrite(data,sizeof(struct STUDENT),count,fp);/*写数组中的count个数组元素到文件*/
    fclose(fp);
}
/*从文件中读取学生信息到数组中*/
int loadFromFile(struct STUDENT *data){
    FILE *fp=fopen("d:\\students.data","rb");
    if(fp==NULL){
        printf("打开文件失败!");
        exit(1);
    }
    count=fread(data,sizeof(struct STUDENT),MAX_COUNT,fp);/*从文件读取数据*/
    fclose(fp);
```

```
        return count;     /* 正确读取出来的学生信息个数 */
}
/* 在 main 函数中添加以下几行代码: */
/* 当用户选择保存功能时 */
saveToFile(data,count);
/* 当用户选择从文件读数据功能时 */
count=loadFromFile(data);
```

程序分析:

(1)在保存数组到文件的函数中,由于已经知道数组中有 count 个学生的信息,所以就一次往文件中写入了 count 个数据块,每个数据块的大小是 sizeof(struct STUDENT)。

(2)从文件中读取数据时,试图让函数一次读出 MAX_COUNT 个大小为 sizeof(struct STUDENT)的数据块。fread 函数会返回实际读出的数据块的个数,也就是文件中实际存在的学生信息个数。

10.5 项目小结

本项目介绍了文件的基本概念、文件的打开与关闭、文本读写函数和二进制读写函数。

文件是数据在外部存储器上的组织形式,可以永久保存;而内存中的数据是临时的,当程序关闭或计算机关闭时内存中的数据会丢失。

在对文件进行读写操作前,需要打开文件。打开文件函数会返回一个文件指针,文件指针是内存中对文件的一个映射,对文件的读写操作都是对该文件指针的操作。在读写操作完毕后,需要关闭该文件。

对文件的文本读写函数有 fgetc、fputc、fgets、fputs、fscanf、fprintf。这些函数将每个字节看成一个字符编码,然后把字符流放到输入输出流中。二进制读写函数有 fread、fwrite,这两个函数进行读写时不做编码转换,直接把字节流放到输入输出流中。

习题 10

1. 简答题

(1)打开文件和关闭文件的函数是什么? 如何使用这两个函数?

(2)如果要往一个文件中以文本格式写入数据,应该以何种模式打开文件?

(3)文本文件与二进制文件有何区别?

(4)fread 函数的四个参数分别是什么含义?

(5)fwrite 函数的四个参数分别是什么含义?

(6)为什么使用 fgets 函数比使用 gets 函数更加安全?

2. 项目训练题

(1)编写程序:把文本文件 a.txt 的内容追加到文本文件 b.txt 的尾部。

(2)编写程序:把一个 double 类型的常数 3.1415926 分别以二进制格式和文本格式保存到文件中。然后用记事本打开这两个文件,观察数据有何不同。

(3)编写程序:读出硬盘上的某个文本文件,并将其内容全部读出,显示在屏幕上。

(4)编写程序:把一个有 30 个元素的 struct STUDENT 类型的结构数组写入文件中。

参 考 文 献

[1] 王明福.C语言程序设计案例教程[M].2版.大连:大连理工大学出版社,2018.
[2] 熊锡义,林宗朝.C语言程序设计案例教程[M].4版.大连:大连理工大学出版社,2018.
[3] 董汉丽.C语言程序设计[M].7版.大连:大连理工大学出版社,2019.
[4] 董汉丽.C语言程序设计习题解答与技能训练[M].3版.大连:大连理工大学出版社,2019.
[5] 谭浩强.C语言程序设计[M].北京:清华大学出版社,2006.
[6] 崔武子.C语言程序设计教程[M].2版.北京:清华大学出版社,2007.
[7] 巫家敏.C语言程序设计[M].北京:高等教育出版社,2007.
[8] [美]Stephen Prata.C Primer Plus 中文版[M].4版.北京:人民邮电出版社,2002.
[9] 张小东,郑宏珍.C语言程序设计与应用[M].北京:人民邮电出版社,2009.
[10] 邱建华.C语言程序设计随堂实训及上机指导[M].沈阳:东北大学出版社,2007.

附录

附录 A ASCII 码表

标准 ASCII 字符集共有 128 个字符,其编码为 0 到 127。下面列出了常用字符及其 ASCII 编码值,其中编码有两种表示形式:十进制(DEC)、十六进制(HEX),见表 FL-1。

表 FL-1 ASCII 码表

十进制	字符	解释	十进制	字符	十进制	字符	十进制	字符
0	NUL	空字符	32	(space)	64	@	96	`
1	SOH	标题开始	33	!	65	A	97	a
2	STX	正文开始	34	"	66	B	98	b
3	ETX	正文结束	35	#	67	C	99	c
4	EOT	传输结束	36	$	68	D	100	d
5	ENQ	请求	37	%	69	E	101	e
6	ACK	收到通知	38	&	70	F	102	f
7	BEL	响铃	39	'	71	G	103	g
8	BS	退格	40	(	72	H	104	h
9	HT	水平制表符	41	)	73	I	105	i
10	LF	换行键	42	*	74	J	106	j
11	VT	垂直制表符	43	+	75	K	107	k
12	FF	换页键	44	,	76	L	108	l
13	CR	回车键	45	-	77	M	109	m
14	SO	不用切换	46	.	78	N	110	n
15	SI	启用切换	47	/	79	O	111	o
16	DLE	数据链路转义	48	0	80	P	112	p
17	DC1	设备控制 1	49	1	81	Q	113	q
18	DC2	设备控制 2	50	2	82	R	114	r
19	DC3	设备控制 3	51	3	83	S	115	s
20	DC4	设备控制 4	52	4	84	T	116	t
21	NAK	拒绝接收	53	5	85	U	117	u
22	SYN	同步空闲	54	6	86	V	118	v
23	ETB	传输块结束	55	7	87	W	119	w
24	CAN	取消	56	8	88	X	120	x
25	EM	介质中断	57	9	89	Y	121	y
26	SUB	替补	58	:	90	Z	122	z
27	ESC	溢出	59	;	91	[	123	{
28	FS	文件分割符	60	<	92	\	124		
29	GS	分组符	61	=	93	]	125	}
30	RS	记录分离符	62	>	94	^	126	~
31	US	单元分隔符	63	?	95	_	127	DEL

附录B　C语言运算符的优先级和结合性

表 FL-2　　　　　　　　　　运算符表

级别	运算符	含义	运算对象个数	结合性
15	( )、[ ] -> .	圆括号 下标运算符 指向结构成员运算符 结构成员运算符		自左至右
14	! ~ ++ -- - (type) * & sizeof	逻辑非运算符 按位取反运算符 自增运算符 自减运算符 负号运算符 类型转换运算符 指针运算符 取地址运算符 长度运算符	1 （单目运算符）	自右至左
13	* / %	乘法运算符 除法运算符 求余运算符	2 （双目运算符）	自左至右
12	+ -	加法运算符 减法运算符	2 （双目运算符）	自左至右
11	>> <<	左移运算符 右移运算符	2 （双目运算符）	自左至右
10	<，<=，>，>=	关系运算符	2 （双目运算符）	自左至右
9	== !=	等于运算符 不等于运算符	2 （双目运算符）	自左至右
8	&	按位"与"运算符	2 （双目运算符）	自左至右
7	^	按位"异或"运算符	2 （双目运算符）	自左至右
6	|	按位"或"运算符	2 （双目运算符）	自左至右
5	&&	逻辑"与"运算符	2 （双目运算符）	自左至右
4	||	逻辑"或"运算符	2 （双目运算符）	自左至右
3	?:	条件运算符	3 （三目运算符）	自右至左
2	=，+=，-=，*=， /=，%=，^=，|=，&=， >>=，<<=	赋值运算符	2	自右至左
1	,	逗号运算符 （顺序求值运算符）		自左至右

说明：

1. 表中运算符分为15级，级别越高，优先级就越高。
2. 第14级的"*"代表取内容运算符，第13级的"*"代表乘法运算符。
3. 第14级的"-"代表负号运算符，第12级的"-"代表减法运算符。
4. 第14级的"&"代表取地址运算符，第8级的"&"代表按位与运算符。